全国高职高专“十二五”规划教材

# 电气 CAD 与工程识图


主　编　李晓华

副主编　黄俊蓉　黄小霞　梁毅娟

参编人员　李　燕　贾卫华　纪政科

主　审　尧有平　姚旭明

中国水利水电出版社
www.waterpub.com.cn

## 内 容 提 要

本书采用项目化教学，通过具体实例将内容分为绘图基础，制图规范与机械制图，电气识图与制图三大模块，教学内容循序渐进。绘图基础部分知识面宽，增加图解内容，图文并茂，力求通俗易学易教。机械制图部分及电气识图与制图部分选用了与后续专业课程、职业技能鉴定和电气实习内容紧密结合的内容，增强了针对性，突出体现对学生识图能力的培训。

本书适合作为高职高专电类相关专业的教材，也可作为高等院校相关专业教师教学和学生自学的参考书，同样适合从事电力工程的设计人员、电力系统在职职工岗位培训、社会培训或自学使用。

**本书中项目任务中的素材文件可以从中国水利水电出版社网站以及万水书苑免费下载，网址为：http://www.waterpub.com.cn/softdown/或 http://www.wsbookshow.com。**

**图书在版编目（CIP）数据**

电气CAD与工程识图 / 李晓华主编. -- 北京 : 中国水利水电出版社, 2012.8（2022.1 重印）
全国高职高专“十二五”规划教材
ISBN 978-7-5170-0009-9

Ⅰ. ①电… Ⅱ. ①李… Ⅲ. ①电气设备－计算机辅助设计－AutoCAD软件－高等职业教育－教材②电气制图－识别－高等职业教育－教材 Ⅳ. ①TM02-39

中国版本图书馆CIP数据核字(2012)第173775号

策划编辑：张未梅　　责任编辑：宋俊娥　　封面设计：李　佳

| 书　　名 | 全国高职高专“十二五”规划教材<br>电气 CAD 与工程识图 |
|---|---|
| 作　　者 | 主　编　李晓华<br>副主编　黄俊蓉　黄小霞　梁毅娟<br>主　审　尧有平　姚旭明 |
| 出版发行 | 中国水利水电出版社<br>（北京市海淀区玉渊潭南路 1 号 D 座　100038）<br>网址：www.waterpub.com.cn<br>E-mail：mchannel@263.net（万水）<br>sales@waterpub.com.cn<br>电话：（010）68367658（发行部）、82562819（万水） |
| 经　　售 | 北京科水图书销售中心（零售）<br>电话：（010）88383994、63202643、68545874<br>全国各地新华书店和相关出版物销售网点 |
| 排　　版 | 北京万水电子信息有限公司 |
| 印　　刷 | 三河市德贤弘印务有限公司 |
| 规　　格 | 184mm×260mm　16 开本　13.25 印张　334 千字 |
| 版　　次 | 2012 年 8 月第 1 版　2022 年 1 月第 9 次印刷 |
| 印　　数 | 10001—12000 册 |
| 定　　价 | 26.00 元 |

# 前　　言

“电气工程 CAD 及工程识图”课程是高职高专电类相关专业的专业必修课程。目前市场上现有电气 CAD 教材存在一定的问题，最突出的是学科综合性不强，并且缺乏相关工程制图规范和工程制图基础知识，不能较好地满足学生拓展学习的需要。针对 CAD 课程学科交叉、实践性强等特点，希望改变现有专业教材将各类知识点分开的现状，结合职业院校办学特色，面向实际就业需求，课程内容与职业标准内容相衔接，以岗位为导向，以能力为目标，以任务为载体，以技能训练为主线，项目化教学，编写容简易理论教材及方式方法实训教材于一体的综合性较强的实用教材，更好地为教学服务。

笔者通过多年的教学，积累了大量的“任务+项目”的实训经验，积累了较多的优秀案例、教学成果。由于教学方法的更新，目前该课程在进行中无合适的教材选用，教师主要通过整理和挑选专业相关知识点，结合教学改革和课程要求自编讲义和课件来讲授课程，本教材将对已有的教学总结进行修改和完善，其最终的编定将完善现有教材的缺陷，更加符合现有高职教学要求。本教材学科交叉、实践性强，面向实际就业需求，课程内容与职业标准内容相衔接，以岗位为导向，以能力为目标，以任务为载体，以技能训练为主线，采用项目化教学，将简易理论教材及方式方法实训教材集于一体，是一本综合性较强的实用教材。

本教材分绘图基础（项目一）、制图规范与机械制图（项目二）、电气识图与制图（项目三、四）三大模块，教学内容循序渐进。绘图基础部分知识面宽，增加图解内容，图文并茂，力求通俗易学易教。机械制图部分及电气识图与制图部分选用了与后续专业课程、职业技能鉴定和电气实习内容紧密结合的内容，增强了针对性，突出体现对学生识图能力的培训。

本教材适合作为高职高专电类相关专业的教材，也可作为高等院校相关专业教师教学和学生自学的参考书，同样适合从事电力工程的设计人员、电力系统在职职工岗位培训、社会培训或自学使用。

本教材由李晓华主编，尧有平、姚旭明主审。项目一由黄小霞、纪政科编写，项目二由梁毅娟编写，项目三由李燕、贾卫华编写，项目四由黄俊蓉、李晓华编写。本教材在编写过程中得到了各方面的支持和协助，特别感谢本书主审尧有平、姚旭明两位领导提供的技术支持，同事李勇提供的大量图纸资料，湛年远、李士丹对本书提纲的编写提供的宝贵意见。这里向支持和协助本书编写和出版的全体工作人员表示衷心的感谢。

由于水平有限，资料收集的渠道不同，涉及的专业门类较多，校对及审核的误贻等原因，难免有不足之处，恳请读者指正。

编　者

2012 年 6 月

# 目　　录

# 项目1　主动轴零件图的抄画

## 工作任务1　主动轴零件图的抄画

### 一、项目任务分析

零件图是表达零件的结构形状、大小及技术要求的图样。它是制造、检验零件的依据，也是指导生产的重要技术文件。一张零件图通常包括一组视图、尺寸标注、技术要求和标题栏这四部分内容。本项目通过3个工作子任务完成主动轴零件图样的抄画，学习制图的国家标准、投影法、视图的表达方法和尺寸标注的要求，初步具备识图的基础。

### 二、学习目标

【能力目标】

- 会查阅制图的国家标准；
- 能正确抄画零件图样；
- 能识读简单零件的图样。

【知识目标】

- 了解制图国家标准的一般规定；
- 了解组合体和视图的表达方法；
- 熟悉抄画平面图形的方法和步骤；
- 掌握正投影法和三视图。

【素质目标】

- 培养查阅资料、独立思考的能力；
- 培养团队合作精神；
- 培养与人交流能力；
- 培养认真负责的工作态度；
- 培养遵守标准的良好习惯。

### 三、知识准备

#### 1　制图国家标准的基本规定

图样是进行产品设计、制造、安装和检测等过程中的重要资料，是工程技术人员交流信息的重要工具。为便于生产、管理和交流，国家颁布了统一的制图国家标准，简称国标（GB）。国标中对图样的画法、尺寸标注等做了专门的规定。熟悉制图国家标准的有关规定，可以更快、更准确地绘制图形。

1.1　图纸幅面和格式、标题栏

在开始正式绘图之前，要先按照制图的国家标准设置图纸幅面和标题栏。

### 1.1.1 图纸幅面和格式

由图纸的长边和短边尺寸所确定的图纸大小称为图纸幅面。绘制图样时，应优先采用如表 1-1 所规定的 5 种基本幅面。必要时，也可选用国家标准所规定的加长幅面，其尺寸由基本幅面的短边成整数倍增加后得到。

表 1-1 图纸幅面和图框尺寸

<table>
<tr><th rowspan="2">幅面代号</th><th rowspan="2">幅面尺寸<br>B×L</th><th colspan="3">周边尺寸</th></tr>
<tr><th>a</th><th>c</th><th>e</th></tr>
<tr><td>A0</td><td>841×1189</td><td rowspan="5">25</td><td rowspan="3">10</td><td rowspan="2">20</td></tr>
<tr><td>A1</td><td>594×841</td></tr>
<tr><td>A2</td><td>420×594</td><td rowspan="3">10</td></tr>
<tr><td>A3</td><td>297×420</td><td rowspan="2">5</td></tr>
<tr><td>A4</td><td>210×297</td></tr>
</table>

在图纸上必须用粗实线画出图框线，图纸的边界用细实线绘制，图框线与纸边界之间的区域称为周边。图框的格式分为有装订边和无装订边两种格式，但同一产品的图样，只能采用一种格式。

留装订边的图纸格式如图 1-1（一）所示，尺寸按表 1-1 的规定选取。

不留装订边的图纸，其图框如图 1-1（二）所示，宽度 e 可依幅面代号从表 1-1 查出。

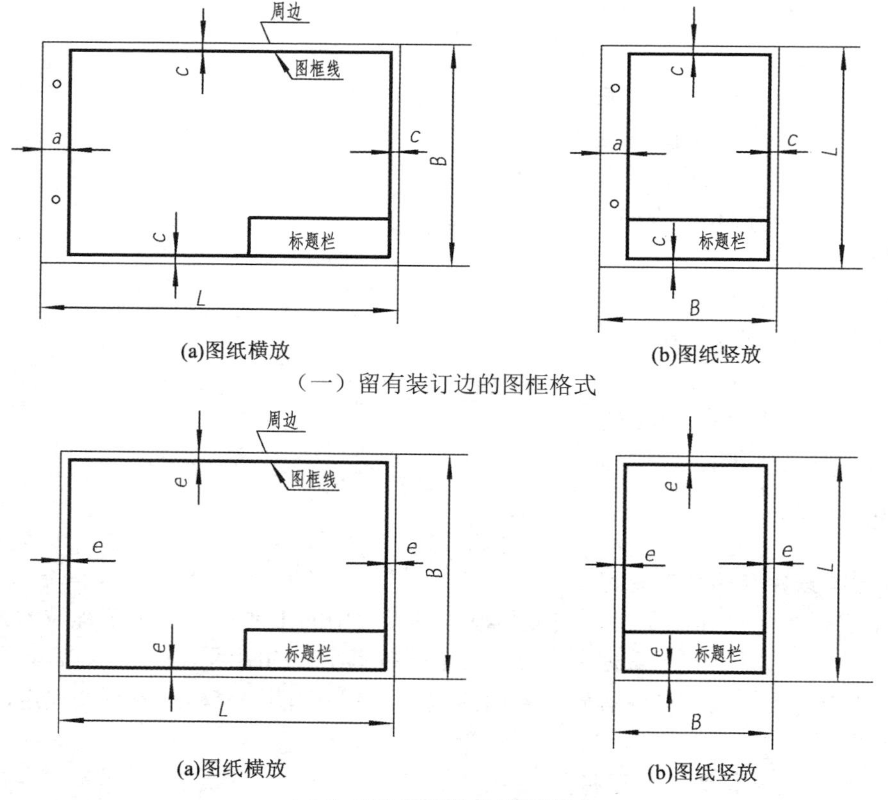


(a)图纸横放 (b)图纸竖放

（一）留有装订边的图框格式

(a)图纸横放 (b)图纸竖放

（二）不留装订边的图框格式

图 1-1 图框格式

### 1.1.2　标题栏

标题栏的位置一般应在图纸的右下角，如图 1-1 所示。标题栏的文字方向应为读图方向。国家标准对标题栏的内容、格式、尺寸做了详细规定，制图作业的标题栏可参考图 1-2。

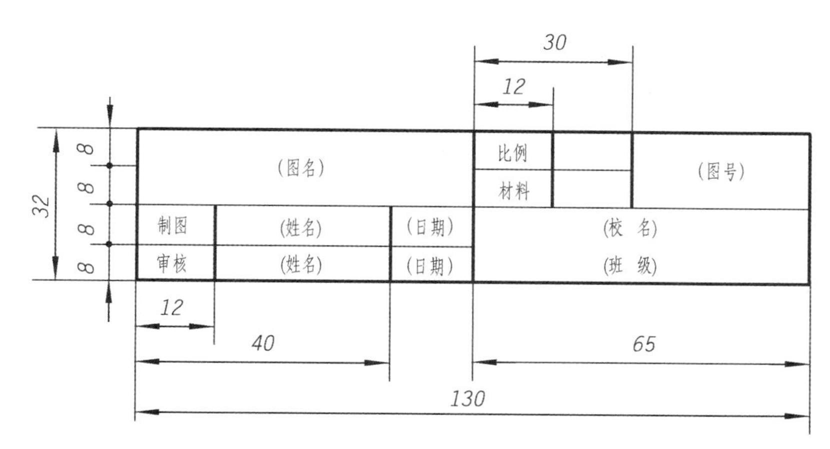


图 1-2　制图作业的标题栏

## 1.2　比例

图样中图形与其实物相应要素的线性尺寸之比，称为比例。绘图时，为看图方便，应尽量按机件的实际大小画出。如果机件太大或太小，则应由表 1-2 规定的比例系列中选取适当的比例（优先选用第 1 系列），采用缩小或放大比例画图，以便清晰地表达出机件的结构形状。

**表 1-2　绘图的比例**

| 种类 | | 比例 |
|---|---|---|
| 原值比例 | | 1:1 |
| 放大比例 | 第 1 系列 | 2:1，5:1，$1\times10^n$:1，$2\times10^n$:1，$5\times10^n$:1 |
| | 第 2 系列 | 2.5:1，4:1，$2.5\times10^n$:1，$4\times10^n$:1 |
| 缩小比例 | 第 1 系列 | 1:2，1:5，1:$1\times10^n$，1:$2\times10^n$，1:$5\times10^n$ |
| | 第 2 系列 | 1:1.5，1:2.5，1:3，1:4，1:6，1:$1.5\times10^n$，1:$2.5\times10^n$，1:$3\times10^n$，1:$4\times10^n$，1:$6\times10^n$ |

注：n 为正整数。

比例一般应标注在标题栏的“比例”一栏内；必要时，可标注在视图名称的下方或右侧。不论采用何种比例，图形中所标注的尺寸数值必须是实物的实际大小，与图形的大小无关。

同一机件的各个视图一般采用相同的比例，并需在标题栏中的比例栏写明采用的比例，如 1:1。当同一机件的某个视图采用了不同比例绘制时，必须另行标明所用比例。

## 1.3　字体

字体是图样和技术文件中的一个重要组成部分，它包括汉字、数字和字母。图样中的字体有如下几点基本要求：

（1）图样中书写的汉字、数字和字母，必须做到字体工整、笔画清楚、间隔均匀、排列整齐。

（2）字体高度（用 h 表示）的公称尺寸系列为：1.8mm、2.5mm、3.5mm、5mm、7mm、

10mm、14mm、20mm，若需书写更大的字，其字体高度应按$\sqrt{2}$倍比率递增。

（3）汉字应写成长仿宋字体，并采取国家正式公布的简化字。汉字的高度不应小于 3.5mm，其字宽一般为 $h/\sqrt{2}$。书写长仿宋字体的基本要领是：横平竖直，注意起落，结构匀称，填满方格，如图 1-3 所示。

（4）字母与数字的宽度大约为字高（h）的 2/3，分为 A 型和 B 型两种。A 型字体的笔画宽度为字高的 1/14，B 型字体的笔画宽度为字高的 1/10。

（5）字母和数字有直体和斜体两种，常采用斜体字。斜体字的字头向右倾斜，与水平基准线成 75°角，如图 1-3 所示。

（6）同一张图样上，只允许采用一种形式的字体。

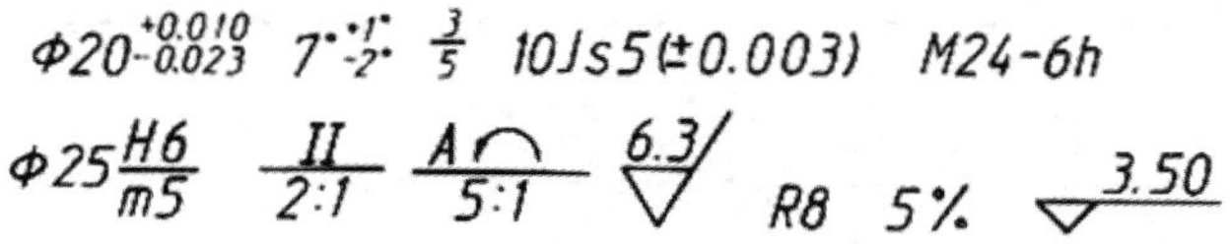

$\Phi 20^{+0.010}_{-0.023}$　$7^{\circ}{}^{+1'}_{-2'}$　$\frac{3}{5}$　10Js5(±0.003)　M24-6h

$\Phi 25\frac{H6}{m5}$　$\frac{II}{2:1}$　$\frac{A}{5:1}$　6.3　R8　5%　3.50

图 1-3　字体示例

## 1.4　图线及画法

技术制图标准对图线规定了 15 种基本线型，机械制图中常用的图线见表 1-3。

表 1-3　图线的名称、型式、宽度及用途

| 图线名称 | 图线型式 | 图线宽度 | 图线应用举例（见图 1-4） |
|---|---|---|---|
| 粗实线 | | b，约 0.5～2mm | 1．可见轮廓线<br>2．可见过渡线 |
| 细实线 | | 约 b/3 | 尺寸线、尺寸界线、剖面线、重合断面的轮廓线及指引线等 |
| 波浪线 | | 约 b/3 | 断裂处的边界线等 |
| 虚线 | | 约 b/3 | 不可见轮廓线、不可见过渡线 |
| 双折线 | | 约 b/3 | 断裂处的边界线 |
| 细点画线 | | 约 b/3 | 轴线、对称中心线等 |
| 粗点画线 | | b | 有特殊要求的线或表面的表示线 |
| 细双点画线 | | 约 b/3 | 1．极限位置的轮廓线<br>2．相邻辅助零件的轮廓线等 |

在机械图样中，图线分粗、细两种，它们之间的比例为 2:1。图线的宽度 b 通常在 0.5～2mm 之间选取，推荐系列为：0.18mm、0.25mm、0.35mm、0.5mm、0.7mm、1mm、1.4mm、2mm。

绘制图线时，应注意以下几点：

（1）同一图样中，同类图线的宽度应基本一致，虚线、点画线、双点画线、双折线的线段长短间隔应各自大致相等。

（2）图样上两条平行线之间的距离应不小于粗实线的两倍宽度，其最小距离不得小于 0.7mm。

（3）虚线及点画线与其他图线相交时，都应以线段相交，不应在空隙或短画处相交；当

虚线是粗实线的延长线时，粗实线应画到分界点，而虚线应留有空隙，如图1-4所示。

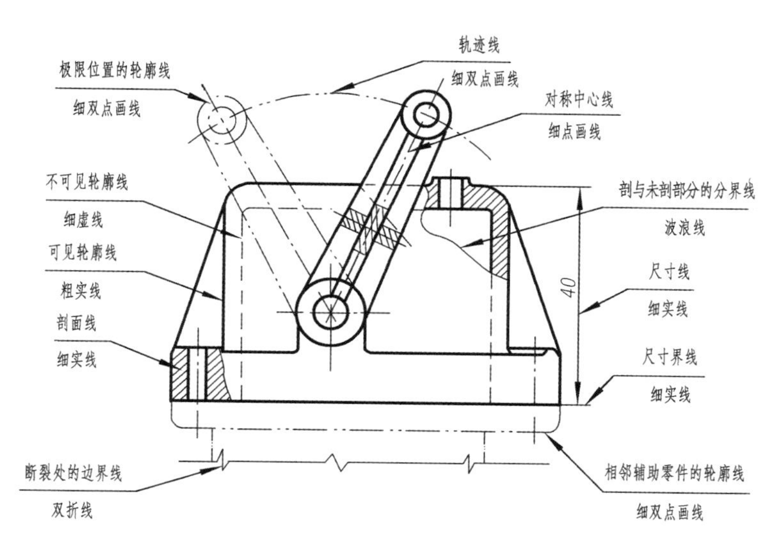


图1-4　图线应用示例

（4）绘制圆的对称中心线（细点画线）时，圆心应为线段的交点；点画线和双点画线的首末两端应是线段而不是短画，其两端应超出图形的轮廓线3～5mm；在较小的图形上绘制点画线或双点画线有困难时，可用细实线代替。

1.5　尺寸标注

图样中的尺寸是确定物体大小的依据，尺寸标注应严格遵守国家标准中的相关规定。

1.5.1　基本规则

（1）图样上标注的尺寸数值就是机件实际大小的数值，与图形大小、绘图比例以及绘图精度无关。

（2）图样上的尺寸（包括技术要求和其他说明）以毫米（mm）为计量单位时，不需标注单位代号或名称。若应用其他计量单位时，必须注明相应计量单位的代号或名称。

（3）机件的每一个尺寸，一般只标注一次，并标注在反映该结构最清楚的图形上。

（4）图样上标注的尺寸，是该图样所示机件的最后完工尺寸，否则，须另外加以说明。

1.5.2　尺寸组成

一个完整的尺寸，由尺寸界线、尺寸线和尺寸数字三部分组成，如图1-5所示。

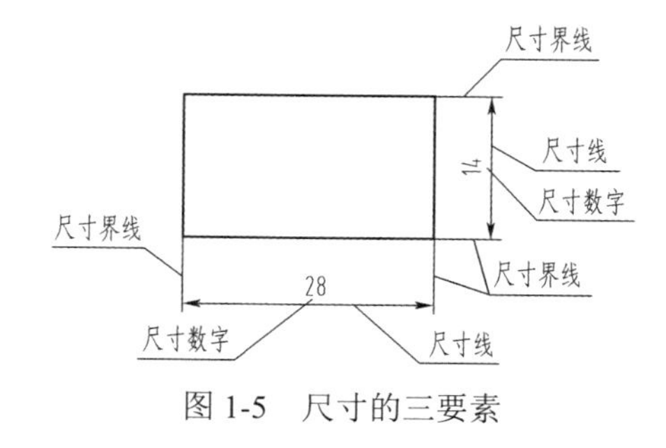


图1-5　尺寸的三要素

（1）尺寸数字用于表明机件实际尺寸的大小，与图形的大小无关。尺寸数字采用阿拉伯数字书写，且同一张图上的字高要一致。尺寸数字在图中遇到图线时，须将图线断开。如图线断开影响图形表达时，须调整尺寸标注的位置。

①线性尺寸数字的位置，应注写在尺寸线的中间部位的上方（水平和倾斜方向尺寸）、左方（竖直方向尺寸）或中断处。

②线性尺寸数字方向，尺寸线是水平方向时字头朝上，尺寸线是竖直方向时字头朝左，

其他倾斜方向字头要有朝上的趋势。

③角度的尺寸数字一律写成水平方向。

（2）尺寸线用于表明所注尺寸的度量方向，尺寸线只能用细实线绘制。一般情况下，尺寸线不能用其他图线代替，也不得与其他图线重合或画在其他图线的延长线上。

尺寸线的终端有三种形式：箭头、斜线和圆点，在同一张图中箭头和斜线只能采用一种，机械制图多采用箭头，其画法如图 1-6 所示。同一张图上箭头（或斜线）大小要一致。当采用箭头时，在地方不够的情况下，允许用圆点代替箭头。

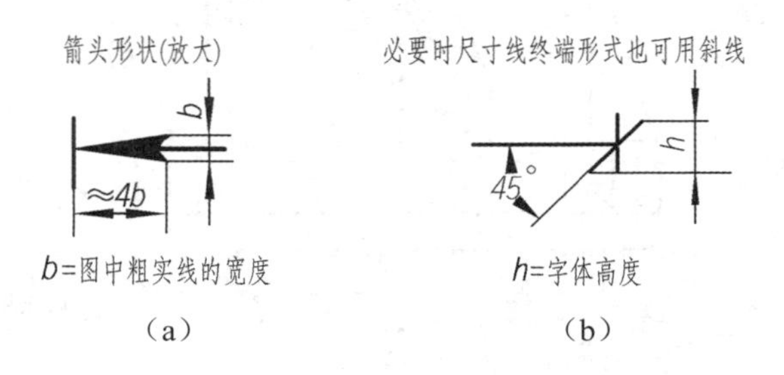


（a）　　（b）

图 1-6　尺寸线的终端形式

（3）尺寸界线应自图形的轮廓线、轴线、对称中心线引出。

（4）尺寸线与尺寸界线用细实线绘制。

其他常见的尺寸标注方法可查阅国家标准。

## 1.6　常用绘图工具及使用方法

为保证绘图质量和加快绘图速度，必须选择正确的绘图方法和绘图工具。下面介绍几种常用的绘图工具及其使用方法。

（1）铅笔。绘制图样时，应使用绘图铅笔。绘图铅笔铅芯的软硬不同，分为 H~6H、HB、B~6B 共 13 种规格，H 前的数字越大表示铅芯越硬，B 前的数字越大表示铅芯越软。画图时，通常用 H 或 2H 铅笔画底稿，用 B 或 HB 铅笔加深描粗，写字、标注时用 HB 铅笔。

铅笔可修磨成圆锥形或楔形，圆锥形用于画细线及书写文字，楔形铅芯用于描深粗实线，铅笔削法如图 1-7 所示。

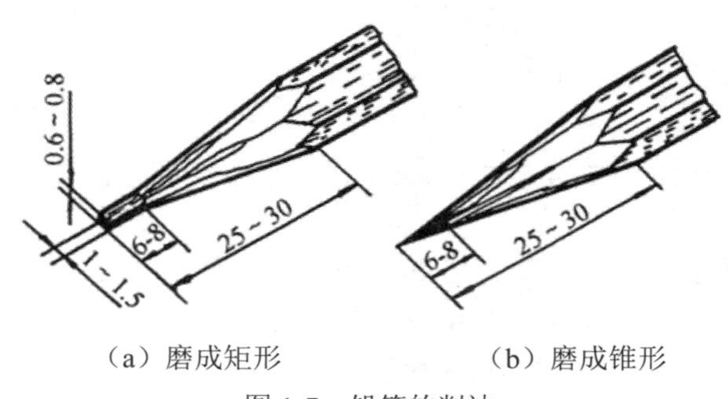


（a）磨成矩形　　（b）磨成锥形

图 1-7　铅笔的削法

（2）图板、丁字尺和三角板。图板主要用来固定图纸。要求板面光滑平整，四边由平直的硬木镶边，左侧边称为丁字尺的导边。常用的图板规格有 0 号、1 号和 2 号。

丁字尺由互相垂直的尺头和尺身两部分组成，主要用于绘制水平线，也可与三角板配合绘制一些特殊角度的斜线，如图 1-8 所示。

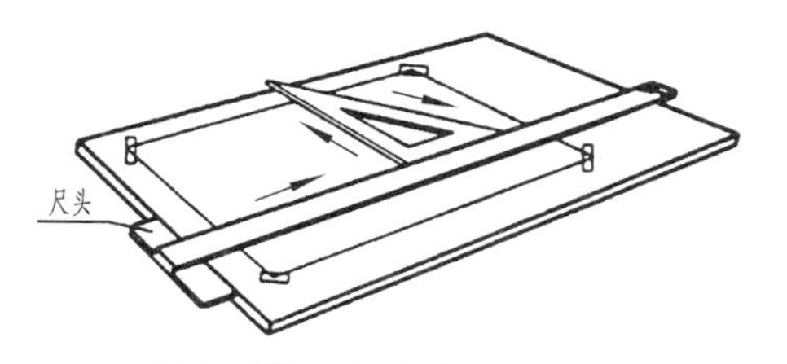


(a) 画水平线、竖直线和 60° 斜线

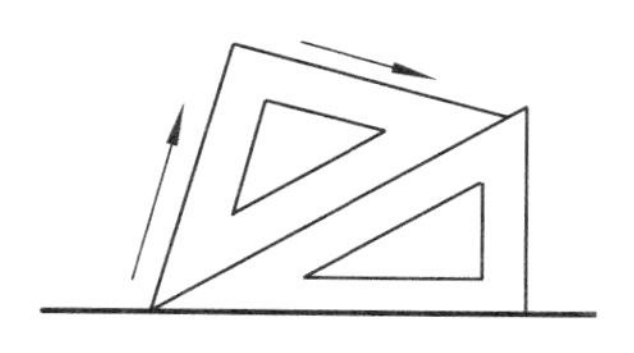

(b) 画 15° 、75° 斜线

图 1-8　图板、丁字尺和三角板

三角板一般由有机玻璃制成，分为 45° 和 30° 、60° 两块，可与丁字尺配合使用以画垂直线和与水平线成 15° 倍角的斜线。

（3）圆规和分规。圆规用来画圆和圆弧，用圆规画圆时，应使针脚稍长于笔脚，当针尖插入图板后，钢针的台阶应与铅芯尖端平齐，其使用方法如图 1-9 所示。

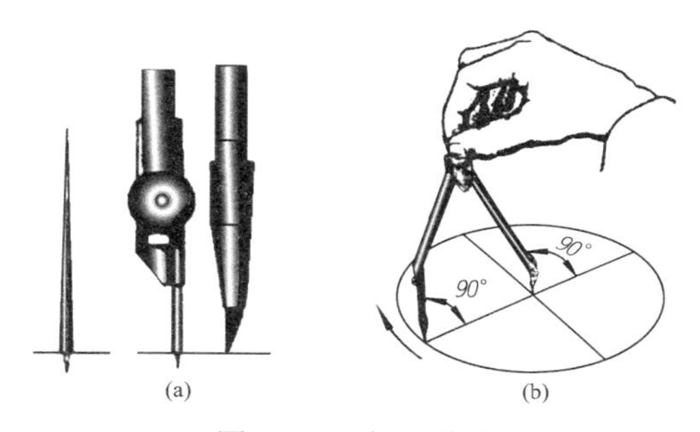


图 1-9　圆规及其用法

分规是用来量取和等分线段的，如图 1-10 所示。分规两腿均装钢针。分规的针尖在并拢后，应能对齐，否则应调整。

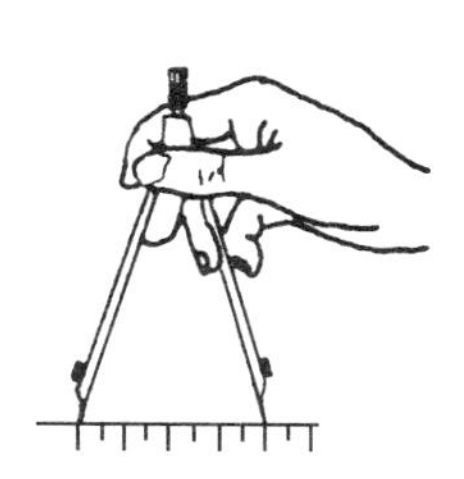

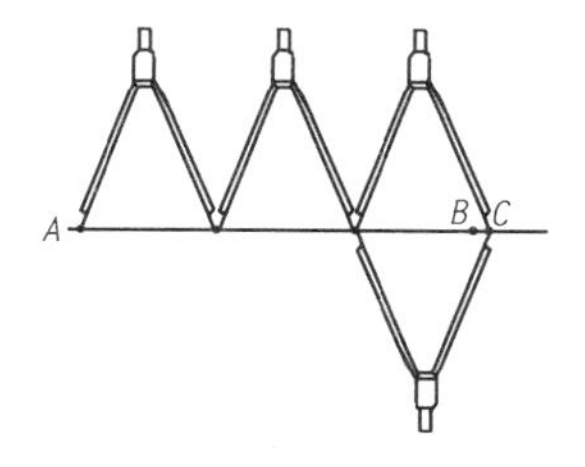


图 1-10　分规及其用法

## 2　平面图形的画法

### 2.1　几种几何图形的画法

虽然机件的轮廓形状是多种多样的，但它们的图样基本上都是由直线、圆弧和其他一些曲线组成的几何图形。因此，为了正确地画出图样，必须掌握各种几何图形的作图方法。

（1）等分直线段。等分直线段为几等份的方法如图 1-11 所示。步骤如下：

①过已知直线段 AB 的一个端点 A 任作一射线 AC，由此端点起在射线上以任意长度截取几等份。

②将射线上的等分终点与已知直线段的另一端点连线，并过射线上各等分点作此连线的平行线与已知直线段相交，交点即为所求。

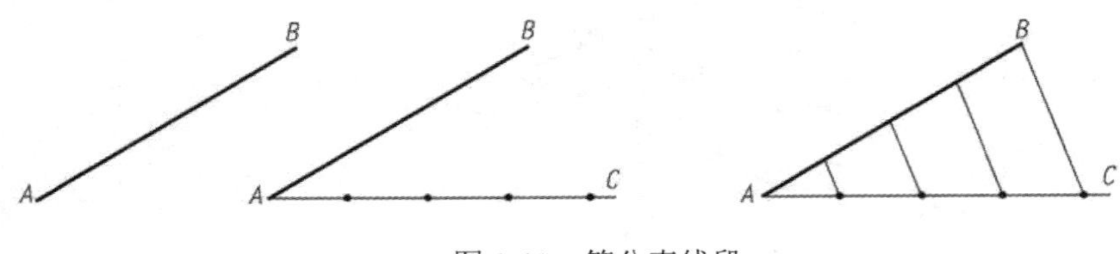


图 1-11　等分直线段

（2）圆的内接正六边形。用绘图工具作圆的内接正六边形的方法有两种，如图 1-12 所示。

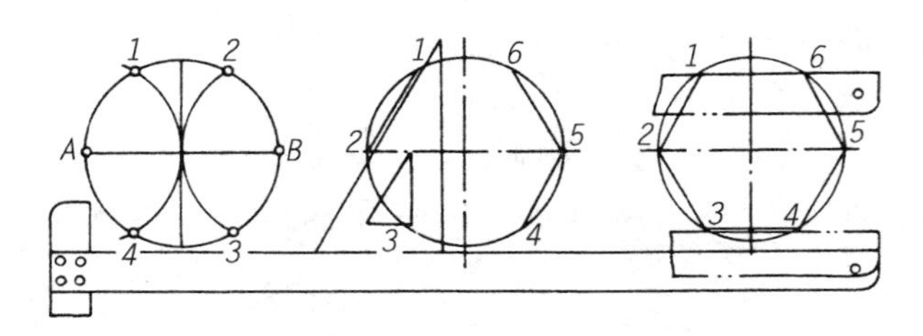


图 1-12　圆的内接正六边形的画法

第一种方法：以点 A、B 为圆心，以原圆的半径为半径画圆弧，截圆于 1、2、3、4，即为圆周六等分点。

第二种方法：用 60° 三角板自 2 作弦 21，右移至 5 作弦 45，旋转三角板作弦 23、65。用丁字尺连接 16 和 34，即得正六边形。

（3）圆弧连接。用一个已知半径的圆弧来光滑连接（即相切）两个已知线段（直线段或曲线段），称为圆弧连接。为保证连接光滑，关键是要正确找出连接圆弧的圆心和切点位置。

1）用圆弧连接两已知直线。步骤如下（见图 1-13）：

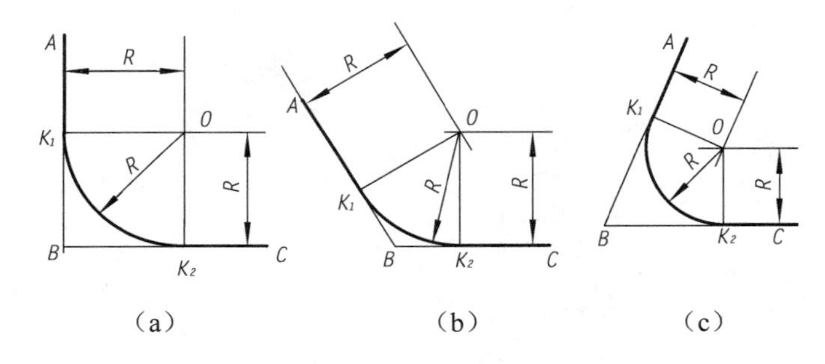


图 1-13　用圆弧连接两已知直线

①求圆心：分别作与已知直线 AB、BC 相距为 R 的平行线，其交点 O 即为连接弧（半径 R）的圆心。

②求切点：自点 O 分别向直线 AB 及 BC 作垂线，得到的垂足 $K_1$ 和 $K_2$ 即为切点。

③画连接弧：以 O 为圆心，R 为半径，自点 $K_1$ 至 $K_2$ 画圆弧，即完成作图。

2）用圆弧连接两已知圆弧。步骤如下（见图 1-14）：

①求圆心：分别以 $O_1$、$O_2$ 为圆心，$R_1$ +R 和 $R_2$ +R（外切时，如图 1-14（a）所示）、或 R-$R_1$ 和 R-$R_2$（内切时，如图 1-14（b）所示）、或 $R_1$-R 和 $R_2$ +R（内、外切，如图 1-14（c）所示）为半径画弧，得交点 O，即为连接弧（半径 R）的圆心。

②求切点：作两圆心连线 $O_1O$、$O_2O$ 或 $O_1O$、$O_2O$ 的延长线，与两已知圆弧（半径 $R_1$、

$R_2$）相交于点 $K_1$、$K_2$，则 $K_1$、$K_2$ 即为切点。

③画连接弧：以 O 为圆心，R 为半径，自点 $K_1$ 至 $K_2$ 画圆弧，即完成作图。

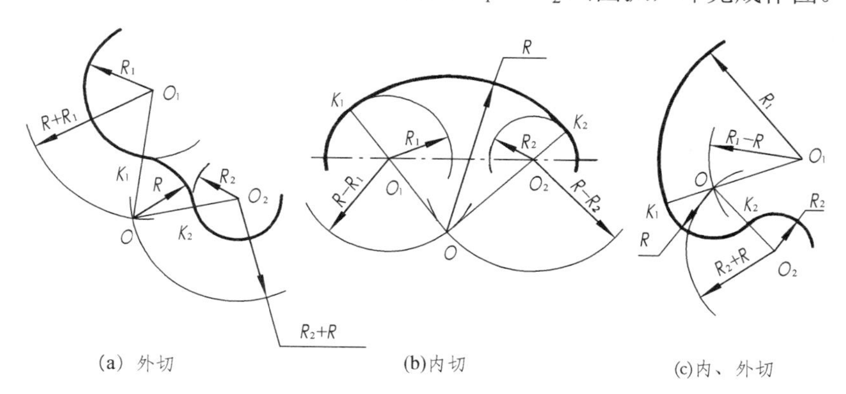


图 1-14　用圆弧连接两已知圆弧

2.2　平面图形的画法

平面图形由许多线段连接而成，在画图之前，要先对这些线段之间的相对位置和连接关系分析清楚，然后通过分析尺寸和线段间的关系，确定画图的先后顺序。

（1）尺寸分析。根据尺寸在平面图形中所起的作用，可分为定形尺寸与定位尺寸两大类。

①定形尺寸。用于确定线段的长度、圆弧的半径（圆的直径）和角度等大小的尺寸称为定形尺寸，如图 1-15 中的 φ5、φ20、R12、R50 等。

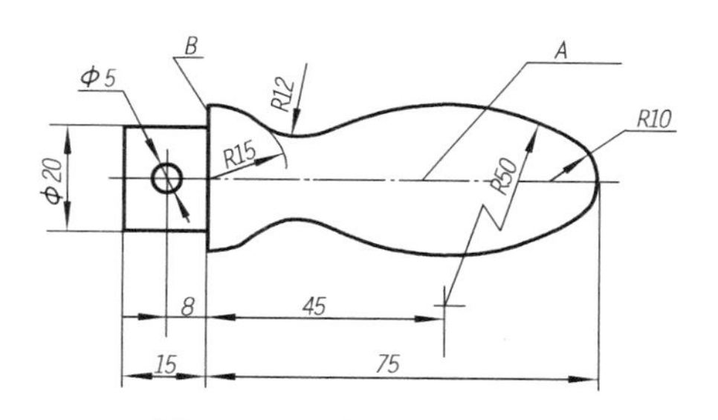


图 1-15　手柄的平面图形

②定位尺寸。用于确定线段在平面图形中所处位置的尺寸，称为定位尺寸，如图 1-15 中的尺寸 8、45 等。定位尺寸应从尺寸基准出发标注，平面图形中常用的尺寸基准多为图形的对称线、较大圆的中心线或图形的轮廓线等，如图 1-15 中水平方向的尺寸基准为 B，垂直方向的尺寸基准为 A。

（2）线段分析。平面图形中的线段通常由直线和圆弧组成，根据尺寸是否完整，可分为三类。

①已知线段：定形尺寸和定位尺寸都齐全的线段，如图 1-15 中尺寸 R15。

②中间线段：只有定形尺寸和一个定位尺寸，而缺少一个定位尺寸的线段，如图 1-15 中的尺寸 R50。

③连接线段：只有定形尺寸而无定位尺寸的线段，如图 1-15 中尺寸 R12。作图时必须先画出与其相邻的两线段，才能通过作图方法确定其圆心位置。

画图时应先画已知线段，再画中间线段，最后画连接线段。

（3）画图步骤。

1）画图准备。

①分析图形的尺寸及其线段。

②确定比例，选择图幅，固定图纸。

③拟定具体的作图顺序。

2）画底图。画底图时用 H 或 2H 铅笔，步骤如图 1-16 所示。

①画出基准线，并根据各个封闭图形的定位尺寸画出定位线。

②画出已知线段。

③画出中间线段。

④画出连接线段。

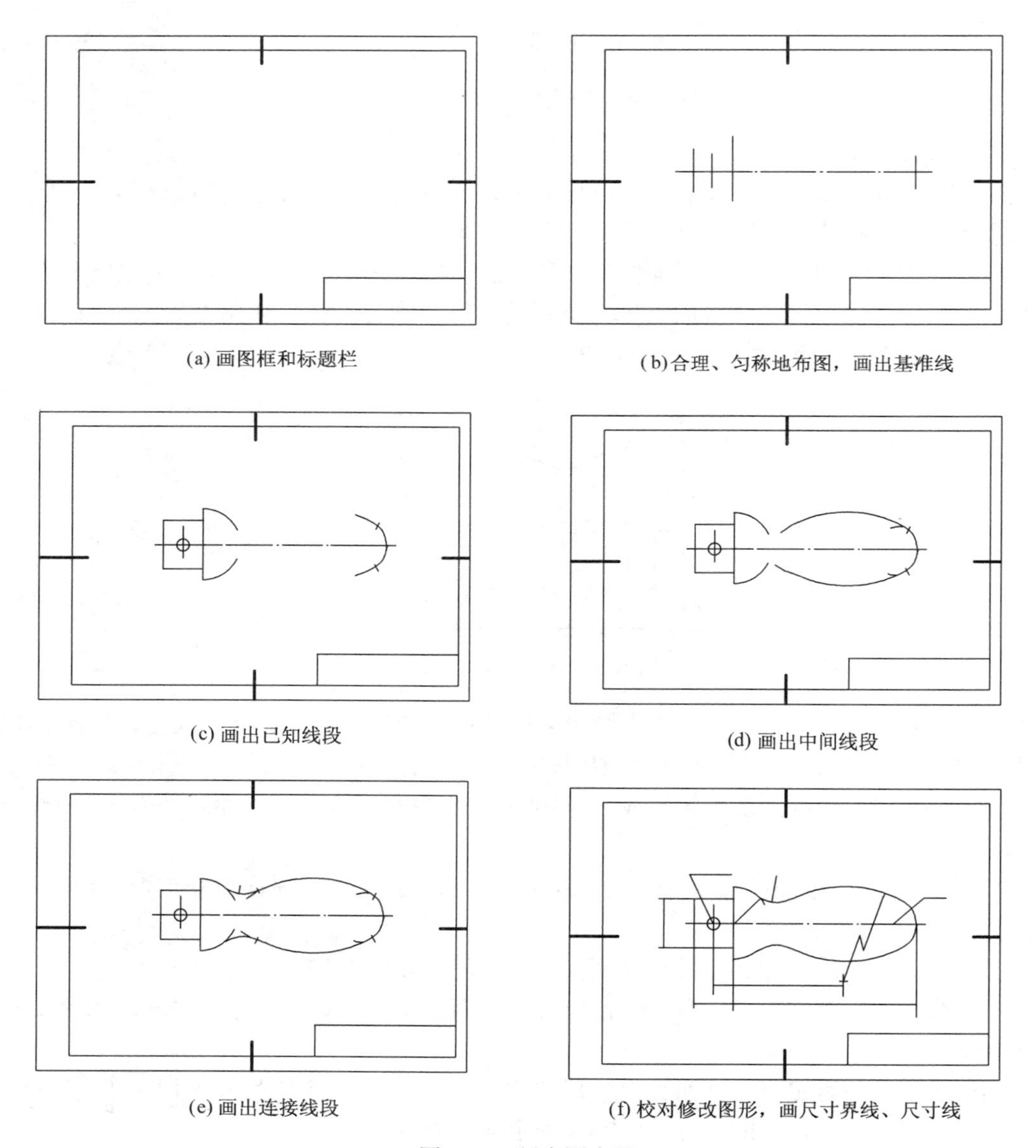

(a) 画图框和标题栏

(b) 合理、匀称地布图，画出基准线

(c) 画出已知线段

(d) 画出中间线段

(e) 画出连接线段

(f) 校对修改图形，画尺寸界线、尺寸线

图 1-16 画底图步骤

3）描深图线，完成作图。在用铅笔描深以前，必须检查底稿，把画错的线条及作图辅助线用软橡皮轻轻擦净。加深后的图纸应整洁、没有错误，线型层次清晰，线条光滑、均匀并浓淡一致。

加深步骤：应先曲后直、先粗后细；先用丁字尺画水平线，后用三角板画竖、斜的直线；最后画箭头，填写尺寸数字、标题栏等。

**注意：**轮廓线用2B铅笔描深，文字和其他图线用HB铅笔描深。

4）尺寸标注。平面图形的尺寸标注要求是：完整、清晰、准确，如图1-15所示。

## 3　投影法和三视图

### 3.1　投影法

（1）投影法的概念。日常生活中，物体在光线照射下就会在地面或墙壁上产生影子。影子在某些方面反映出物体的形状特征，这就是常见的投影现象。人们根据生产活动的需要，对这种现象加以抽象和总结，逐步形成了投影法。

所谓投影法，就是一组投射线通过物体射向投影平面得到图形的方法。投影平面P称为投影面，在P面上所得到的图形称为投影，如图1-17所示。

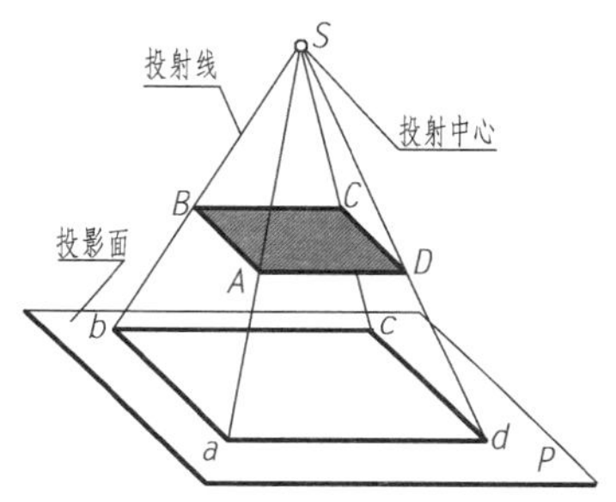

图1-17　中心投影法

（2）投影法的分类。工程上常见的投影法有中心投影法和平行投影法。

①中心投影法。投射线汇交于一点的投影法称为中心投影法，如图1-17所示。由图可见，中心投影法所得投影不能反映物体的真实形状和大小，因此在机械图样中很少使用。

②平行投影法。若将图1-17的投射中心S移至无穷远处，则投射线互相平行，如图1-18所示。这种投射线互相平行的投影法称为平行投影法。

斜投影法：投射线与投影面斜交，见图1-18（a）。斜投影法常用于绘制几何体的轴测投影图。

正投影法：投射线与投影面垂直，见图1-18（b）。正投影法的投射线相互平行且垂直于投影面，在投影图上容易如实表达空间物体的形状和大小，作图比较方便，因此绘制机械图样主要采用正投影法。

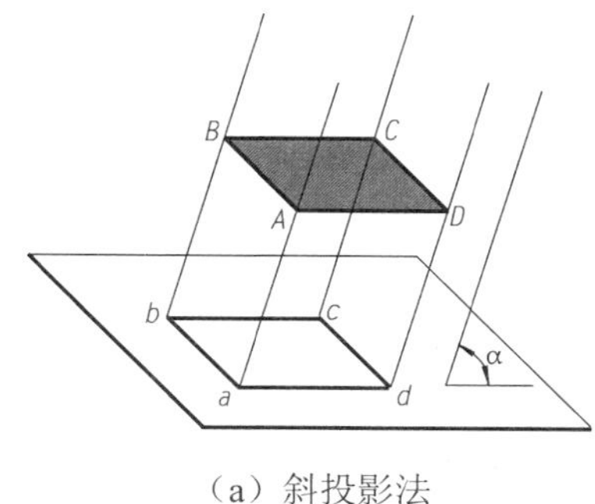

（a）斜投影法

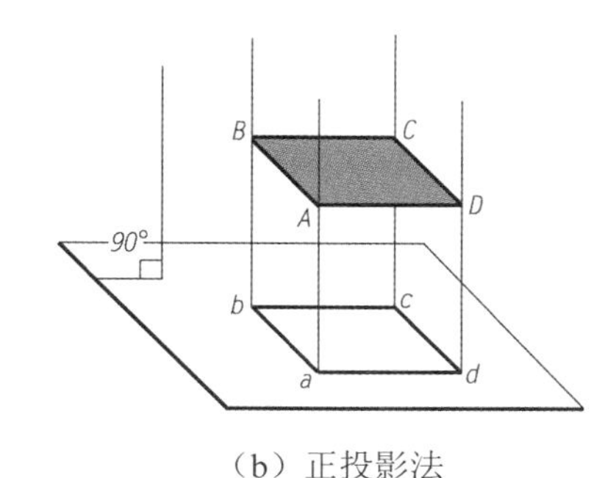

（b）正投影法

图1-18　平行投影法

③正投影特点。

真实性：当直线或平面与投影面平行时，直线的投影为反映空间直线实长的直线段，平面投影为反映空间平面实形的图形，正投影的这种特性称为真实性。

积聚性：当直线或平面与投影面垂直时，直线的投影积聚成一点，平面的投影积聚成一条直线，正投影的这种特性称为积聚性。

类似性：当直线或平面与投影面倾斜时，直线的投影为小于空间直线实长的直线段，平面的投影为小于空间实形的类似形，正投影的这种特性称为类似性。

## 3.2　三视图的形成及其投影规律

### 3.2.1　三视图的形成

为了准确地表达物体的形状，通常将物体放在三个相互垂直的平面组成的三面投影体系中，如图 1-19（a）所示。在三面投影体系中，正立投影面用 V 表示，简称正面；水平投影面用 H 表示，简称水平面；侧立投影面用 W 表示，简称侧面。两投影面的交线称为坐标轴，V 面与 H 面的交线为 X 坐标轴，简称 X 轴；H 面和 W 面的交线为 Y 坐标轴，简称 Y 轴；V 面和 W 面的交线为 Z 坐标轴，简称 Z 轴。三根坐标轴的交点称为坐标原点，用 O 表示。

在图 1-19 中，放置在三面投影体系中的物体，由前向后投射到 V 面上得到的视图称为主视图；由上向下投影到 H 面得到的视图称为俯视图；由左向右投射到 W 面得到的视图称为左视图。

为了使三个视图能画在一张纸上，国家标准规定：保持 V 面不动，H 面绕 X 轴向下旋转 90°，W 面绕 Z 轴向右旋转 90°，从而将三视图摊平在一个平面上，在去掉投影面边框线、投影轴之后，即可得到物体的三视图，如图 1-19（b）所示。

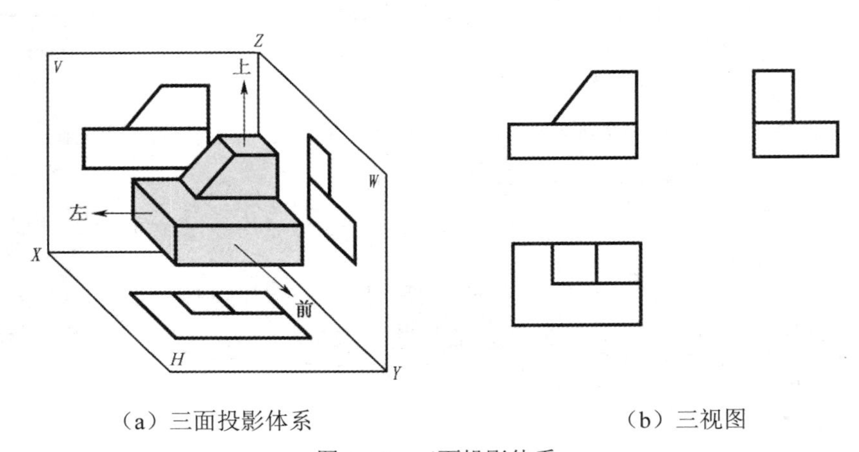


（a）三面投影体系　　（b）三视图

图 1-19　三面投影体系

三视图的位置摆放关系：俯视图在主视图的下边，左视图在主视图的右边，如图 1-20 所示。

### 3.2.2　三视图的投影规律

三视图是将一个物体分别沿三个不同方向投射到三个相互垂直的投影面而得到的三个视图，所以三个视图之间、每个视图与实物之间都有严格的对应关系。

物体的长、宽、高在三视图上的对应关系，从三视图的形成过程中可以看出：主视图反映物体的长度（X）和高度（Z）；俯视图反映物体的长度（X）和宽度（Y）；左视图反映物体的高度（Z）和宽度（Y）。它们之间存在着以下关系（如图 1-21 所示）：

主、俯视图——长对正；

主、左视图——高平齐；

俯、左视图——宽相等。

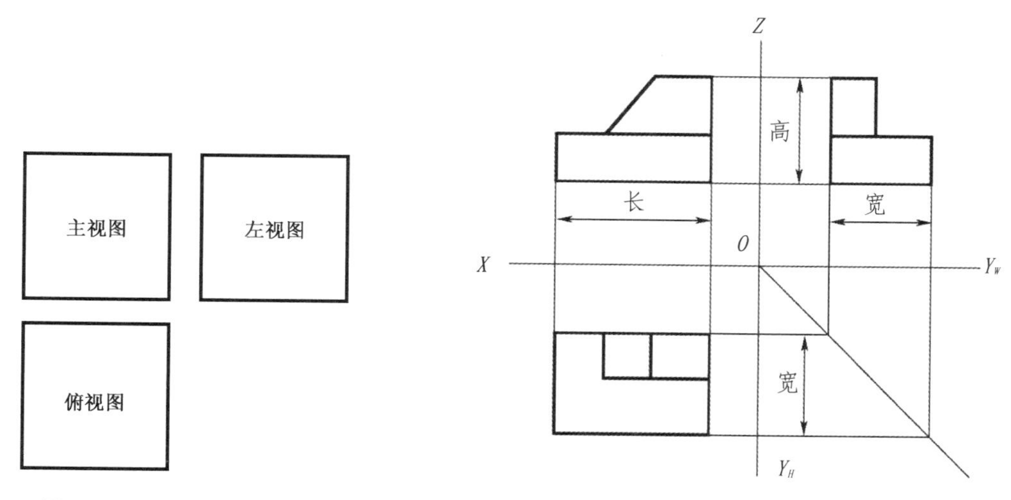


图 1-20　三视图摆放位置关系　　图 1-21　三视图的投影规律

另外，每个视图和物体之间也有严格的方位关系。物体的六个方位——上、下、前、后、左、右与视图之间的关系如图 1-22 所示。

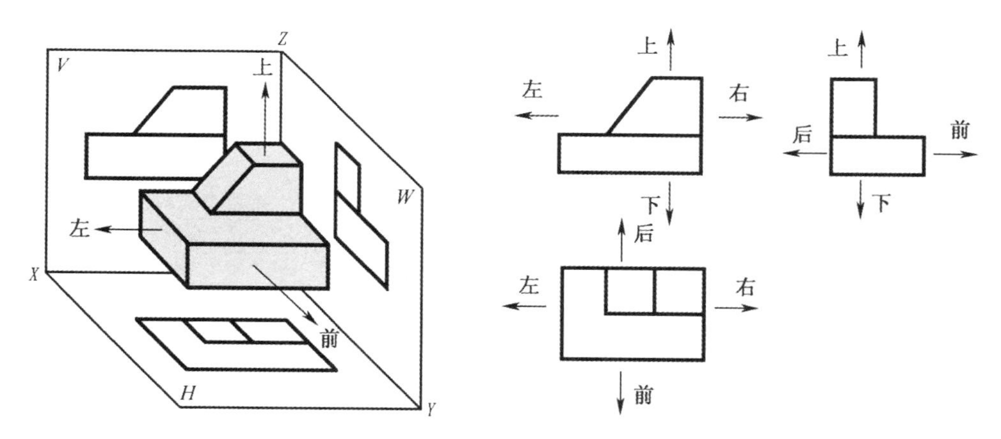


图 1-22　三视图的方位关系

例 1-1　画出图 1-23 所示立体的三视图。

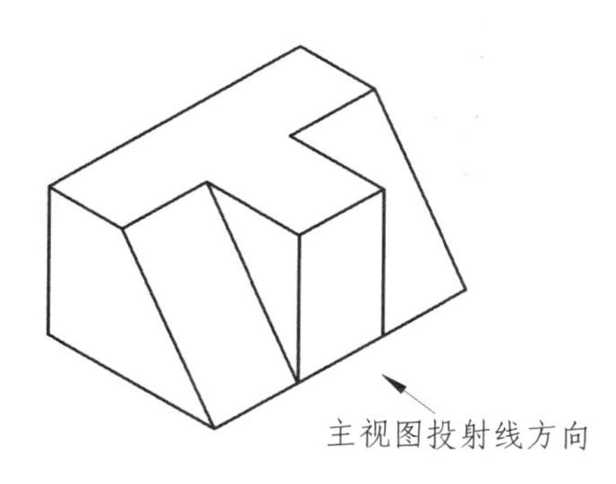


图 1-23　轴测图

解：物体是一个立方体被切去左前、右前部分而形成，为清楚表达物体的结构和形状，选择图示方向为主视图的投射方向。

根据三等关系，画出的三视图如图 1-24 所示。

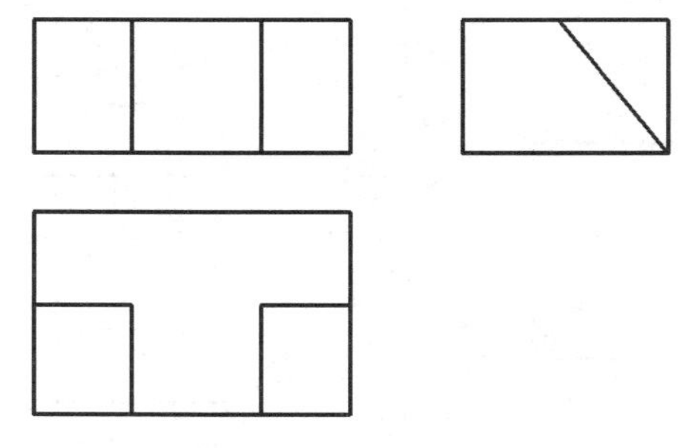

图 1-24 三视图

## 4 组合体

### 4.1 认识组合体

机器零件外形多种多样，但是从几何角度看，基本上都可以看成是由简单的基本形体（棱柱、棱锥、圆柱、球等）叠加在一起，或者是把一个基本形体经过几次切割，又或者是既叠加又切割而形成的。这些经过叠加、切割等方式形成的几何体称为组合体。

#### 4.1.1 组合体的组合形式

（1）叠加组合。

（2）切割组合。

（3）切割+叠加组合。

#### 4.1.2 组合体表面间的连接关系

组合体表面的连接关系有以下四种形式：

（1）不共面。当组合体上两基本体的表面不共面时，在结合处应该画分界线，如图 1-25（一）所示。

（2）共面。当组合体上两基本体的表面共面时，在结合处没有分界线，如图 1-25（二）所示。

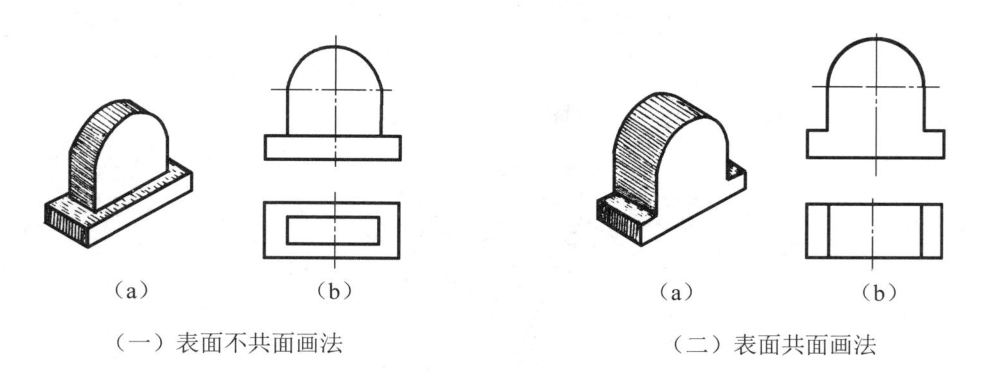


（一）表面不共面画法　（二）表面共面画法

图 1-25 表面不共面、共面画法

（3）相切。当组合体上两基本体的表面相切时，在相切处不应该画线，如图 1-26 所示。

（4）相交。当组合体上两基本体的表面相交时，在相交处应该画线，如图 1-27 所示。

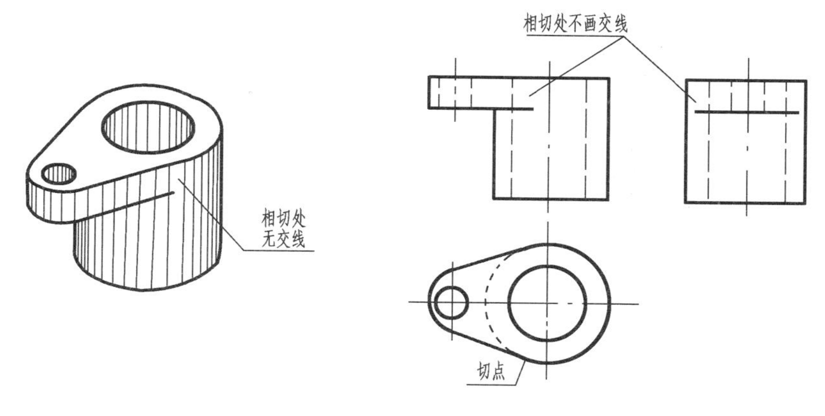


图 1-26　表面相切画法

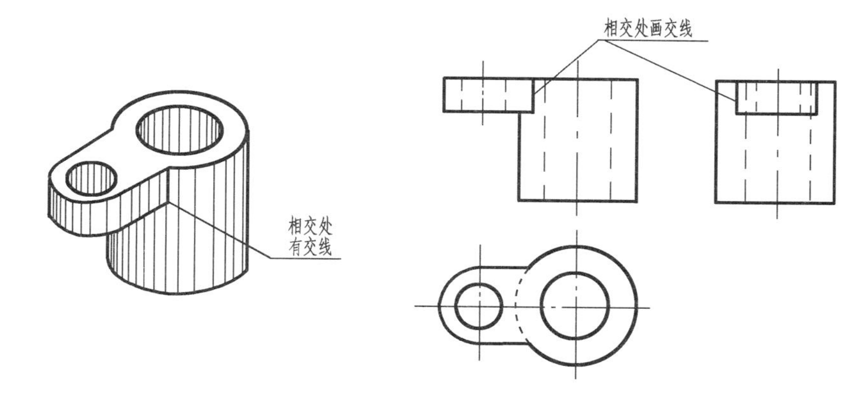


图 1-27　表面相交画法

4.1.3　组合体的形体分析法

形体分析法是指假想把组合体分解成若干个组成部分，分析清楚各组成部分的结构形状、相对位置、组合形式以及其表面连接方式的方法。形体分析法是对组合体进行读图、画图及尺寸标注的基本方法，这样可以使复杂的问题简单化。

4.2　组合体视图的画法

组合体（见图 1-28）的形状、结构比较复杂，因此画图时一般采用形体分析法，其方法的步骤如下：

（1）形体分析。画图前，首先要用形体分析法对组合体进行形体分析，通过分析明确组合体由哪些部分组成、按什么方式连接、各组成部分之间的相对位置如何，以便全面了解组合体的结构形状和位置特征，为选择主视图的投射方向和画图做好准备。

图 1-28 中的支座由底板、支承板、肋板和圆筒四部分组成，底板和支承板的后端面共面，支承板的左右端侧面和圆筒相切，肋板的左右侧面与圆筒相交，支座在长度方向上具有对称面，四个组成部分在长度方向上均处于对称位置。

（2）主视图选择。选择主视图时，一般要选择反映组合体各组成部分结构形状和相对位置较为明显的方向，并应使组合体上的主要面与投影面平行，同时还要考虑其他视图的表达要清晰。经综合分析比较，支座的主视图投射方向如图 1-28 所示。

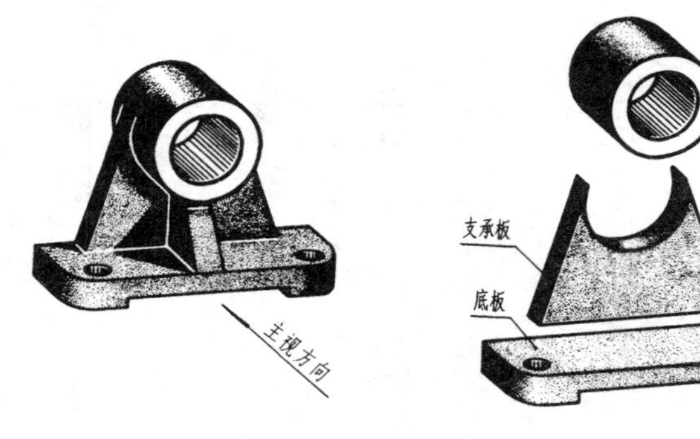


图 1-28　支座

（3）确定画图比例、选图幅。主视图投射方向确定后，应该根据实物大小和复杂程度，按标准规定选择画图的比例和图幅。在一般情况下，尽量采用 1∶1 的比例。确定图幅大小时，除了要考虑画图面积大小外，还应留足标注尺寸和画标题栏等的空间。

（4）布置视图位置。布置图形位置时，应根据各个视图每个方向的最大尺寸，在视图之间留足标注尺寸的空隙，使视图布局合理，排列均匀，画出各视图的作图基准线。

（5）画底稿。按形体分析法逐个画出组成组合体的各个形体。首先从反映形状特征明显的视图画起，后画其他两个视图，三个视图配合进行，用细实线轻而清晰地画出各视图的底稿。画底稿的一般顺序是：先画主要部分，后画次要部分；先画外形轮廓，后画内部细节；先画可见部分，后画不可见部分；先画叠加，后画切割；先画圆弧，后画直线。

（6）检查、描深图线。底稿完成后，认真检查是否有漏线、多线，画法是否有错，在确认无误之后，再描深图线，完成作图。

支座的作图步骤如图 1-29 所示。

### 4.3　组合体的尺寸标注

在绘制组合体的视图后，为了表明其真实大小，还需要在视图中标注尺寸。标注尺寸时同样采用形体分析法，并应做到尺寸标注正确、完整、清晰。

#### 4.3.1　尺寸种类

（1）定形尺寸：确定组合体各组成部分形状及大小的尺寸，如图 1-30（a）中圆筒的 φ14、φ24 和 24 等。

（2）定位尺寸：确定组合体各组成部分之间相对位置的尺寸，如图 1-30（b）中的尺寸 32 是确定圆筒中心相对底面高度位置的尺寸。

（3）总体尺寸：确定组合体外形的总长、总宽、总高尺寸称为组合体的总体尺寸。如图 1-30（b）中的 60、22+6、32+11 分别为支座的总长、总宽、总高。

#### 4.3.2　尺寸基准

尺寸基准就是标注尺寸的起点。由于组合体都有长、宽、高三个方向的尺寸，因此，在每个方向上都至少应有一个尺寸基准。

选择组合体的尺寸基准，必须要体现组合体的结构特点，并在标注尺寸后使其度量方便。因此，常选组合体上的对称面、底面、重要的大端面、回转体的轴线等作为尺寸基准。基于这一要求，图 1-30（b）中标示了支座长、宽、高三个方向的尺寸基准。

#### 4.3.3　尺寸标注的注意点

（1）尺寸应尽量注在视图外，如图 1-30（b）中主、俯视图之间的 60、42 和主、左视图之间的 32、6 等。

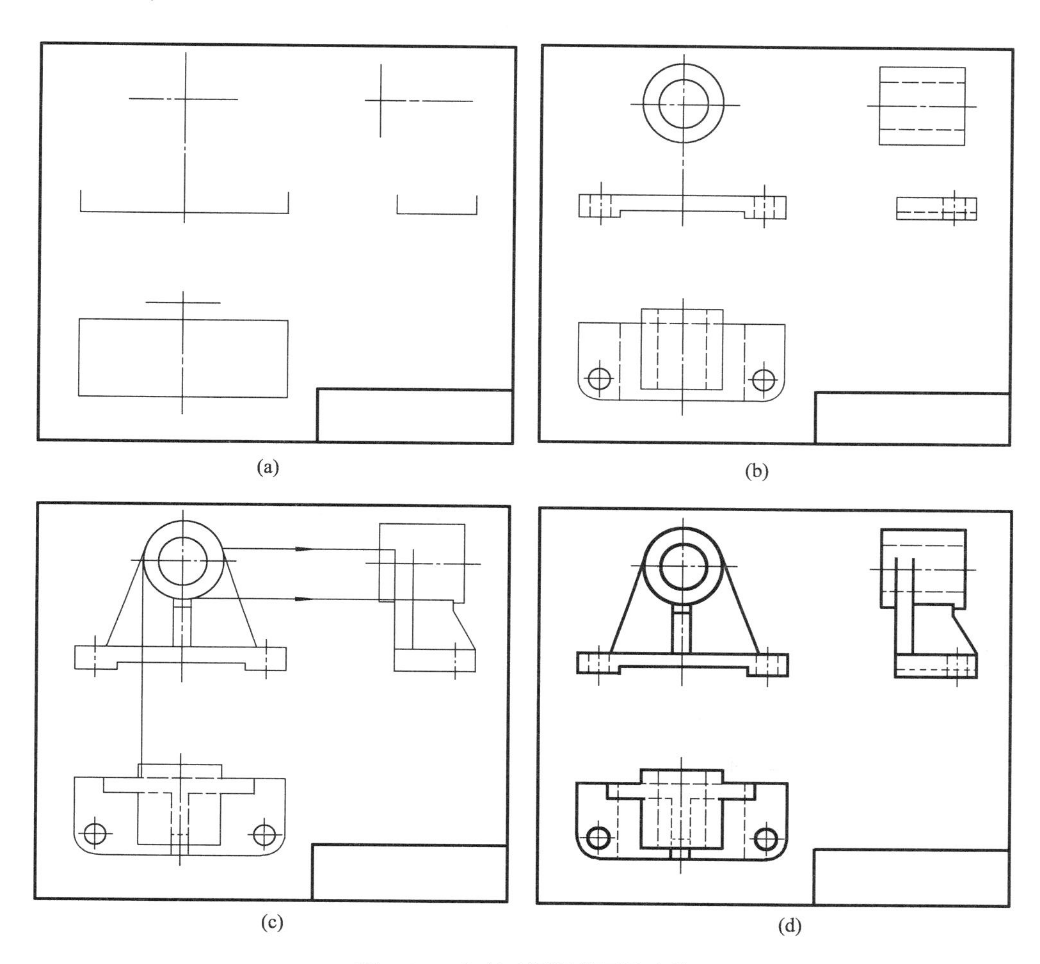


图 1-29　支座三视图的画法步骤

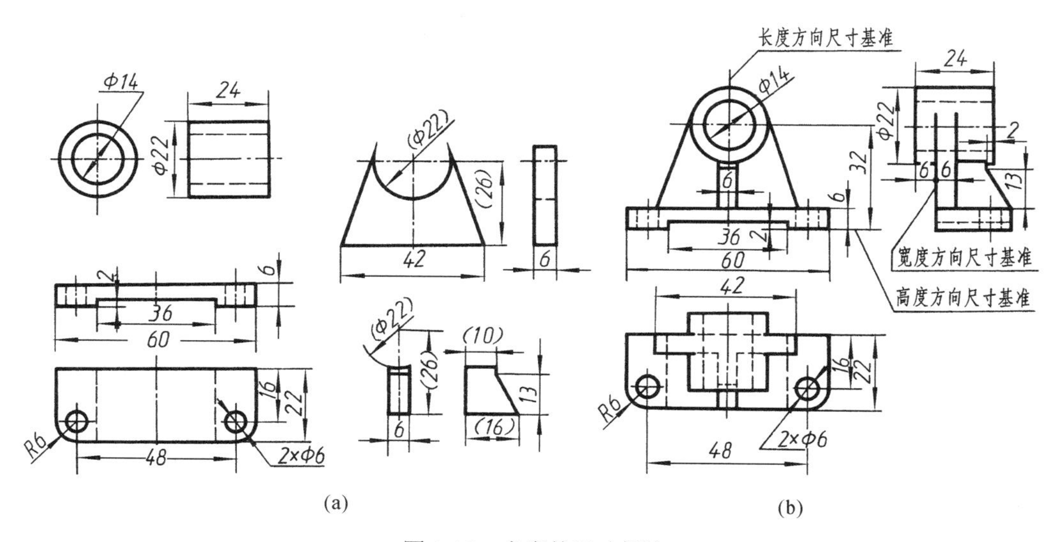


图 1-30　支座的尺寸标注

（2）定形、定位尺寸要尽量集中标注，并要集中注在反映形状特征和位置特征明显的视图上。如图 1-30（b）中确定该组合体底板形状大小的尺寸 60、22、6 都尽量集中注在主、俯视图上。

（3）直径尺寸尽量注在非圆的视图上，圆弧半径的尺寸要注在有圆弧投影的视图上，且细虚线上尽量不要标注尺寸。如图 1-30（b）中的 R6 注在投影为圆弧的俯视图上，直径 φ22 注在投影不为圆的左视图上。

（4）尺寸线与尺寸界线尽量不要相交。为避免相交，在标注相互平行的尺寸时，应按大尺寸在外、小尺寸在内的方式排列，如图 1-30（b）中的尺寸 36 和 60、6 和 32、16 和 22。标注连续尺寸时，应让尺寸线平齐，如图 1-30（b）中的尺寸 6、6。

4.4 读组合体的视图

绘图和读图是两个互逆的过程，是学习制图的两个主要任务。读图是根据视图想象出空间物体的结构形状的过程。

4.4.1 读图的基本要求

（1）抓特征、几个视图联系看。读图时，必须抓住特征视图，同时要把几个视图联系起来看，因为一个视图一般不能确定物体的形状，有时候两个视图也不能固定物体的形状，如图 1-31 所示。

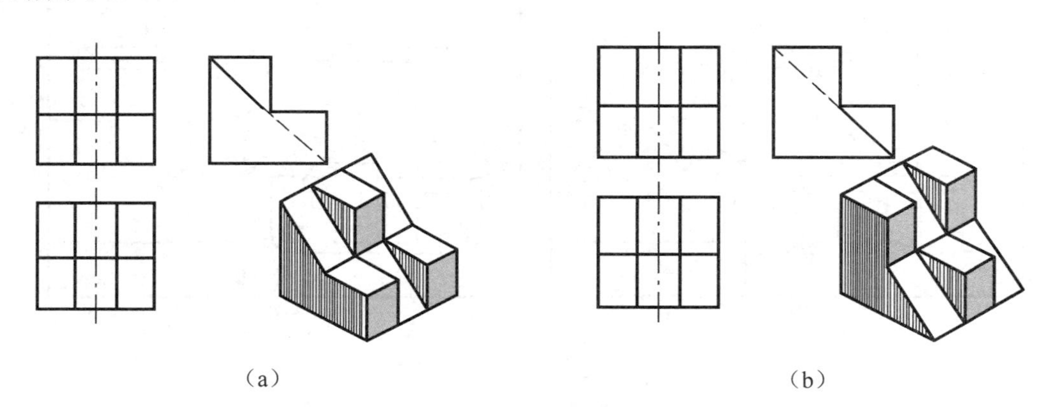


图 1-31 几个视图配合读图示例

（2）认清视图中线条、线框的含义。

①视图中的轮廓线（实线或虚线，直线或曲线）可以有 3 种含义（如图 1-32 所示）。

1——表示物体上具有积聚性的平面或曲面；

2——表示物体上两个表面的交线；

3——表示回转体的轮廓线。

②视图中的封闭线框可以有 4 种含义（如图 1-33 所示）。

1——表示一个平面；

2——表示一个曲面；

3——表示平面与曲面相切的组合面；

4——表示一个空腔。

4.4.2 读图的基本方法

读组合体视图的方法有形体分析法、线面分析法两种，简单介绍如下：

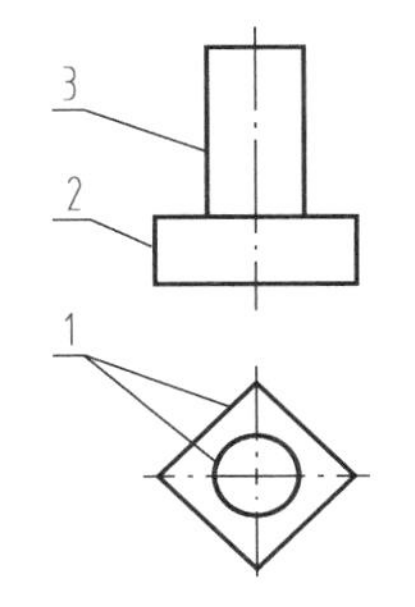


图 1-32 视图中线条的含义

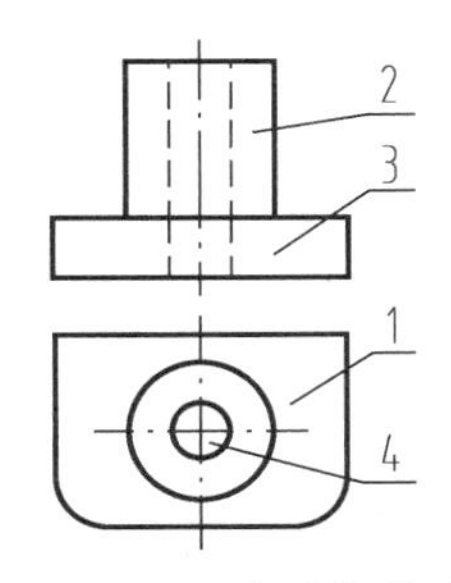


图 1-33 视图中线框的含义

（1）形体分析法。利用形体分析法读组合体视图时，简单来说就是抓特征、对照投影想形状、综合归纳想整体。如图 1-34（a）、（b）所示，根据投影关系，该视图可分为三部分：线框 1 对应 1′，想象出底板 I 的形状；线框 2′ 对应 2，想象出竖板 II 的形状；线框 3′ 对应 3，想象出拱形板III的形状。再根据它们之间的相对位置关系，想象出组合体的形状，如图 1-34（c）所示。

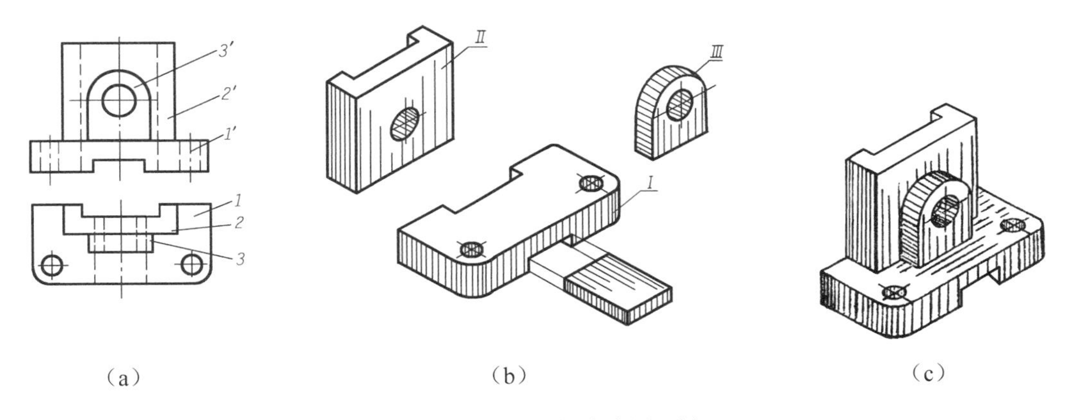


（a）　　（b）　　（c）

图 1-34 形体分析法读图示例

（2）线面分析法。线面分析法就是运用投影规律把物体的表面分解为线、面等几何要素，通过分析这些要素的空间形状和位置，来想象物体各表面形状和相对位置，并借助立体概念想象物体形状，达到看懂视图的目的。

## 5 图样画法

在实际生产中，当机件形状和结构比较复杂时，单单用正投影法绘制的三视图往往难以表达清楚它们的内外结构，因此，国家标准《机械制图》对图样画法规定了各种画法：基本视图、剖视图、断面图、局部放大图、简化画法和其他规定画法等，供工程技术人员按需选用。

### 5.1 基本视图

图 1-35 所示为一个正六面体，将机件放置于正六面体内，分别向六个面进行投影，所得的视图称为基本视图。除了原有的主、俯、左三个视图外，又增加了由右向左投影得到的右视图、由下向上投影得到的仰视图、由后向前投影得到的前视图。

为了让六个基本视图能画在一张纸上，国家标准规定对六个投影面按图 1-36 所示规定进行展开，并可省略标注视图名称，如图 1-37 所示。

六个视图的投影规律如下：

主、俯、仰、后视图——长对正；

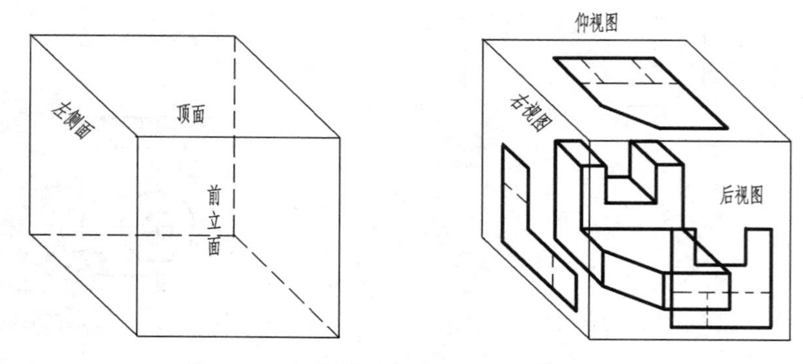


图 1-35　六投影面和右、后、仰视图的形成

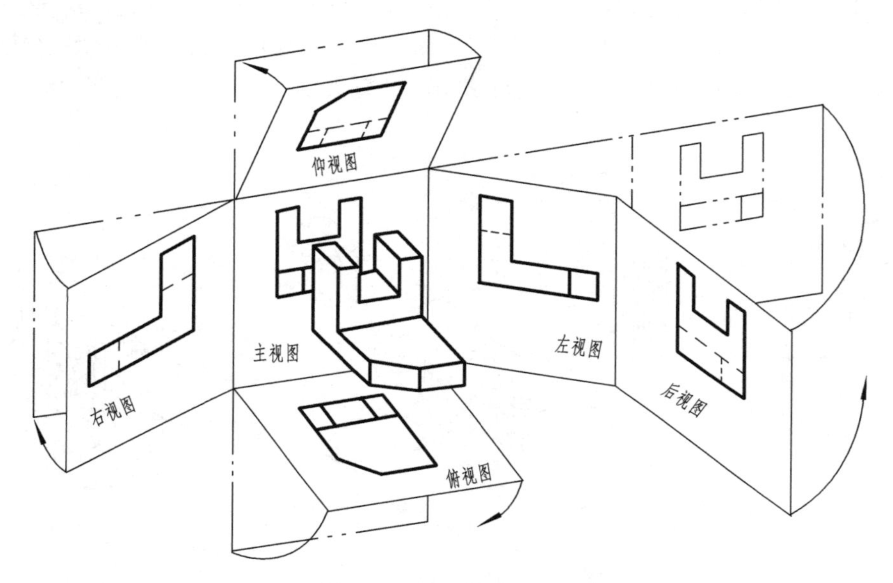


图 1-36　六投影面的展开

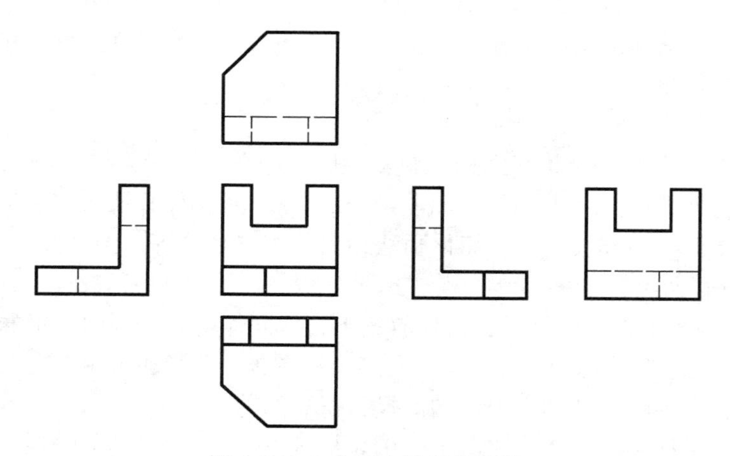

图 1-37　六个基本视图的位置

主、左、右、后视图——高平齐；
俯、左、仰、右视图——宽相等。

5.2　剖视图

如果机件的内部结构比较复杂，基本视图中出现的过多虚线会使图形不够清晰，不便于看图，也不利于尺寸标注。为了能清晰地表达机件的内部结构形状，常采用剖视图的方法。

5.2.1　剖视图的形成

假想用剖切平面将机件剖开，将处于观察者和剖切面之间的部分移去，其余部分向投影面投影即可得到剖视图，如图 1-38 所示。

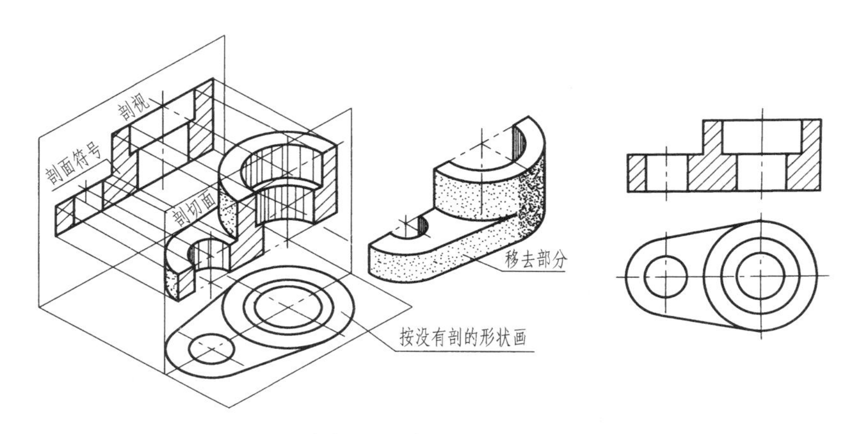


图 1-38　剖视图的形成

5.2.2　剖面符号

剖切面与物体接触部分称为剖切区域。在绘制剖视图时，通常应在剖切区域画出剖面符号，各种材料的剖面符号如表 1-4 所示。

**表 1-4　各种材料的剖面符号**

| 材料 | 剖面符号 | 材料 | 剖面符号 |
|---|---|---|---|
| 金属材料（已有规定剖面符号者除外） | | 混凝土 | |
| 线圈绕组元件 | | 钢筋混凝土 | |
| 转子、电枢、变压器和电抗器等的叠钢片 | | 砖 | |
| 非金属材料（已有规定剖面符号者除外） | | 基础周围的泥土 | |
| 型砂、填砂、粉末冶金、砂轮、陶瓷刀片、硬质合金刀片等 | | 格网（筛网、过滤网等） | |
| 玻璃及供观察用的其他透明材料 | | 液体 | |

画金属材料的剖面符号时，应注意以下几点：

（1）金属材料的剖面符号（也称剖面线）为与水平方向成 45°（向左、右倾斜均可）且间隔相等的细实线。

（2）同一机件在各个视图中的剖面线方向、间隔应相同。

（3）当出现图形轮廓线与水平方向成 45°时，剖面线可画成 30°或 60°的平行线，其倾斜方向仍与同一机件其他图形的剖面线一致，如图 1-39 所示。

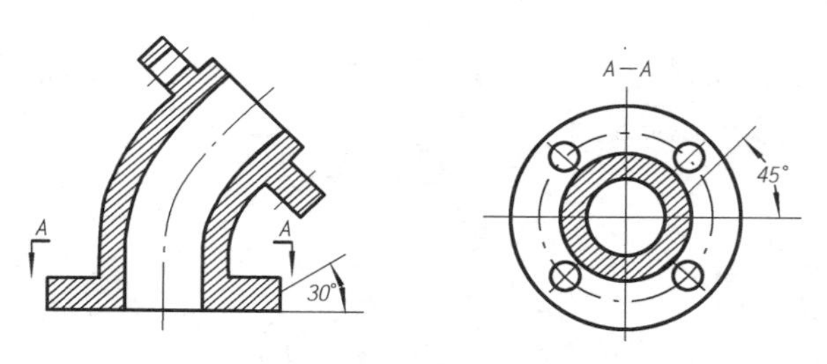


图 1-39　特殊角度剖面线画法

5.2.3　剖视图的画法

画剖视图时，应注意以下几点：

（1）剖切是假想的，所以当机件的某个视图画成剖视图后，其他视图仍按机件未被剖切时画出，如图 1-40 中的俯视图，不能只画一半。

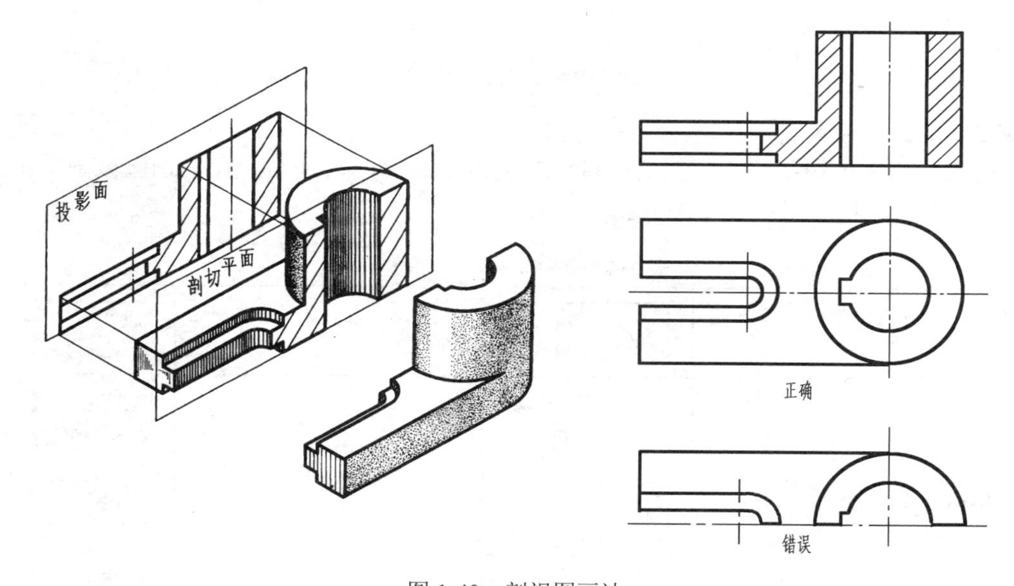


图 1-40　剖视图画法

（2）剖视图中一般不画不可见的轮廓线，除非必要时，如图 1-41 所示。

5.2.4　剖视图的标注

（1）剖视图中的标注方法是：一般应在剖视图上方标注剖视图的名称“×-×”（×为大写拉丁字母）。在相应的视图上用剖切符号表示剖切位置，用箭头表示投射方向，并标注相同字母。

**注意：**剖切符号为短画粗实线，箭头线为细实线。

（2）当剖视图按投影关系配置，且中间无其他视图隔开，可省略投射方向。

（3）当单一剖切平面重合于机件的对称平面或基本对称平面，且剖视图是按投影关系配置，中间又无其他图形隔开时，可省略标注，如图 1-40 所示。

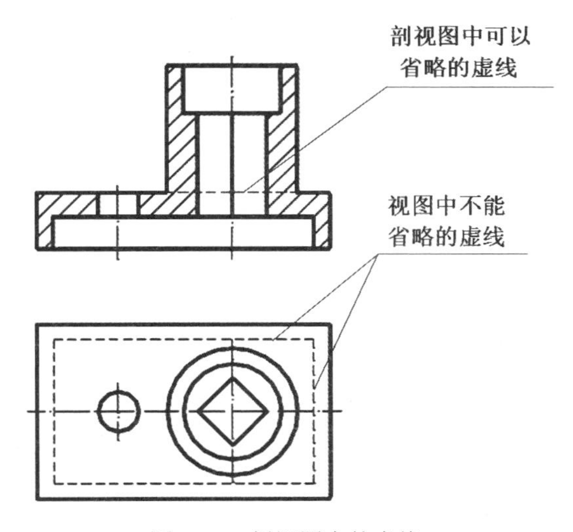


图 1-41 剖视图中的虚线

5.2.5 剖视图的种类

剖视图分为全剖视图、半剖视图和局部剖视图三种。

（1）全剖视图。用剖切面将机件完全剖开所得的剖视图称为全剖视图，如图 1-40 和图 1-41 所示。

当机件外形比较简单或外形已在其他视图上表达清楚，内部形状比较复杂时，常用全剖视图表达机件的内部形状。

（2）半剖视图。将具有对称平面的机件，向垂直于对称平面的投影面上投射，所得的图形以对称中心为界，将图形一半画成剖视图，另一半画成视图，这种组合的图形称为半剖视图。

半剖视图能在一个图形中同时反映机件的内部形状和外部形状，故主要用于内、外结构形状都需要表达的对称机件，如图 1-42 所示。

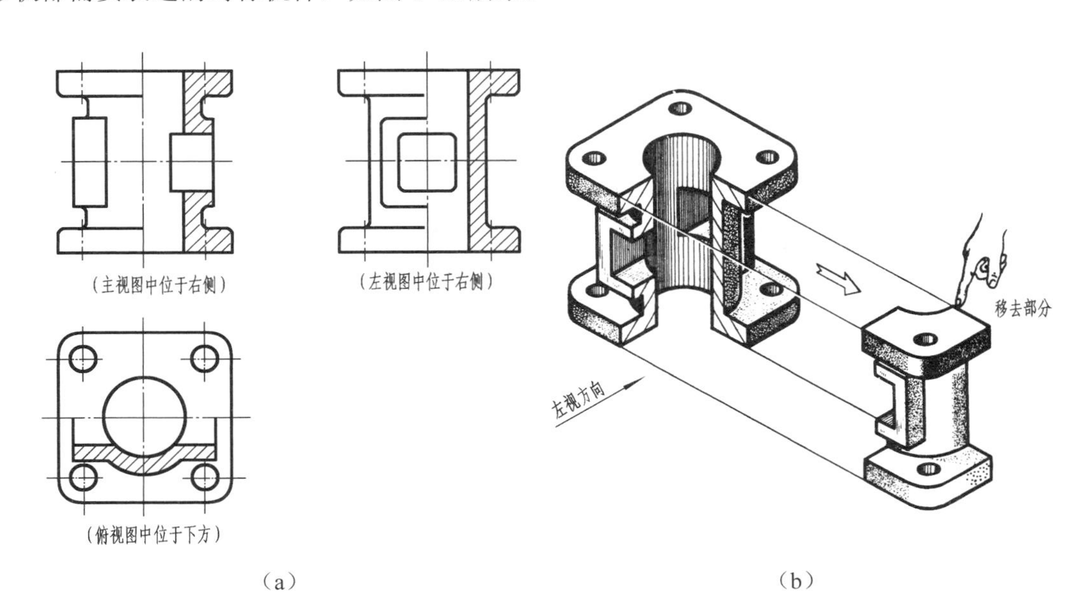


图 1-42 半剖视图

画半剖视图时，应注意：

①剖视图中剖与不剖两部分应以细点画线为界。

②机件的内部结构如果已在剖开部分的图中表达清楚，则在未剖开部分的半个视图中不再画细虚线。

（3）局部剖视图。用剖切面局部地剖开机件，所得的剖视图称为局部剖视图，如图 1-43 所示。

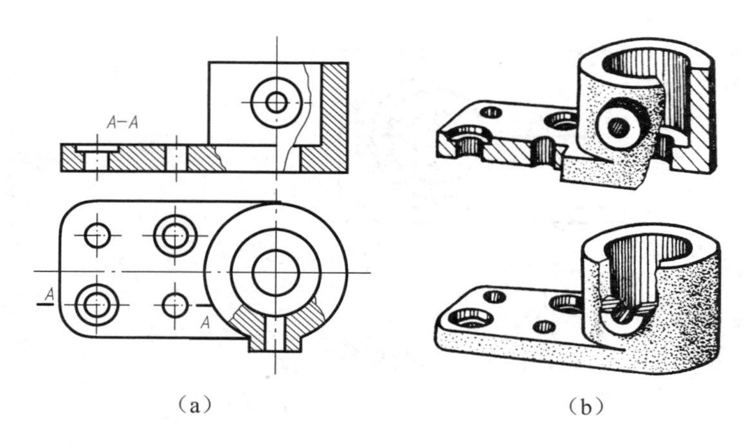


图 1-43 局部剖视图

局部剖视图是一种比较灵活的兼顾内、外结构的表达方法，且不受条件限制，但在一个视图中，局部剖切的次数不宜过多，否则就会影响图形的清晰度。

画局部剖视图时应注意以下几点：

①局部剖视图中，剖与不剖部分用波浪线（或双折线）分界，如图 1-43 所示。该波浪线不应和图样上其他图线重合，也不应超出视图的轮廓线，如图 1-44 所示。

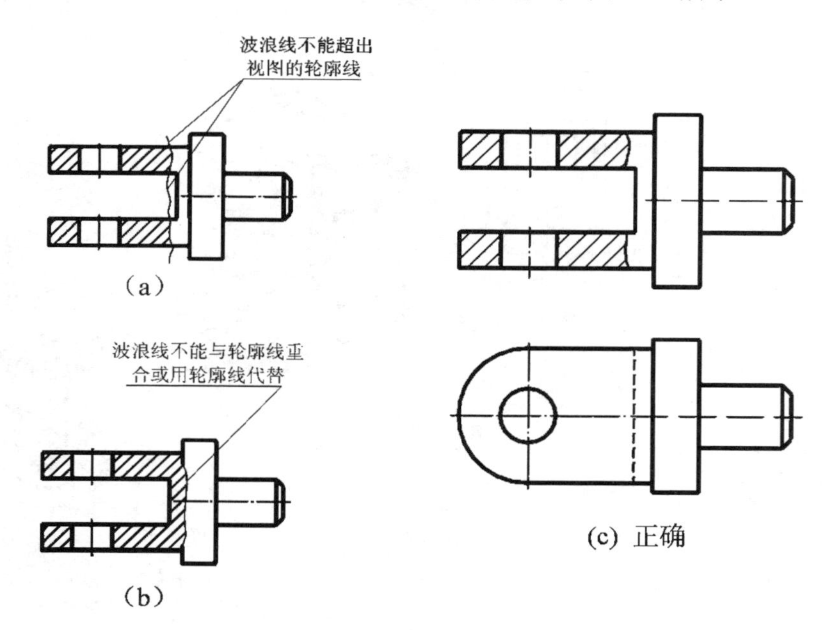


图 1-44 波浪线的错误画法

②当被剖物体是回转体时，允许将该结构的轴线作为局部剖视图中剖与不剖的分界线，如图 1-45 所示。

③当对称机件在对称中心线处有图线而不便于采用半剖视图时，应采用局部剖视图表示，如图 1-46 所示。

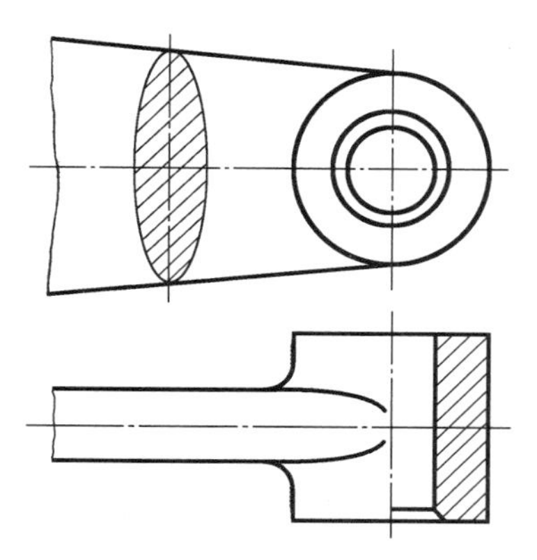

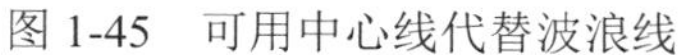

图 1-45　可用中心线代替波浪线

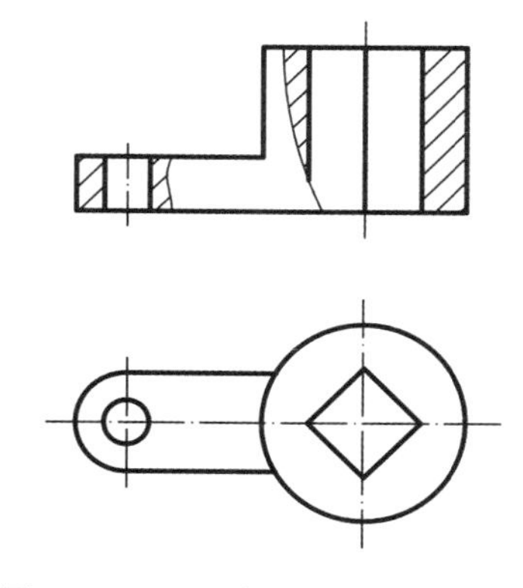

图 1-46　不便采用半剖的对称机件

5.2.6　剖视图的剖切方法

（1）单一剖切面。用一个平面将机件剖开，可得到全剖、半剖和局部剖视图，如图 1-40 所示。

（2）几个平行的剖切面。用几个平行且与基本投影面平行的剖切面剖切所得，各剖切平面的转折处必须是直角，这种剖切方法又称为阶梯剖，如图 1-47 所示。

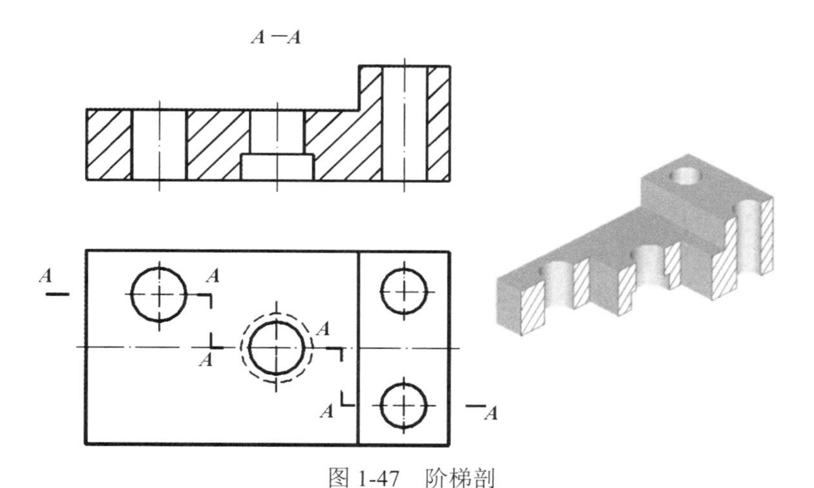


图 1-47　阶梯剖

（3）几个相交的剖切面。当机件的内部结构形状用一个剖切平面不能表达完全，且这个机件在整体上又具有回转轴时，可以用两个相交的剖切平面剖开，这种剖切方法又称为旋转剖，如图 1-48 所示。

5.3　断面图

假想用剖切面将机件的某处切断，仅画出该剖切面与物体接触部分的图形，称为断面图，简称断面，如图 1-49（b）所示。

断面图分为移出断面图（如图 1-49 所示）和重合断面图（如图 1-50 所示）两种。

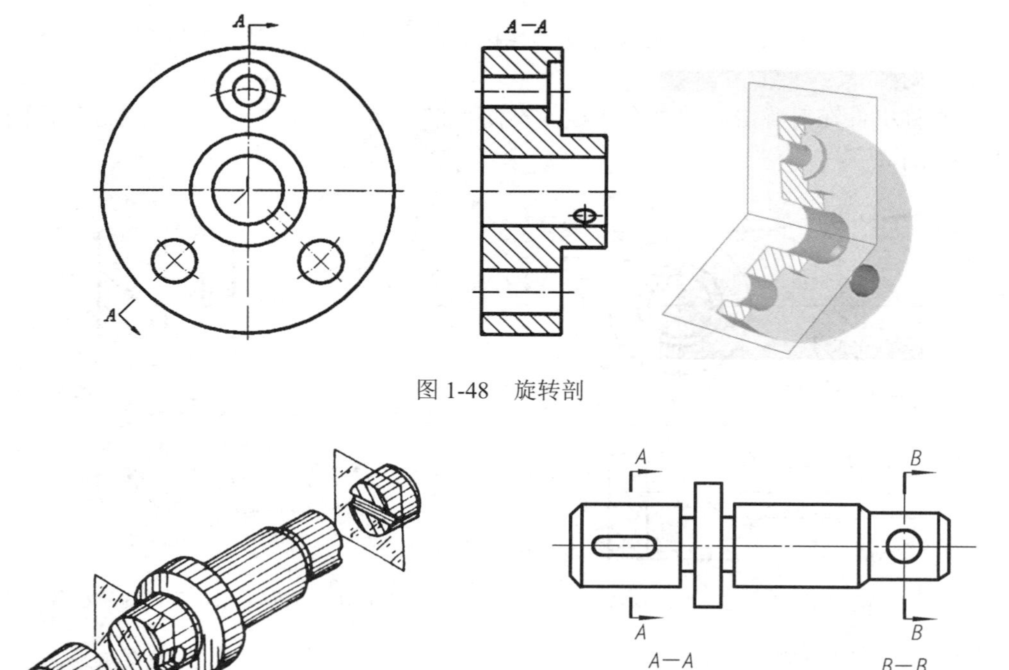


图 1-48 旋转剖

图 1-49 移出断面图（一）

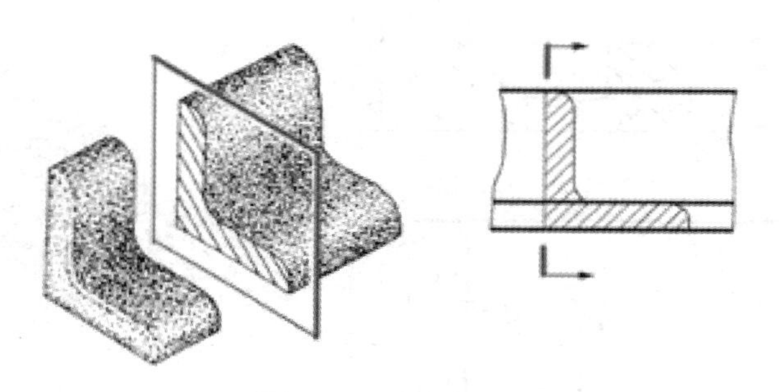

图 1-50 重合断面图

5.3.1 断面图的画法

（1）移出断面图的画法。

①移出断面图配置在机件的视图外，其轮廓线用粗实线绘制，并在剖面区域上画出剖面符号。

②当剖切平面通过回转面形成的孔或凹坑的轴线，及剖切面通过非圆孔时，会导致出现完全分离的断面图形，这些结构应按剖视图绘制，如图 1-51 所示。

③当移出断面图形对称时，可配置在视图的中断处，如图 1-52（a）所示。

④由两个或多个相交的剖切平面剖切机件所得的移出断面图，绘制时，图形的中间应断开，如图 1-52（b）所示。

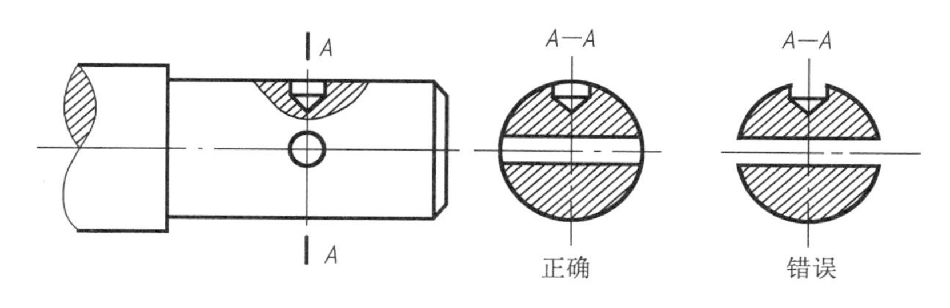


图 1-51　移出断面图（二）

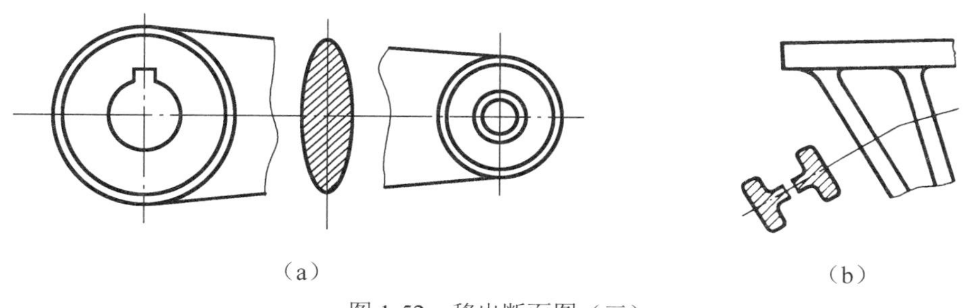


图 1-52　移出断面图（三）

（2）重合断面图的画法。重合断面图的图形应画在视图之内，断面图的轮廓线用细实线绘制，当视图中的轮廓线与重合断面图的图线重叠时，视图中的轮廓线仍连续画出，不可间断，如图 1-50 所示。

5.3.2　断面图的标注

（1）完全标注。移出断面图一般用剖切符号表示剖切位置，用箭头表示投射方向，并注上字母；在断面图的上方，用同样的字母标出相应的名称“×-×”（×为大写拉丁字母），如图 1-49（b）中的 A-A 断面图。

（2）省略字母的标注。配置在剖切符号上的不对称重合断面图，不必标注字母，如图 1-50 所示。

（3）省略箭头的标注。不配置在剖切线延长线上的对称的移出断面图，如图 1-53（b）中的 A-A，可省略箭头。

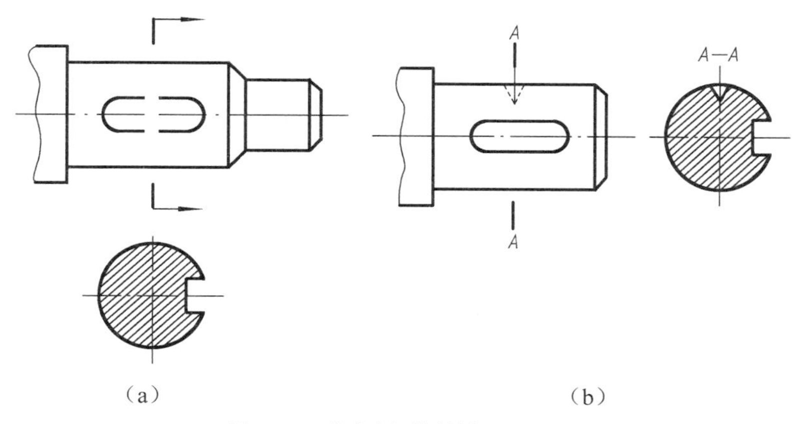


图 1-53　移出断面图的标注（三）

（4）省略标注。对配置在剖切线延长线上的对称移出断面图以及配置在视图中断处的对称移出断面图，均不必标注，如图 1-52 所示。

5.4 局部放大图及其他画法

5.4.1 局部放大图

局部放大图常用于表达机件上的在视图中表达不清楚或不便于标注尺寸和技术要求的细小结构。

局部放大图可画成视图、剖视图或断面图，与被放大部分的表达方式无关，如图 1-54 所示。局部放大图应尽量配置在被放大部分的附近。

绘制局部放大图时，除螺纹牙型、齿轮和链轮的齿形外，应将被放大部分用细实线圈出。在同一机件上有几处需要放大画出时用罗马数字标明放大位置的顺序，并在相应的局部放大图的上方标出相应的罗马数字及所用比例，以示区别，如图 1-54 所示。

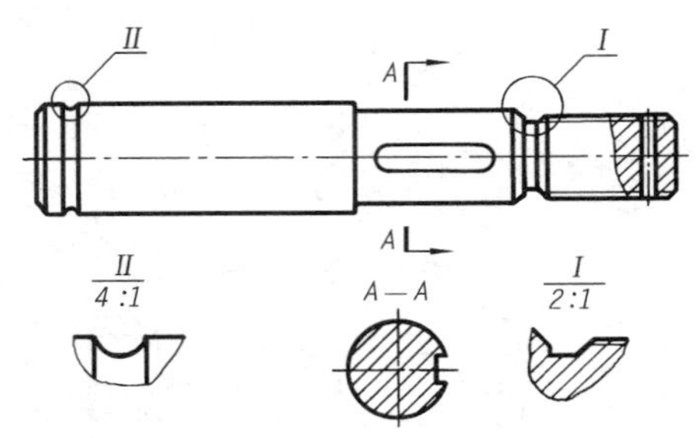

图 1-54 局部放大图

5.4.2 其他画法

这里只介绍以下几种画法：

（1）折断画法。对较长机件沿长度方向的形状相同或按一定规律变化时，可假想将机件折断后缩短绘制，如图 1-55 所示。

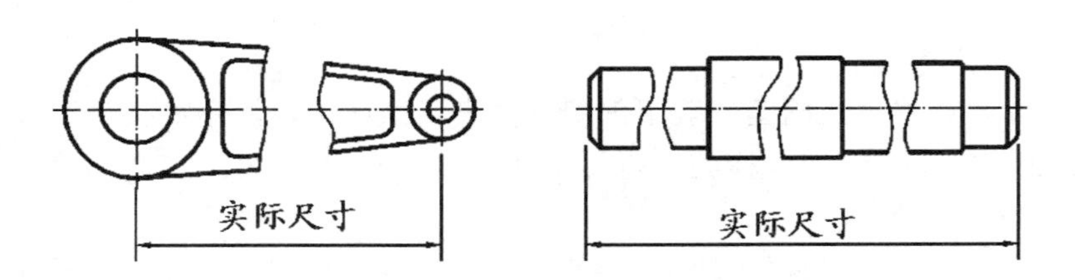

图 1-55 折断画法

（2）规定画法。对于机件的肋、轮辐及薄壁等，如按纵向剖切，这些结构都不画剖面符号，而用粗实线将它与其邻近部分分开，如图 1-56 所示。

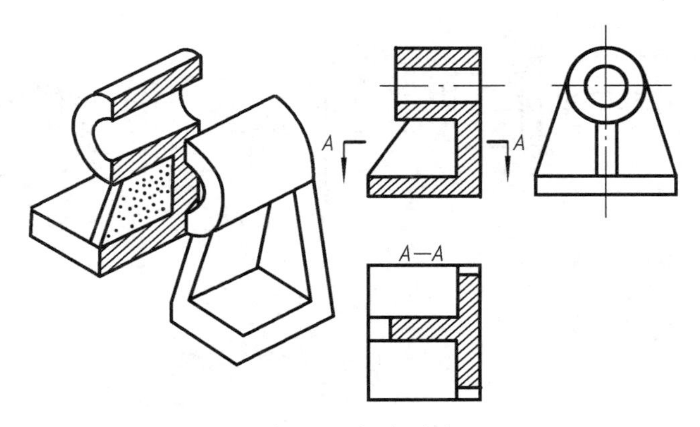

图 1-56 规定画法

（3）相同结构的简化画法。当机件具有若干相同结构（齿、槽等），并按一定规律分布时，只需画出几个完整的结构，其余用细实线连接，但必须在图中注明该结构的总数，如图 1-57 所示。

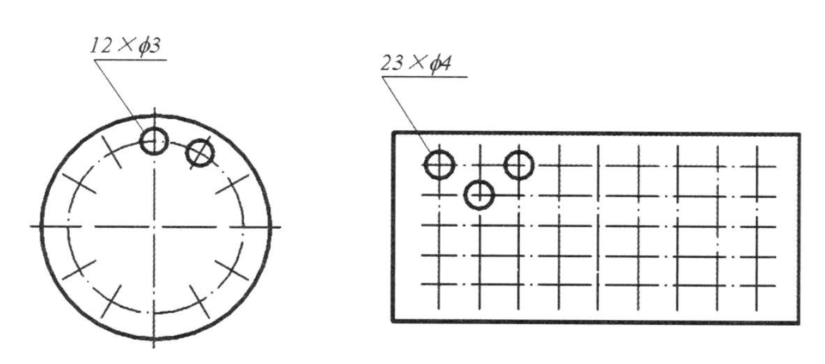


图 1-57　相同结构简化画法

## 四、工作过程导向

要完成图 1-58 所示的主动轴零件图的抄画，需要通过以下几个工作任务来实现。

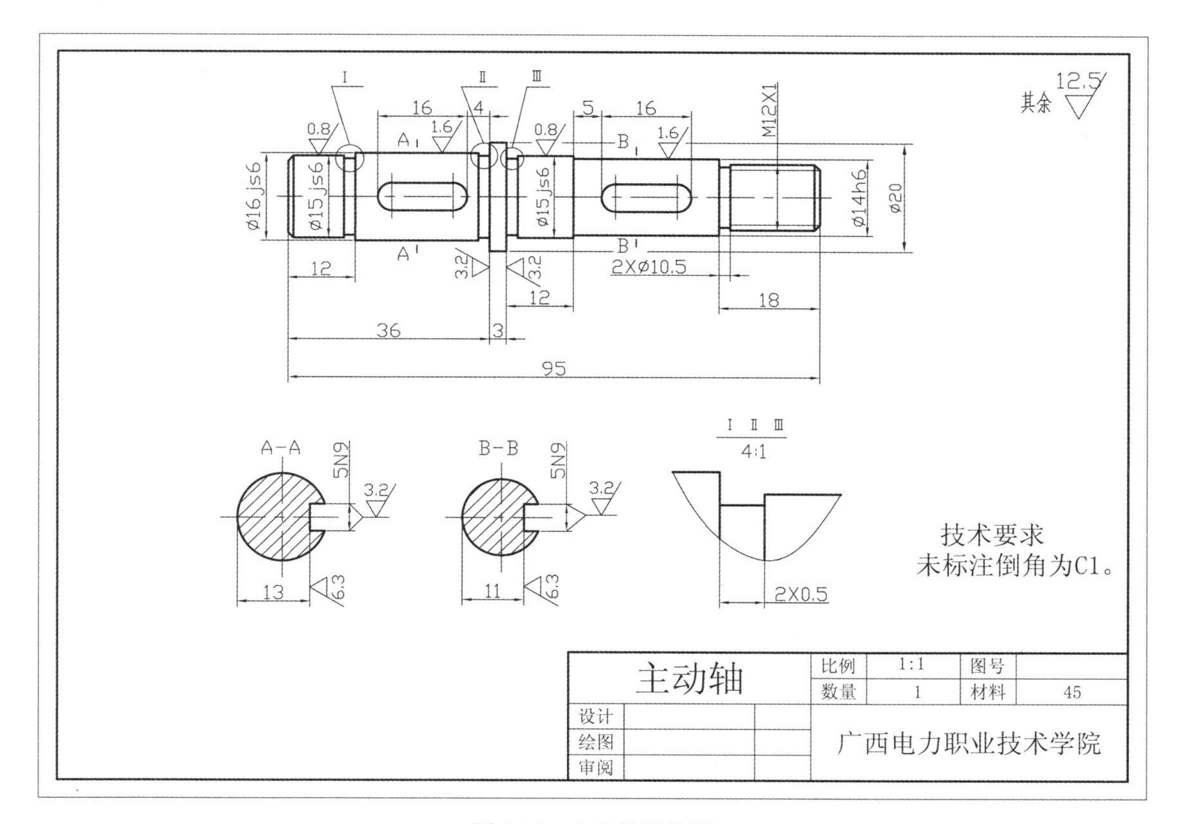


图 1-58　主动轴零件图

### 工作任务 1.1　主动轴零件图图框、标题栏抄画

完成该工作任务的步骤如下：

（1）准备绘图工具，确定绘图比例。根据零件的外形尺寸，结合图纸幅面的国家标准，选择 A4 图纸，横向（也可选择竖向），如图 1-59（a）。

（2）选择图框的格式。这里选择不留装订边的图框格式，从图纸四边边界向内分别量取 5mm，用粗实线画出图框，如图 1-59（b）。

（3）绘制标题栏。按图 1-2 的标题栏尺寸在图框的右下角绘制标题栏，外框线用粗实线，其余用细实线，并擦除多余线段，描深图框线，如图 1-59（c）。

（4）填写标题栏。用长仿宋体填写标题栏内容，如图 1-59（d），完成任务。

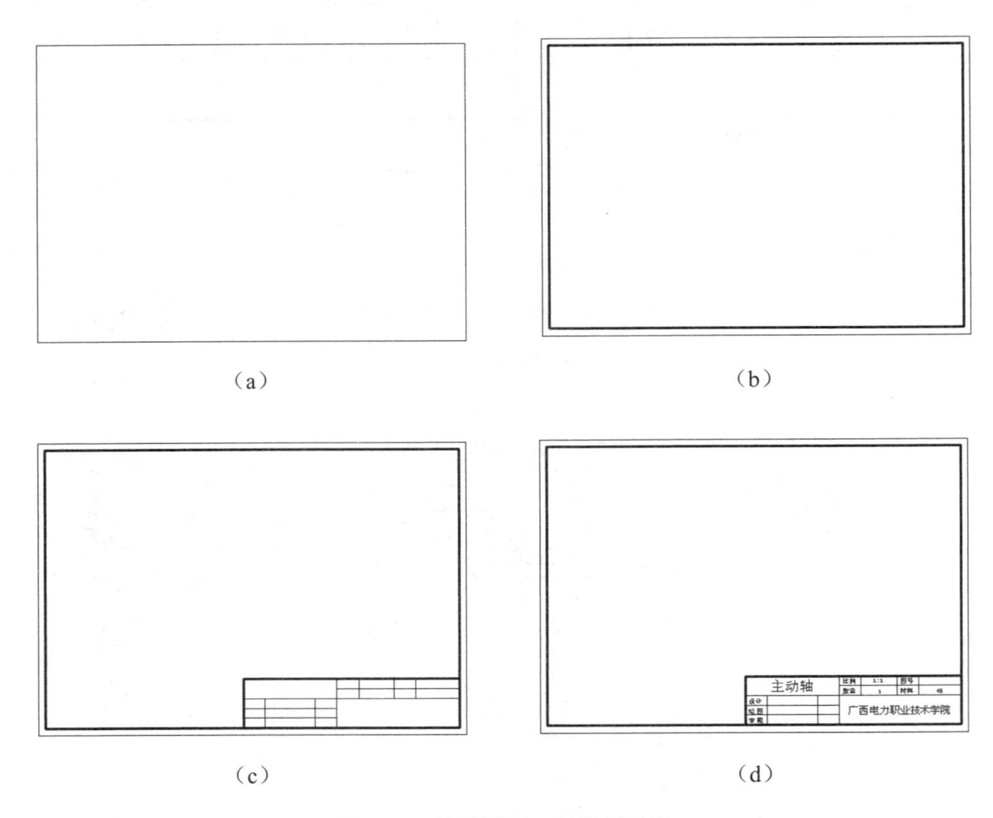


（a）（b）（c）（d）

图 1-59 抄画图框、标题栏过程

## 工作任务 1.2 主动轴零件图视图抄画

完成该工作任务的步骤如下：

（1）画基准线。画主动轴的中心线时要考虑让视图均匀布置在图框内，同时要留有尺寸标注的位置，见图 1-60（a）。

（2）根据标注尺寸画主动轴的基本视图，见图 1-60（b）。

（3）根据标注尺寸画键槽，见图 1-60（c）。

（4）根据标注尺寸画移出断面图、局部放大图；检查，擦除多余线段，描深图线，见图 1-60（d）。

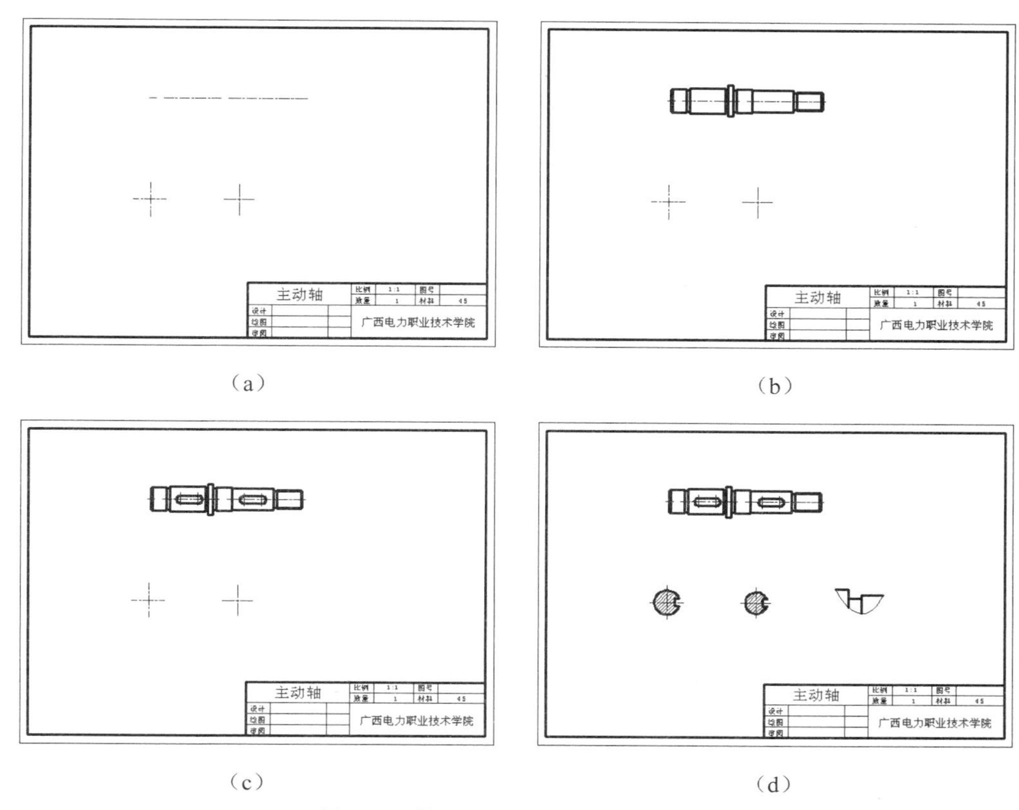


图1-60　抄画主动轴零件图视图过程

## 工作任务1.3　主动轴零件图尺寸标注抄画

完成该工作任务的步骤如下：

（1）按要求标注移出断面图、局部放大图，见图1-61（a）。

（2）按要求标注尺寸，见图1-61（b）。

（3）标注表面粗糙度，见图1-61（c）。

（4）在图框的右下角抄画文字技术要求，完成主动轴零件图的抄画，见图1-61（d）。

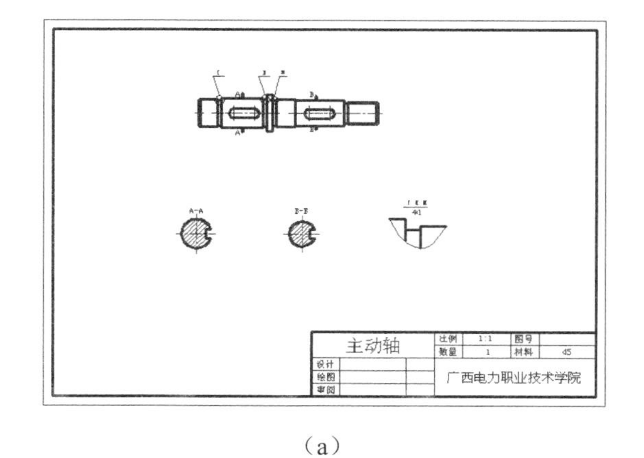


（a）

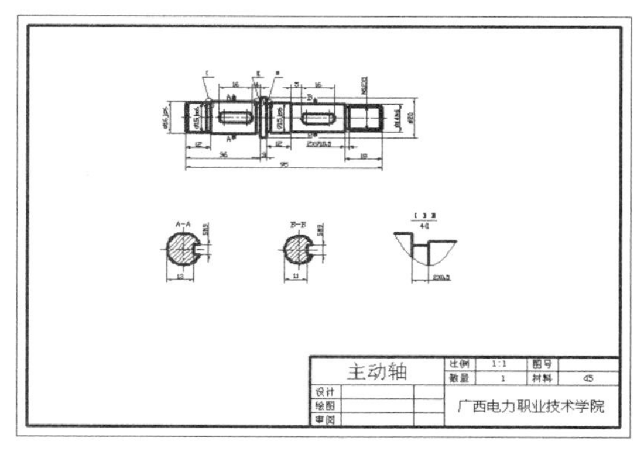


（b）

图1-61　抄画主动轴零件图尺寸标注过程

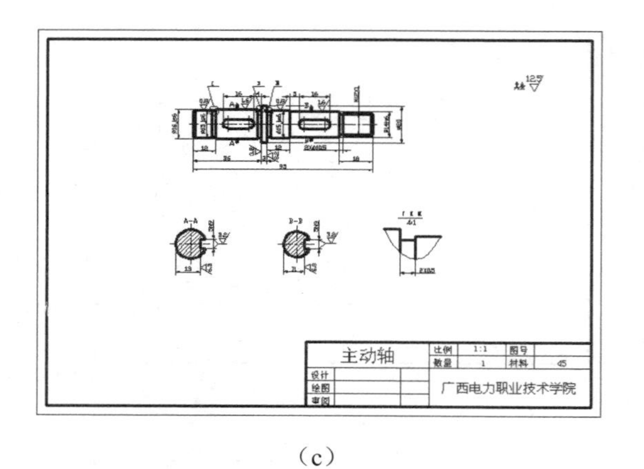


（c）

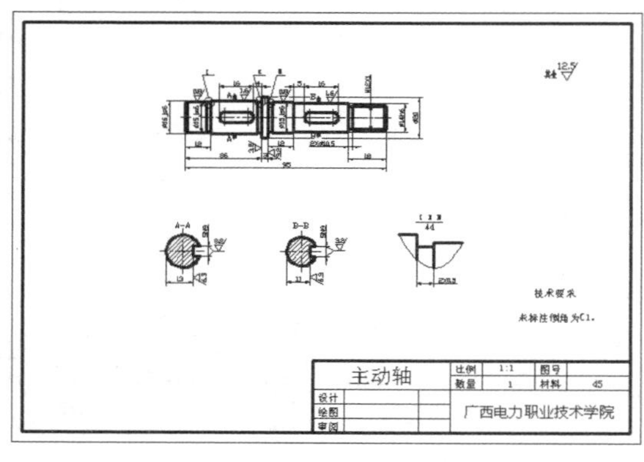


（d）

图 1-61 抄画主动轴零件图尺寸标注过程（续图）

## 【拓展项目】

1．抄画图 1-62 所示轴零件图。

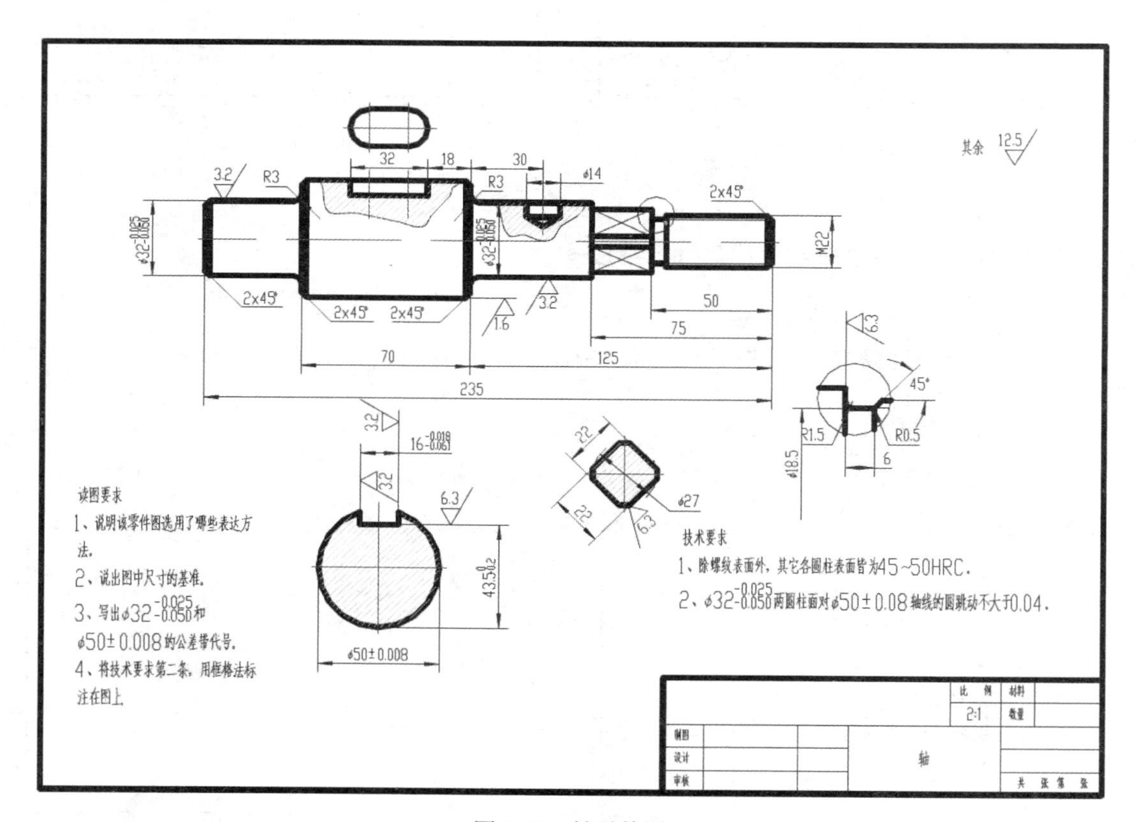


图 1-62 轴零件图

2．抄画图 1-63 所示带轮零件图。

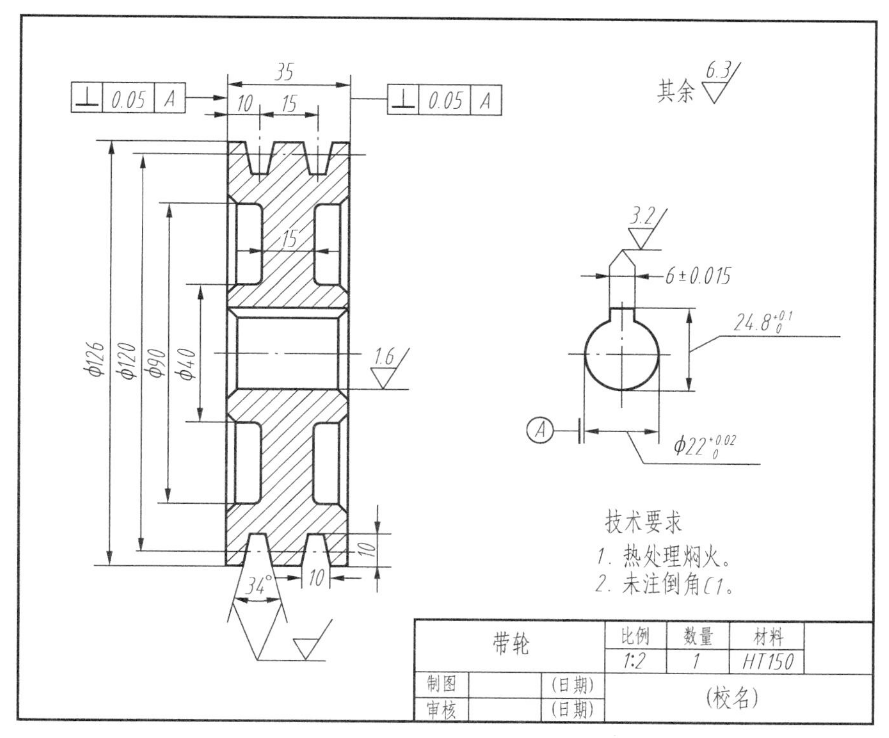

35
⊥ 0.05 A
10
15
⊥ 0.05 A
其余 6.3
15
3.2
6±0.015
24.8 +0.1 0
ϕ126
ϕ120
ϕ90
ϕ40
1.6
A
ϕ22 +0.02 0
技术要求
1. 热处理焖火。
2. 未注倒角C1。
10
10
34°
带轮
比例
数量
材料
1:2
1
HT150
制图
(日期)
审核
(日期)
(校名)


图 1-63　带轮零件图

# 项目 2　主动轴零件图的绘制（机绘）

## 工作任务 2　主动轴零件图的绘制（机绘）

### 一、工作任务分析

为适应现代化的生产和管理，国家质量技术监督局根据国际标准化组织制订的国际标准，制订并发布了我国的《技术制图》和《机械制图》国家标准。GB/T14689－1993《技术制图》、GB/T17450－1998《技术制图》和 GB/T4457.4－2002《机械制图》等标准中对有关图纸、格式、字体、比例、图线和尺寸标注都作了规定。

图纸幅面是指绘制图样时所采用的纸张大小。绘图时，用细实线绘制出图纸幅面界限（图幅线），再用粗实线在图幅线内绘制出图框线。图框格式分为留装订边和不留装订边两种。图纸上必须绘制标题栏，以标题栏的文字方向为看图方向。比例是指样图中的图形与其实物相应要素的线性尺寸之比。绘制样图时，为方便画图和看图，应尽量采用能够直接反映机件真实大小的原值比例画图。图样上除了用图形表达机件的结构形状外，还需要用文字、数字和字母等注明机件的大小和技术要求等内容。为了确定机件的大小及各部分之间的相互位置关系，还必须标注图样的尺寸。

本项目利用 AutoCAD 2007 进行绘制。AutoCAD 2007 是由 Autodesk 公司开发并广泛应用于计算机辅助绘图和设计的软件（Computer Aided Design）。随着版本更新，目前，AutoCAD 已经由功能非常有限的绘图软件，发展成为功能强大、性能稳定、市场占有率极高的辅助设计系统，在城市规划、建筑、测绘、机械、电子、造船、飞机、机车、服装等多个领域得到了广泛应用。

通过本项目的学习重点掌握 AutoCAD 2007 图形绘制、编辑的基本方法及常用的制图技巧。

在绘制主动轴零件图时，首先完成图框的绘制；接着应用多段线结合坐标精确绘制轴的上轮廓线，以水平辅助线为镜像轴绘制下轮廓线，然后按照图示连接角点，并对四个角倒角。绘制两个键槽平面图时移动坐标系原点到键槽弧心位置，然后分别绘制两个圆和经过圆心的矩形，将圆和矩形作面域操作后进行并集布尔运算完成键槽平面图。最后对主动轴零件图进行尺寸标注和粗糙度标注。

### 二、学习目标

【能力目标】

- 能够认识 AutoCAD 2007 用户界面；
- 能够了解 AutoCAD 2007 绘图环境；
- 学会设置坐标系及应用坐标绘图；
- 能够使用 AutoCAD 2007 精确定位功能；
- 学会常用的图形绘制和编辑功能；

- 能够正确地标注图形；
- 能够创建和编辑图块；
- 能够打印输出图形。

【知识目标】

- AutoCAD 2007 用户界面；
- AutoCAD 2007 文件管理；
- AutoCAD 2007 绘图环境设置；
- AutoCAD 2007 的坐标系和坐标表示法；
- AutoCAD 2007 的精确绘图辅助工具；
- AutoCAD 2007 图形绘制命令；
- AutoCAD 2007 图形编辑命令；
- AutoCAD 2007 尺寸标注；
- AutoCAD 2007 图块的创建和编辑；
- AutoCAD 2007 图形打印输出。

【素质目标】

- 培养空间感知和想象能力；
- 培养沟通交流能力；
- 培养团队组织和协作能力；
- 培养遵守标准的良好习惯。

## 三、知识准备

### 1　AutoCAD 2007 的启动与退出

（1）启动 AutoCAD 2007。启动 AutoCAD 2007，可以通过以下任意一种方法：

- 在桌面上双击 AutoCAD 2007 快捷图标。
- 单击桌面左下角“开始”菜单→“程序”→“Autodesk”→“AutoCAD 2007”。

（2）退出 AutoCAD 2007。当需要关闭 AutoCAD 2007 时，可以通过以下任意一种方法：

- 单击 AutoCAD 2007 主窗口右上角标题栏的关闭按钮。
- 执行“文件”菜单→“退出”命令。
- 在命令行中输入 quit。

### 2　AutoCAD 2007 的用户界面

AutoCAD 2007 为用户提供了两种工作空间，即“三维建模”和“AutoCAD 经典”。当用户启动 AutoCAD 2007 后，将打开如图 2-1 所示的“工作空间”对话框，在该对话框中，如果用户选择“AutoCAD 经典”作为初始的工作空间，确定后则进入如图 2-2 所示的用户界面（本书中使用的基本上是“AutoCAD 经典”工作空间）。

在图 2-1 中，用户如果选择了“不再显示此消息”选项，则此后打开 AutoCAD 2007 程序将跳过“工作空间”对话框。此时，用户可通过用户界面上的“工作空间”工具栏来实现快速地切换需要使用的工作空间。“工作空间”工具栏如图 2-3 所示。

图 2-2 中各部分简介如下：

（1）标题栏。左侧显示应用程序的图标、软件名称和当前打开的文件名，右侧为窗口控制按钮，包括最小化、最大化/还原、关闭按钮。

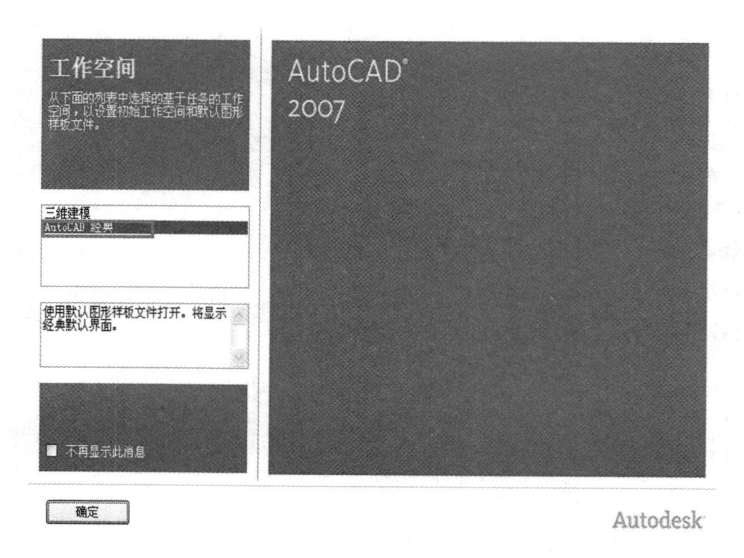


图 2-1 AutoCAD 2007“工作空间”对话框

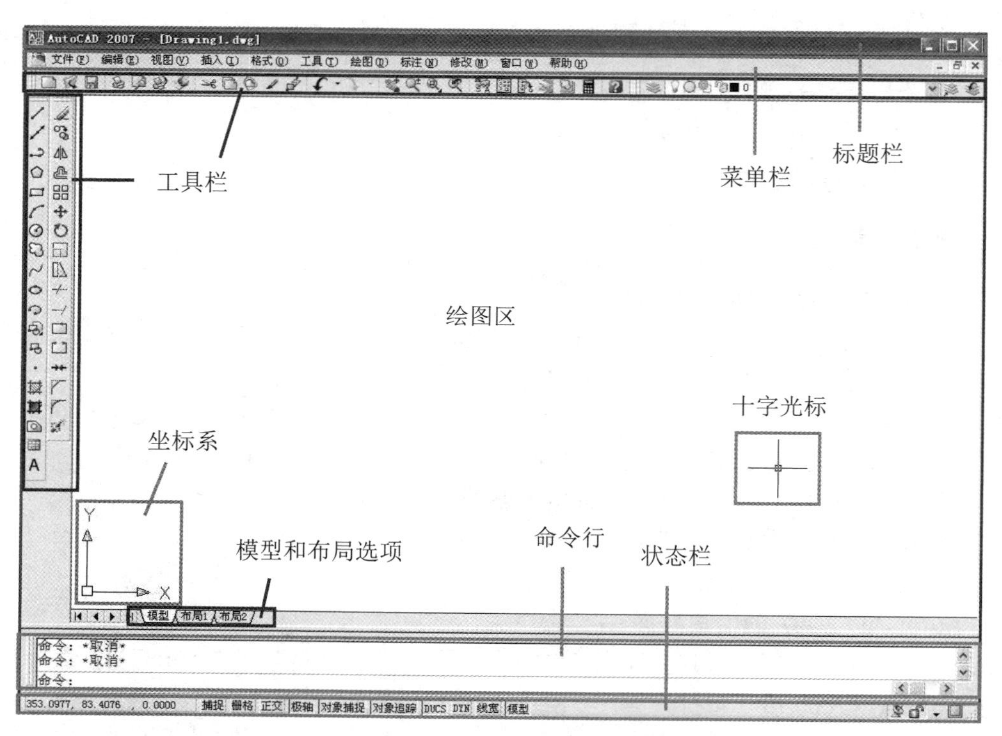


图 2-2 “AutoCAD 经典”用户界面

图 2-3 “工作空间”工具栏

（2）菜单栏。包含文件、编辑、视图、插入、格式、工具、绘图、标注、修改、窗口和帮助共 11 项下拉菜单，用户基本上可在此找到所有操作命令。

（3）工具栏。工具栏共 35 条。每条工具栏都是由一系列的图标按钮组成，每个图标按钮对应相应的操作命令，用户单击某一图标按钮即可调用相对应的命令。

用户在绘图过程中可根据需要打开或关闭工具栏，操作方法如下：把光标移动到已打开工具栏的任意位置，单击鼠标右键，在打开的快捷菜单中，单击选中所需工具栏。工具栏前面有“√”标记的表示打开，无“√”标记的表示关闭。

（4）绘图区。该区域可绘制、显示和编辑图形。用户可根据需要设置区域的背景颜色、光标大小等。

操作方法如下：选择“工具”菜单→“选项”命令或者光标在绘图区单击右键，在快捷菜单中选择“选项”，在打开的“选项”对话框中可以做相应的设置，如图 2-4 所示。

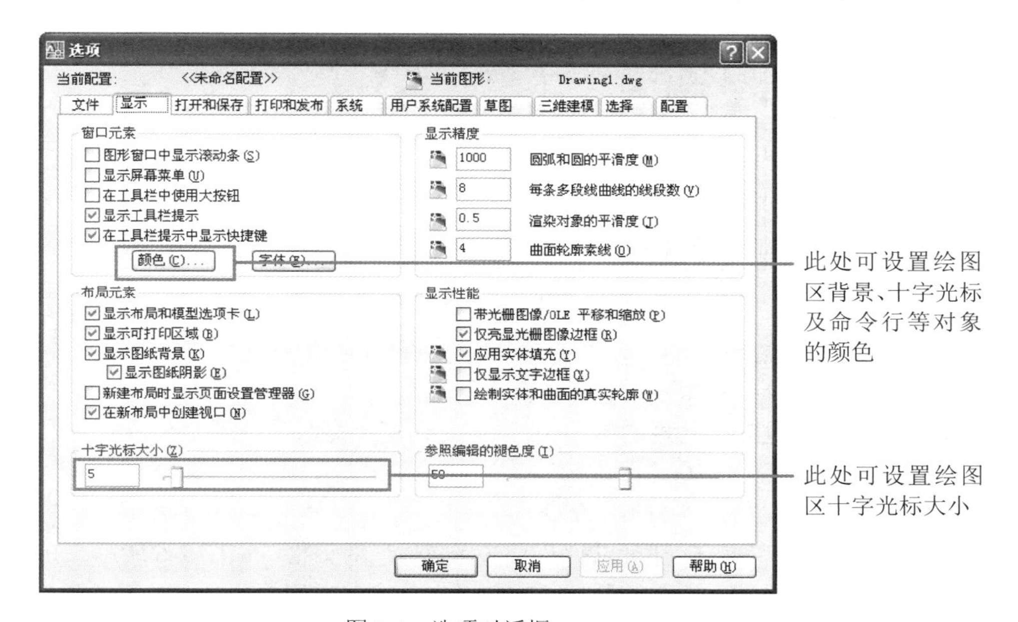


图 2-4　选项对话框

绘图区左下方是模型和布局选项。用户一般在模型空间绘图，在布局空间设置、调整图形，并打印输出。

（5）命令行。命令窗口可实现人机对话，主要用于显示用户从键盘上输入的命令及执行命令时的提示信息。命令行可通过组合键 Ctrl+9 实现打开、关闭。

（6）状态栏。左边显示的是当前十字光标的三维坐标值。中间是绘图辅助工具按钮，共有 10 种。光标移动到按钮位置单击可使按钮处于打开或关闭状态。右边的按钮□是屏幕清除按钮，要扩展图形显示区域，可单击该按钮，这时用户界面仅显示菜单栏、状态栏和命令窗口，再次单击或使用组合键 Ctrl+0 可恢复原设置。

### 3　AutoCAD 2007 的文件管理

（1）新建图形文件。在准备开始绘制图形之前，先要创建新的图形文件。在 AutoCAD 2007 中，可以通过以下任意一种方法创建新图形文件：

- 执行“文件”菜单→“新建”命令。
- 单击“标准”工具栏的□按钮。
- 使用组合键 Ctrl+N。

- 在命令行中输入“new”命令。

执行以上任何一种方式都可以打开“选择样板”对话框，如图 2-5 所示。在“选择样板”对话框中，可以从样板列表中选择一个样板文件，这时在右侧的预览框中将显示该样板文件的预览图像，单击“打开”按钮，可以将选中的样板文件作为图纸样板来创建一个新的图形文件。

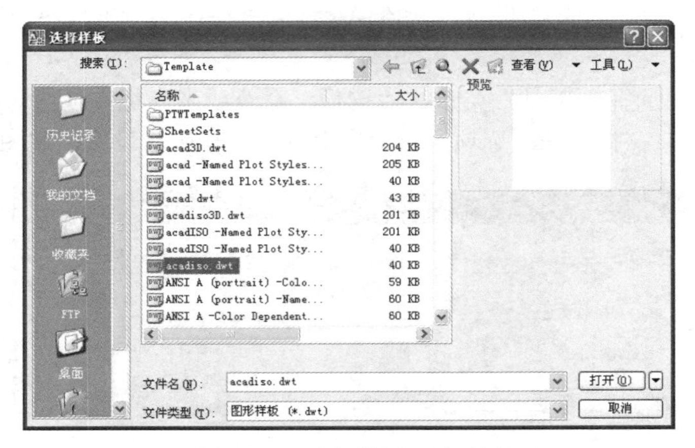


图 2-5 “选择样板”对话框

（2）打开图形文件。通过以下任意一种方法即可打开已有的图形文件：

- 执行“文件”菜单→“打开”命令。
- 单击“标准”工具栏的按钮。
- 使用组合键 Ctrl+O。
- 在命令行中输入“open”命令。

执行以上任何一种方式都可以打开“选择文件”对话框，如图 2-6 所示。在“选择文件”对话框的文件列表框中，选择需要打开的图形文件，在右侧的预览框中可以预览该图形文件。默认情况下，打开的图形文件格式为.dwg 格式。可以通过“打开”、“以只读方式打开”、“局部打开”、“以只读方式局部打开”四种方式打开图形文件，每种打开方式都对图形文件进行了不同的限制。

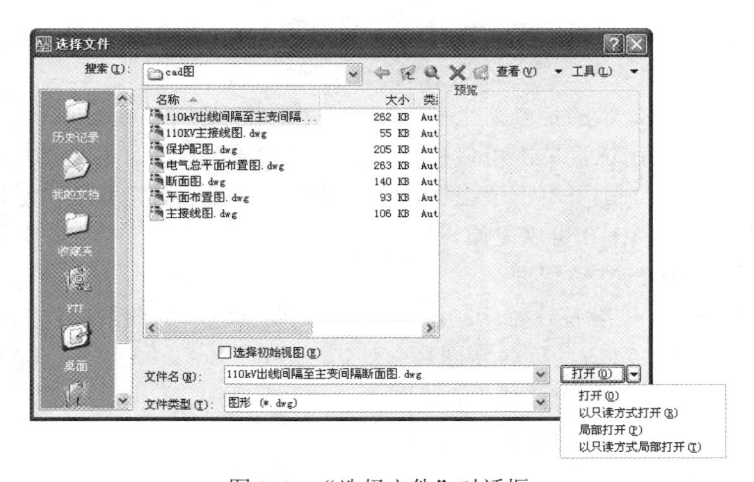


图 2-6 “选择文件”对话框

（3）保存图形文件。在使用计算机绘图中需要经常存盘，以免由于死机、断电等突然事故使工作付之一炬。在 AutoCAD 2007 中，可以通过以下任意一种方法保存图形文件：

- 执行“文件”菜单→“保存”或“另存为”命令。
- 单击“标准”工具栏的按钮。
- 使用组合键 Ctrl+S。
- 在命令行中输入“save”命令。

应用“保存”命令，当前未命名的图形文件命名并存盘，或对已命名图形文件保存为同名。

应用“另存为”命令，当前未命名的图形文件命名并存盘，或对已命名图形文件重新命名保存，并把新命名的图形文件作为当前图形文件。

### 4　绘图环境设置

（1）设置图形界限。AutoCAD 2007 将绘图区视为一幅无限大的图纸，但在该图纸中绘制的图形大小却是有限的。在绘图之前通过对绘图界限的设置来定义工作区域和图纸边界。图形界限是绘图区域中的矩形边界，它并不等于整个绘图区域，主要作用是标记当前的绘图区域、定义打印区域、防止图形超出图形界限。

设置绘图界限可以通过以下两种方法：

- 执行“格式”菜单→“图形界限”命令。
- 在命令行中输入“limits”命令。

用户执行以上操作后，命令窗口提示：

命令: limits↙
重新设置模型空间界限:
指定左下角点或 [开(ON)/关(OFF)] <0.0000,0.0000>: ↙（回车，默认为图纸左下角坐标）
指定右上角点 <420.0000,297.0000>: 210,297 ↙（输入图纸右上角点坐标，回车结束）

执行以上命令设置的是 A4 竖向图纸。如启动“开(ON)”选项则用户只能在设定的图形界限内绘图；启动“关(OFF)”选项则用户可在图形界限外绘图。系统默认设置为“关(OFF)”。

在绘图区显示所设置图形界限的方法是把状态栏的“栅格”按钮打开。

（2）设置图形单位。AutoCAD 2007 默认情况下使用毫米作为绘图单位，使用十进制数值显示或输入数据。在绘图时只能以图形单位计算绘图尺寸。还可以根据具体的需要设置其他的单位类型和数据精度。

设置绘图单位可以通过以下两种方法：

- 执行“格式”菜单→“单位”命令。
- 在命令行中输入“units”命令。

用户执行以上操作后，打开图 2-7 所示的“图形单位”对话框，可在该对话框中设置绘图时所用的单位、长度、角度的类型和精度等；单击“方向”按钮，打开图 2-8 所示的“方向控制”对话框，可对角度方向进行修改。

（3）设置图层。图层可实现对图形对象的管理和控制，每个图层相当于一张透明的纸，用户将图形的不同部分画在不同的透明纸上，最后将这些透明纸叠在一起得到一张完整的图形。

设置图层可以通过以下方法：

- 执行“格式”菜单→“图层”命令。
- 单击“图层”工具栏的按钮。

- 在命令行中输入“layer”命令。

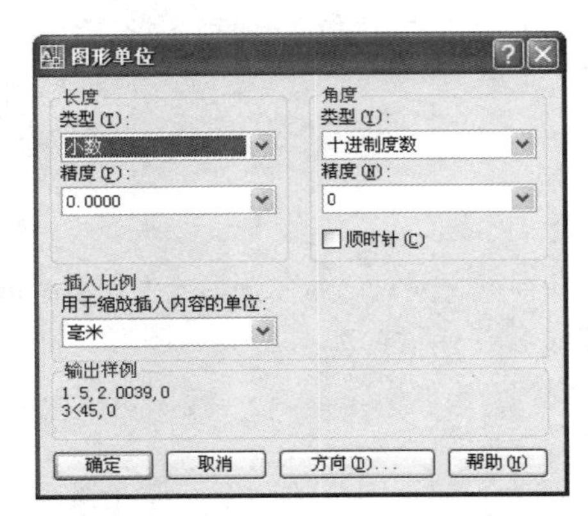


图 2-7 “图形单位”对话框

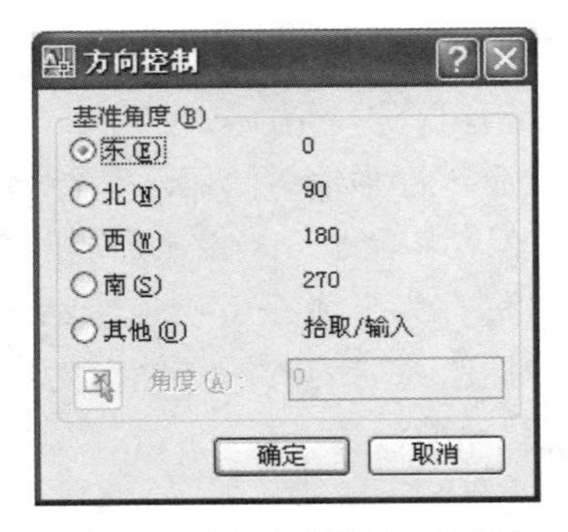


图 2-8 “方向控制”对话框

用户执行以上操作后，都将打开“图层特征管理器”对话框，利用该对话框可以对图层各项进行详细的设置，如图 2-9 所示。

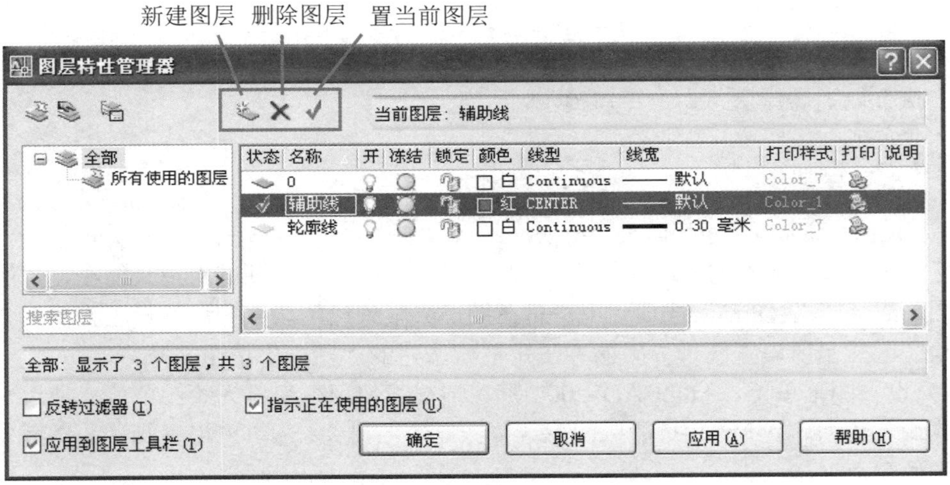

新建图层 删除图层 置当前图层

图 2-9 “图层特征管理器”对话框

①新建图层、命名图层、置当前图层。在一个新建的图形文件中，默认情况下，系统已经建立了图层 0，且不能对其重命名。单击“图层特征管理器”对话框中的“新建图层”按钮，在图层列表中可新建一个图层。选中图层，单击名称即可对其进行重命名。在 AutoCAD 2007 中，只能在当前图层上绘制图形，要将图层置为当前图层，首先需选中该图层，然后单击“图层特征管理器”对话框中的“置当前图层”按钮✓。

②删除/恢复图层。如果要删除某一图层，首先需选中该图层，然后单击“图层特征管理器”对话框中的“删除图层”按钮✕，再单击“应用”按钮。注意：图层 0、图层 defpoints、当前图层、依赖外部参照的图层、包含对象的图层都不能被删除。

③开/关图层。默认情况下，图层都处于打开状态，单击打开标记，则关闭该图层。当图层被关闭时，该图层上的图形对象不能显示在绘图区中，也不能打印输出。

④冻结/解冻图层。默认情况下，图层都处于解冻状态，单击解冻标记，则冻结该图层。

当图层被冻结时，该图层上的图形对象不能显示在绘图区中，无法对其进行编辑，也不能打印输出。

⑤锁定/解锁图层。默认情况下，图层都处于解锁状态，单击解锁标记，则锁定该图层。当图层被锁定时，该图层上的图形对象仍然显示在绘图区中，但不能对其进行编辑操作。

⑥修改图层颜色、线型、线宽。单击相应图层行上的“颜色”按钮□ 白，打开如图 2-10 所示的“选择颜色”对话框，用户可以在“索引颜色”、“真彩色”、“配色系统”选项卡中选择需要的颜色。

单击相应图层行上的“线型”按钮Continuous，打开如图 2-11 所示的“选择线型”对话框，单击“加载”按钮，打开如图 2-12 所示的“加载或重载线型”对话框，用户在“可用线型”列表框下面选择需要的线型后，单击“确定”按钮，返回“选择线型”对话框，用户在选取需要的线型后，单击“确定”按钮即可。

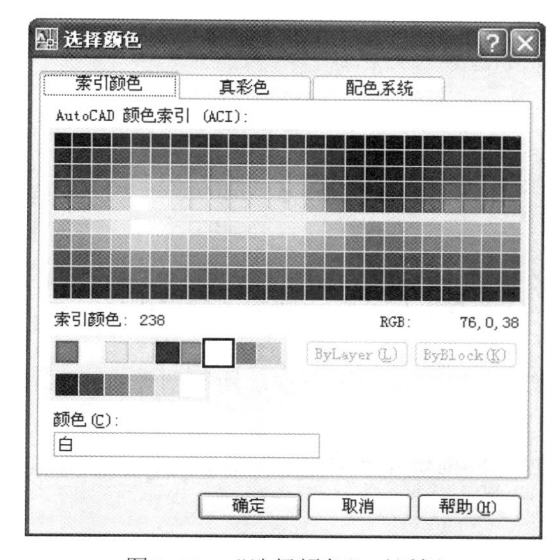


图 2-10　“选择颜色”对话框

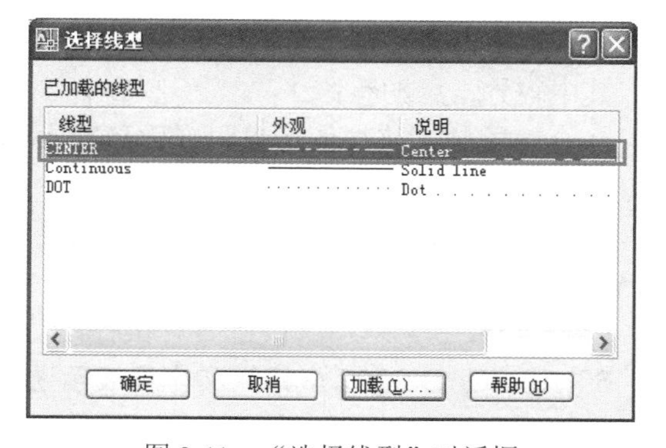


图 2-11　“选择线型”对话框

单击相应图层行上的“线宽”按钮—— 默认，打开如图 2-13 所示的“线宽”对话框，在“线宽”列表框中选择需要的线宽，单击“确定”按钮即可。

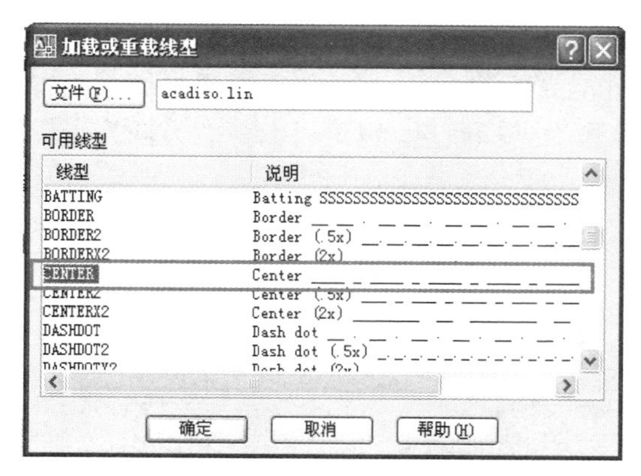


图 2-12　“加载或重载线型”对话框

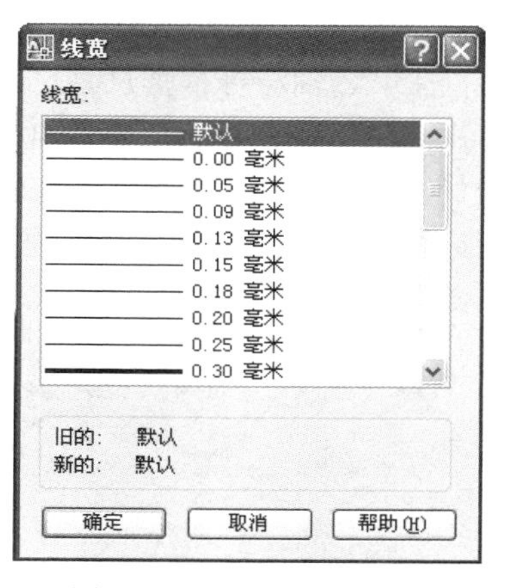


图 2-13　“线宽”对话框

### 5 常用窗口操作按钮

标准工具栏上的按钮为常用的视窗操作按钮，各按钮的功能如下：

（1）实时平移功能按钮。执行该功能可以通过以下方法：

- 执行“视图”菜单→“平移”命令。
- 单击“标准”工具栏的按钮。
- 在命令行中输入“pan”命令。

执行该功能后，光标变为小手掌形状，可使绘图区中的图形按光标移动方向移动。

（2）实时缩放功能按钮。执行该功能可以通过以下方法：

- 执行“视图”菜单→“缩放”命令。
- 单击“标准”工具栏的按钮。

执行该功能后，光标变成放大镜形状，按住鼠标左键，上下移动光标可实时放大缩小图形。也可直接按住鼠标中间的滚轮来执行该功能。

（3）窗口缩放功能按钮。执行该功能可以通过以下方法：

- 执行“视图”菜单→“缩放”命令。
- 单击“标准”工具栏的按钮。

该功能一般用于局部放大图形，执行该功能时，用窗口方式选择图形，被窗口选中部分放大显示。单击该按钮还可以选择更多的缩放方式。

其中较为常用的有：

全部缩放：将按图形界限或图形的实际范围两者中尺寸较大的那个视图满屏显示。在命令窗口输入 zoom，选择 A 也可实现。

范围缩放：将用尽可能大的比例来显示视图，以便包含图形中的所有对象。此视图包含已关闭图层上的对象，但不包含冻结图层上的对象。

（4）缩放上一个功能按钮。执行该功能将返回前一个视图。

### 6 AutoCAD 2007 坐标系和坐标表示法

（1）AutoCAD 2007 坐标系。

1）坐标系的分类。在 AutoCAD 2007 中有两种坐标系：世界坐标系（WCS）和用户坐标系（UCS），系统默认的是 WCS。

①世界坐标系。AutoCAD 2007 为建模的三维空间提供了一个绝对的坐标系，并称之为世界坐标系（WCS，World Coordinate System），默认的世界坐标系 X 轴正向水平向右，Y 轴正向垂直向上，Z 轴与屏幕垂直且正向由屏幕向外。

②用户坐标系。用户坐标系（User Coordinate System），是相对于世界坐标系而言的。与世界坐标系不同，用户坐标系可选取任意一点作为坐标原点，也可以取任意方向为坐标轴正方向。可以根据绘图需要建立和调用用户坐标系。

在绘图过程中，AutoCAD 2007 通过坐标系图标显示当前坐标系统，如图 2-14 所示。

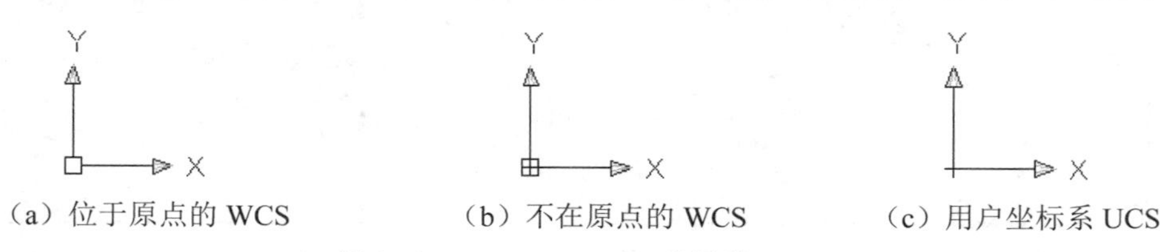


（a）位于原点的 WCS　（b）不在原点的 WCS　（c）用户坐标系 UCS

图 2-14　AutoCAD 2007 坐标系

2）创建用户坐标系。创建用户坐标系常用的操作是重新确定坐标系新原点，即移动坐标系，如图 2-15 所示。此外，还可以通过旋转坐标轴等操作来创建用户坐标系。

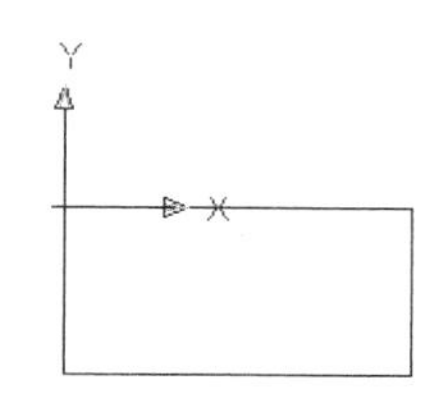


（a）以矩形左上角点作为原点的 UCS

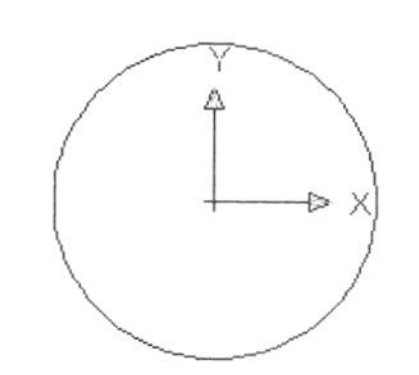


（b）以圆心作为原点的 UCS

图 2-15　创建用户坐标系 UCS

创建用户坐标系可以通过以下方法：

- 执行“工具”菜单→“新建 UCS”命令。
- 在命令行中输入“ucs”命令。

用户执行以上操作后，命令行提示如下：

命令: ucs

当前 UCS 名称: *世界*（在没有创建用户坐标系之前默认为世界坐标系）

指定 UCS 的原点或 [面(F)/命名(NA)/对象(OB)/上一个(P)/视图(V)/世界(W)/X/Y/Z/Z 轴(ZA)] <世界>:（重新指定坐标系原点或输入 NA 选项对新坐标系进行命名等，直接回车可以恢复 WCS）

指定 X 轴上的点或 <接受>:（回车结束命令）

（2）AutoCAD 2007 坐标表示法。用户在绘图过程中，为了精确地确定平面上的点，常用的四种坐标输入方式介绍如下：（在二维制图中，可暂不考虑点的 Z 坐标）

①绝对直角坐标。绝对直角坐标用“x,y”表示，是相对于坐标原点（0,0）的 X 值和 Y 值。

②相对直角坐标。相对直角坐标用“@Δx,Δy”表示，是相对于当前点的 X 轴增量 ΔX 和 Y 轴增量 ΔY，在增量值坐标前加一个符号@。用户在绘图过程中，如果状态栏中动态输入“DYN”辅助功能打开，可省略符号@，直接输入增量 ΔX、增量 ΔY。

③绝对极坐标。绝对极坐标用“线段长度<角度”表示。其中线段长度为下一点到坐标原点的距离，角度表示下一点和坐标原点连线与 X 轴正向的夹角。

④相对极坐标。相对极坐标用“@线段长度<角度”表示。其中线段长度为下一点到当前点的距离，角度表示下一点和当前点的连线与 X 轴正向的夹角。用户在绘图过程中，如果状态栏中动态输入“DYN”辅助功能打开，可省略符号@，直接输入线段长度、角度值。

下面执行直线命令在坐标系中分别用四种坐标表示方法绘制图 2-16 所示的三角形。

方法 1：应用绝对直角坐标。

选择“绘图”菜单→“直线”命令，命令提示如下：

命令: _line 指定第一点: 0,0（指定原点为 A 点）

指定下一点或 [放弃(U)]: 25,40（输入 B 点绝对直角坐标）

指定下一点或 [放弃(U)]: 45,30（输入 C 点绝对直角坐标）

指定下一点或 [闭合(C)/放弃(U)]: c（闭合三角形）

方法 2：应用绝对极坐标。

选择“绘图”菜单→“直线”命令，命令提示如下：

命令: _line 指定第一点: 0,0（指定原点为 A 点）

指定下一点或 [放弃(U)]: 47.2<58（输入 B 点绝对极坐标）

指定下一点或 [放弃(U)]: 54.1<34（输入 C 点绝对极坐标）

指定下一点或 [闭合(C)/放弃(U)]: c（闭合三角形）

方法 3：应用相对直角坐标。

选择“绘图”菜单→“直线”命令，命令提示如下：

命令: _line 指定第一点: （指定任意点为第一点 A）

指定下一点或 [放弃(U)]: @25,40（输入 B 点相对直角坐标）

指定下一点或 [放弃(U)]: @20,-10 （输入 C 点相对直角坐标）

指定下一点或 [闭合(C)/放弃(U)]: c （闭合三角形）

方法 4：应用相对极坐标命令。

选择“绘图”菜单→“直线”命令，命令提示如下：

命令: _line 指定第一点: （指定任意点为第一点 A）

指定下一点或 [放弃(U)]: @47.2<58↙（输入 B 点相对极坐标）

指定下一点或 [放弃(U)]: @22.4<-27↙（输入 C 点相对极坐标）

指定下一点或 [闭合(C)/放弃(U)]: c↙（闭合三角形）

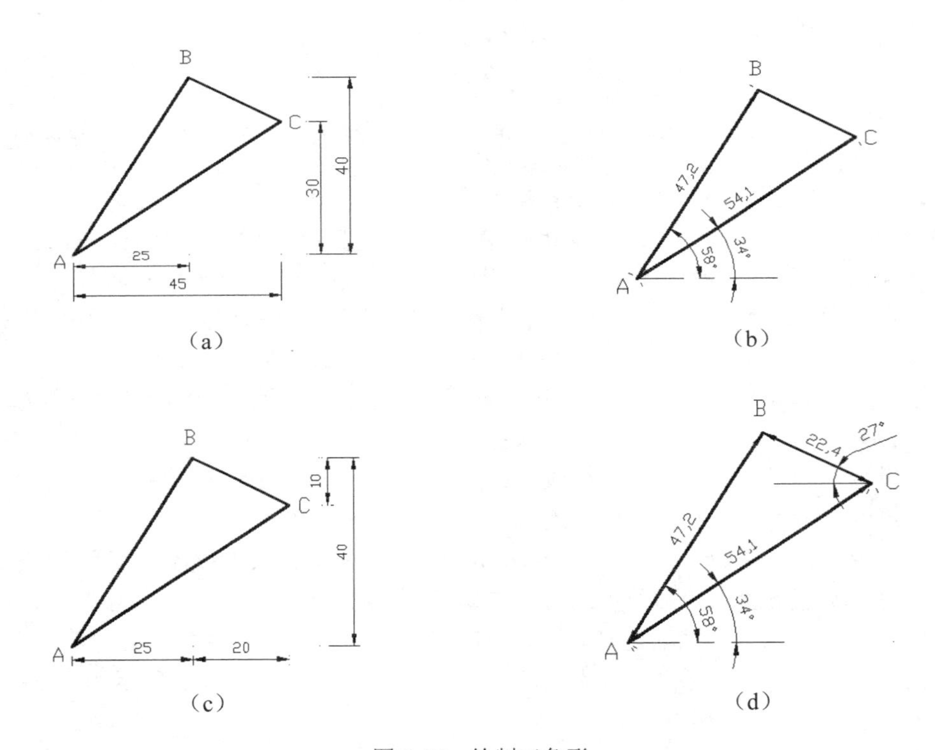


图 2-16 绘制三角形

## 7 精确绘图辅助工具

精确定位点的位置是建立一幅精确图形的首要任务，用户可通过状态栏中的 10 个按钮开关来达到精确绘图的目的。状态栏如图 2-17 所示，其中处于凹状态的按钮表示其功能已打开，否则为关闭。这些按钮的开关可以通过鼠标单击来实现，也可通过功能键进行切换。

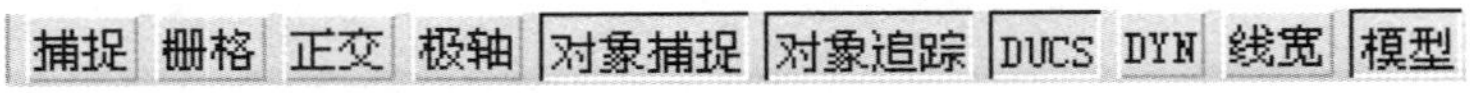

捕捉 栅格 正交 极轴 对象捕捉 对象追踪 DUCS DYN 线宽 模型

图 2-17 状态栏中的透明命令

在绘图过程中，可以随时对状态栏中的透明命令进行开关或相应的设置。

（1）正交。将定点设备的输入限制为水平和垂直，如图 2-18 所示。

使用方法如下：

- 在状态栏中，单击“正交”按钮。
- 按 F8 键打开或关闭。

（a）未打开正交绘制直线　　（b）打开正交后绘制直线

图 2-18　正交的使用

（2）栅格。栅格是一些标定位置的小点，起坐标纸作用，可以提供直观的距离和位置参照。

使用方法如下：

- 在状态栏中，单击“栅格”按钮。
- 按 F7 键打开或关闭。
- 执行“工具”菜单→“草图设置”命令，打开“草图设置”对话框，在“捕捉和栅格”选项卡中选中或取消“启用栅格”复选框。

打开栅格后，可以看到绘图区中出现栅格点，栅格点的范围与图形界限有关。通过选择“视图”菜单→“缩放”→“全部”命令，可以调整栅格点的显示效果。

在状态栏“栅格”按钮上单击右键，选择“设置”选项，打开“草图设置”对话框，在该对话框的“捕捉和栅格”选项卡中可以设置栅格点之间的间距等，如图 2-19 所示。

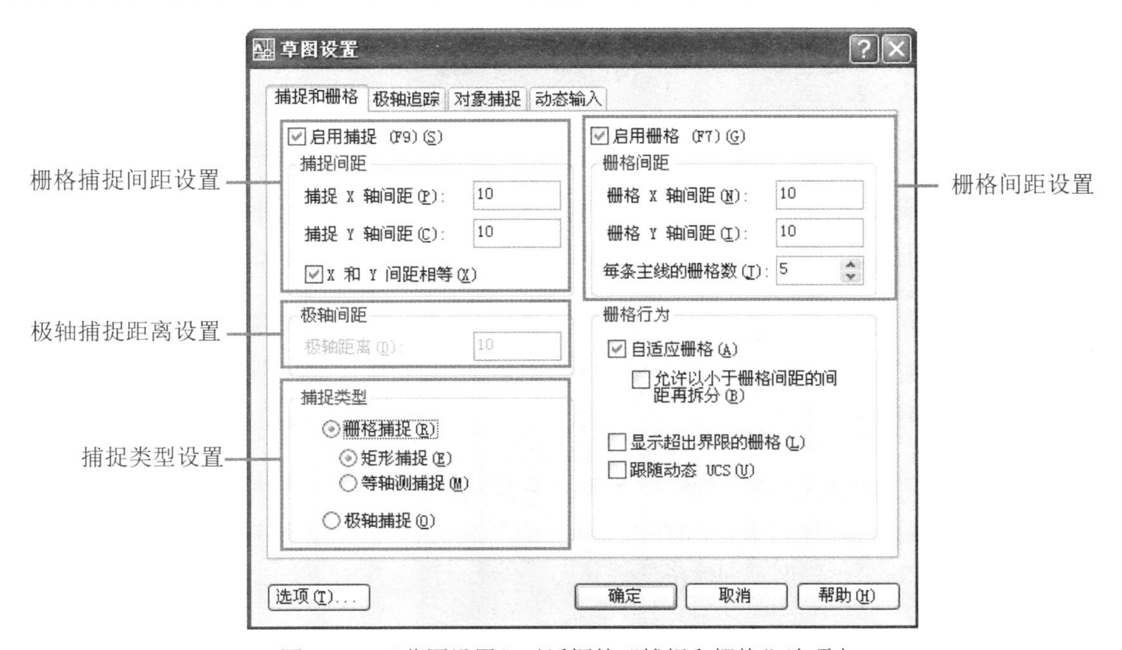


图 2-19　“草图设置”对话框的“捕捉和栅格”选项卡

（3）极轴。用于显示绘制和编辑图形过程中的极坐标，如图 2-20 所示。

使用方法如下：

- 在状态栏中，单击“极轴”按钮。
- 按 F10 键打开或关闭。

在状态栏“极轴”按钮上单击右键，选择“设置”选项，打开“草图设置”对话框，在该对话框的“极轴追踪”选项卡中可以设置极轴角度等，如图 2-21 所示。

（a）未打开极轴绘制圆　　（b）打开极轴并设置极轴角度后绘制圆

图 2-20　极轴的使用

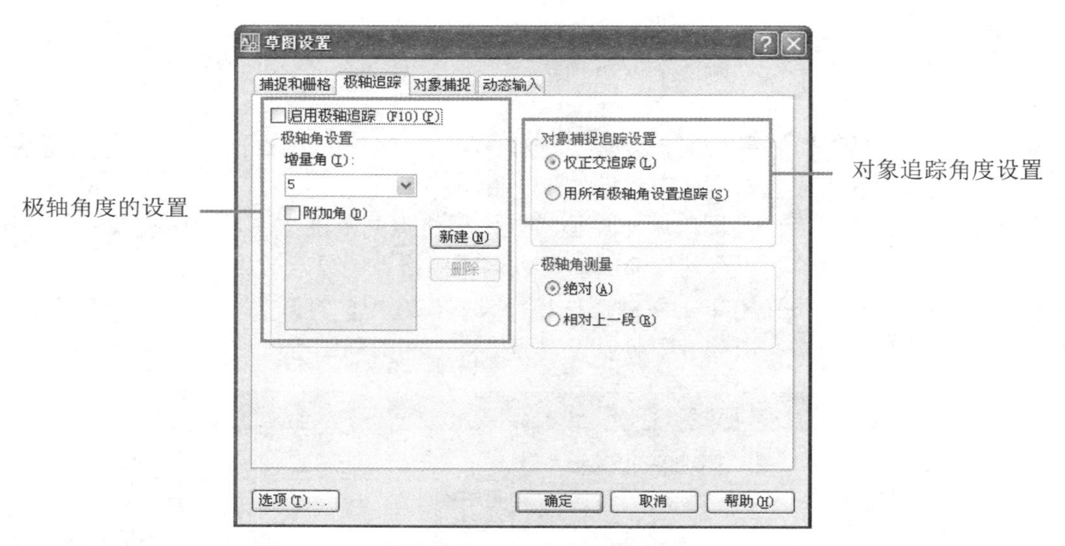


图 2-21　“草图设置”对话框的“极轴追踪”选项卡

（4）捕捉。捕捉用于设定鼠标光标移动的间距。

使用方法如下：

- 在状态栏中，单击“捕捉”按钮。
- 按 F9 键打开或关闭。
- 执行“工具”菜单→“草图设置”命令，打开“草图设置”对话框，在“捕捉和栅格”选项卡中选中或取消“启用捕捉”复选框。

捕捉分为栅格捕捉和极轴捕捉两种。默认为栅格捕捉。

当捕捉和栅格按钮同时打开，并且“草图设置”对话框的“捕捉和栅格”选项卡中捕捉类型为栅格捕捉的矩形捕捉时，为栅格捕捉状态。在该选项卡中可以进行捕捉间距设置，如图 2-19 所示。

当捕捉和极轴按钮同时打开，并且“草图设置”对话框的“捕捉和栅格”选项卡中捕捉类型为极轴捕捉时，为极轴捕捉状态。在该选项卡中可以进行极轴距离设置，如图 2-19 所示。

只打开极轴绘制直线，绘制下一点时光标右下方极轴坐标呈 4 位精度小数，打开极轴捕捉并设置极轴距离后，可使极轴坐标精度更为精确，如图 2-22 所示。

（a）只打开极轴绘制直线　　（b）打开极轴捕捉并设置极轴距离为 10 绘制直线

图 2-22　极轴捕捉的使用

（5）对象捕捉。绘图过程中，经常要指定一些对象上已有的点，例如端点、圆心、交点等。该功能可以帮助用户快速准确地实现这些点的定位。

使用方法如下：

- 在状态栏中，单击“对象捕捉”按钮。
- 按 F3 键打开或关闭。
- 执行“工具”菜单→“草图设置”命令，打开“草图设置”对话框，在“对象捕捉”选项卡中选中或取消“启用对象捕捉”复选框。

对象捕捉分为固定对象捕捉方式和临时对象捕捉方式。

启用对象捕捉后，绘图时可以自动捕捉到在“草图设置”对话框的“对象捕捉”选项卡中设置的特定点，如图 2-23 所示。该对象捕捉方式为固定对象捕捉方式。

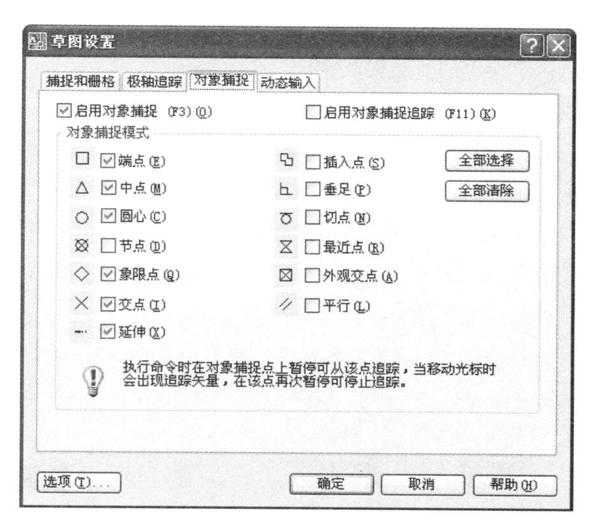


图 2-23　“草图设置”对话框的“对象捕捉”选项卡

要实现临时对象捕捉方式，可通过以下两种方式，即：

当“草图设置”对话框的“对象捕捉”选项卡中的捕捉点全部清除时，在绘制或编辑图形的过程中，利用“对象捕捉”工具栏，如图 2-24 所示，可以单独临时捕捉到某一类捕捉点。

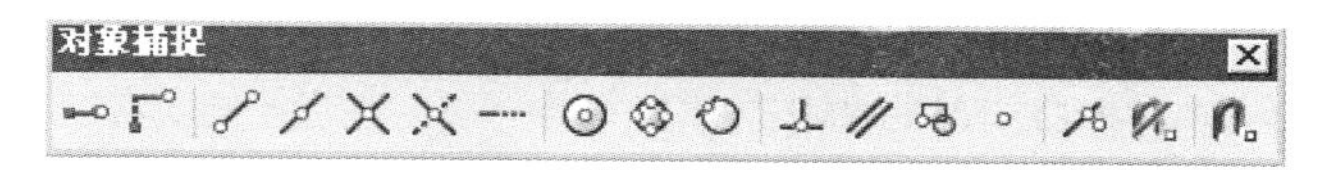


图 2-24　“对象捕捉”工具栏

或者在绘制或编辑图形过程中，按下 Shift 或 Ctrl 键单击右键，在弹出的菜单中选择需要的捕捉点，如图 2-25 所示。

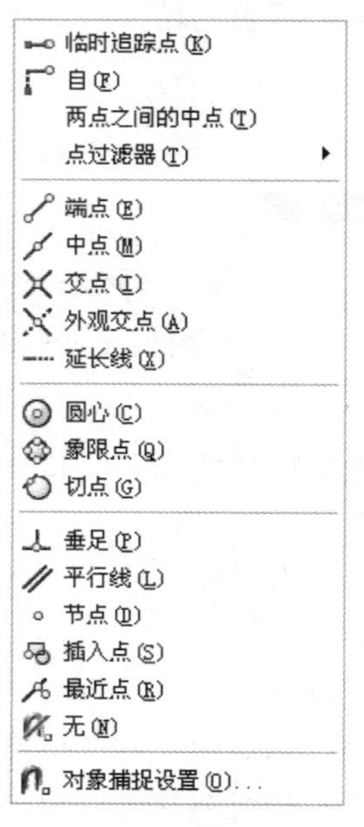


图 2-25　对象捕捉右键菜单

（6）对象追踪。在绘制或编辑图形时，它能对指定的捕捉点沿指定方向进行追踪捕捉。使用方法如下：

- 在状态栏中，单击“对象追踪”按钮。
- 按 F11 键打开或关闭。

在启用对象追踪后，在绘制或编辑图形时，可以根据某个已知点追踪下一个点的位置。默认状态下，使用追踪时只出现水平和垂直虚线，即只能追踪水平和垂直方向。如果要实现其他角度的追踪，则需在“草图设置”对话框的“极轴追踪”选项卡中进行对象捕捉追踪设置，选择“用所有极轴角设置追踪”，如图 2-21 所示。为了加快绘制效率，对象追踪经常和对象捕捉、极轴捕捉同时使用，如图 2-26 所示。

（a）未打开对象追踪　　（b）打开对象追踪并设置极轴捕捉

图 2-26　对象追踪的使用

（7）DYN。DYN 指动态输入，作用是在光标附近提供了一个命令接口，以帮助用户专注于绘图区域。

使用方法如下：

- 在状态栏中，单击“DYN”按钮。
- 按 F12 键打开或关闭。

启用动态输入时，工具栏提示将在光标附近显示信息，该信息会随着光标移动而动态更新。当某条命令为活动时，工具栏提示将为用户提供输入的位置。动态输入的设置可以在“草图设置”对话框的“动态输入”选项卡中进行，如图 2-27 所示。

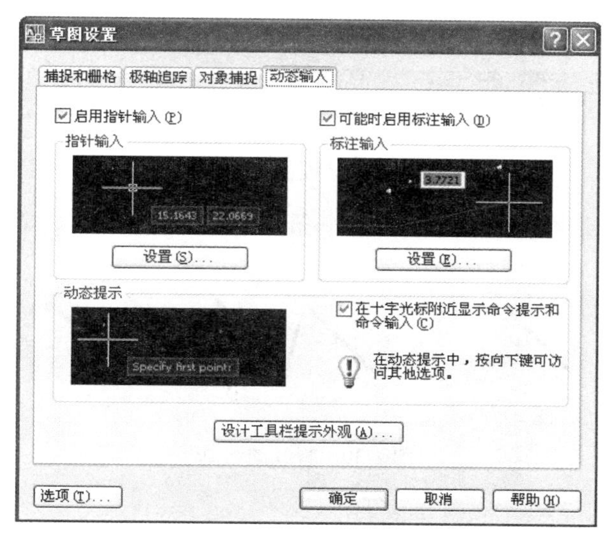


图 2-27　“草图设置”对话框的“动态输入”选项卡

在输入字段中输入值并按 Tab 键后，该字段将显示一个锁定图标，并且光标会受用户输入值的约束，如图 2-28 所示。随后可以在第二个输入字段中输入值。另外，如果用户输入值后直接按 Enter 键，则第二个输入字段被忽略，且该值将被视为直接距离。

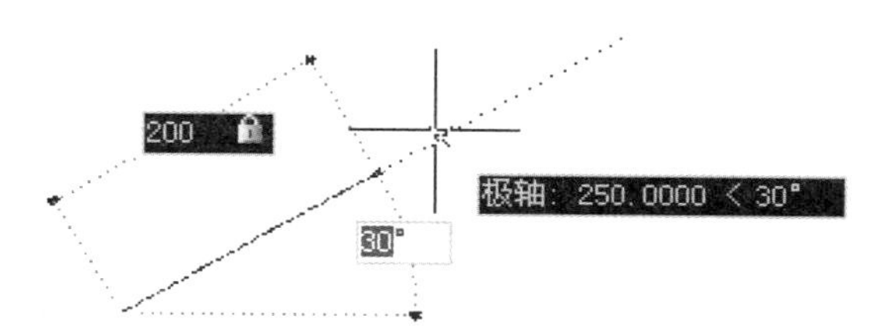


图 2-28　动态输入中锁定第一个输入值

动态输入不会取代命令窗口。用户可以隐藏命令窗口以增加绘图屏幕区域，但是在有些操作中还是需要显示命令窗口。按功能键 F2 可根据需要隐藏和显示命令提示文本框。

DYN 功能打开，则输入的所有坐标都视为相对坐标，前面不用加@符号。

（8）DUCS。DUCS 用于控制动态 UCS 的允许和禁止状态。

使用方法如下：

- 在状态栏中，单击“DUCS”按钮。
- 按 F6 键打开或关闭。

使用动态 UCS 功能，可以在创建图形对象时使 UCS 的 XY 平面自动与实体模型上的平面临时对齐。

### 8　AutoCAD 2007 图形绘制命令

（1）执行图形绘制命令的方式。

- 从“绘图”菜单执行命令。

- 从“绘图”工具栏执行命令。
- 从命令窗口通过键盘输入图形绘制命令。

（2）常用的图形绘制命令（一）（针对工作任务 2.1～2.2）。

AutoCAD 2007 的“绘图”工具栏如图 2-29 所示。

图 2-29 “绘图”工具栏

①直线。按每两点连线的方式，可绘制一条或一系列首尾相连的直线，如图 2-30 所示。

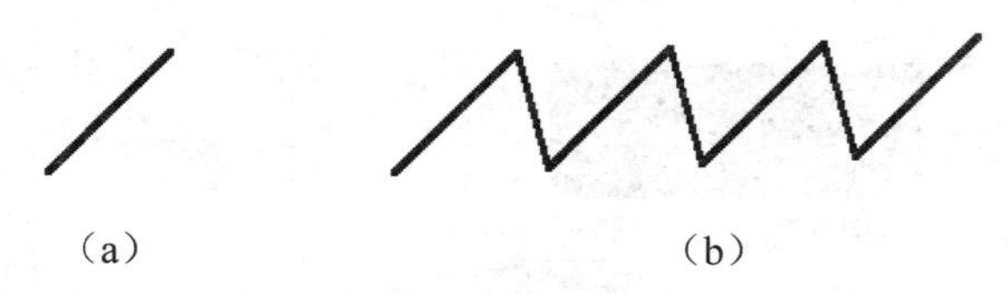

（a）　　　　　　　　（b）

图 2-30 直线的绘制

执行方法如下：

- 执行“绘图”菜单→“直线”命令。
- 单击“绘图”工具栏的按钮。
- 在命令行中输入“Line”或“L”命令。

例如绘制图 2-30（b）的图形，命令提示如下：

命令: _line 指定第一点: （在绘图区单击任意一点作为起点）
指定下一点或 [闭合(C)/放弃(U)]: @50<45（输入相对极坐标确定下一点）
指定下一点或 [闭合(C)/放弃(U)]: @35<-75（输入相对极坐标确定下一点，若需要撤销
……　　　　　　　　该点，可输入 U，即放弃选项返回上一点操作状态）
指定下一点或 [闭合(C)/放弃(U)]: （回车结束直线绘制命令或输入 C 闭合）

②构造线。构造线为两端可以无限延伸的直线，没有起点和终点，可以放置在三维空间的任何地方，主要用于在工程图样中画辅助线等，如图 2-31 所示。

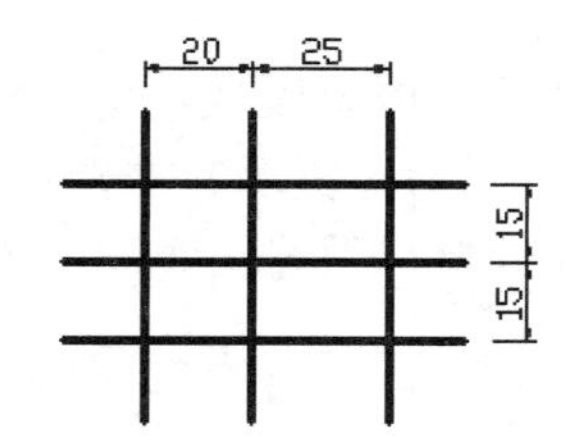


（a）指定偏移距离的水平、垂直构造线

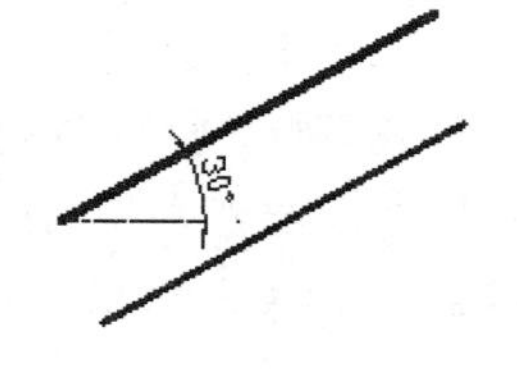


（b）指定角度的构造线

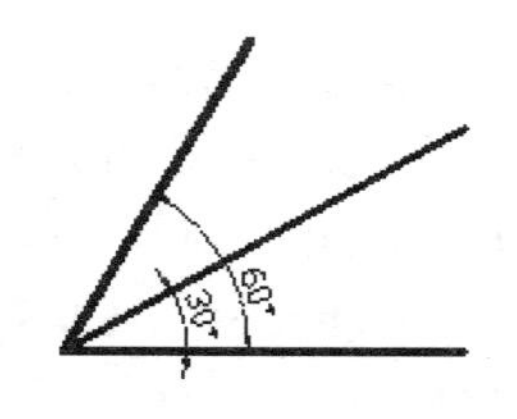


（c）绘制角度二等分构造线

图 2-31 构造线的绘制

执行方法如下：

- 执行“绘图”菜单→“构造线”命令。
- 单击“绘图”工具栏的按钮。
- 在命令行中输入“Xline”或“XL”命令。

用户执行以上的操作后，命令提示如下：

_xline 指定点或 [水平(H)/垂直(V)/角度(A)/二等分(B)/偏移(O)]:（指定两个通过点绘制构造线或根据输入相应选项绘制水平、垂直、角度、二等分效果的构造线）

指定通过点：

③矩形。指定两对角点绘制出矩形，可画倒角、圆角或指定线宽、厚度的矩形等，如图 2-32 所示。

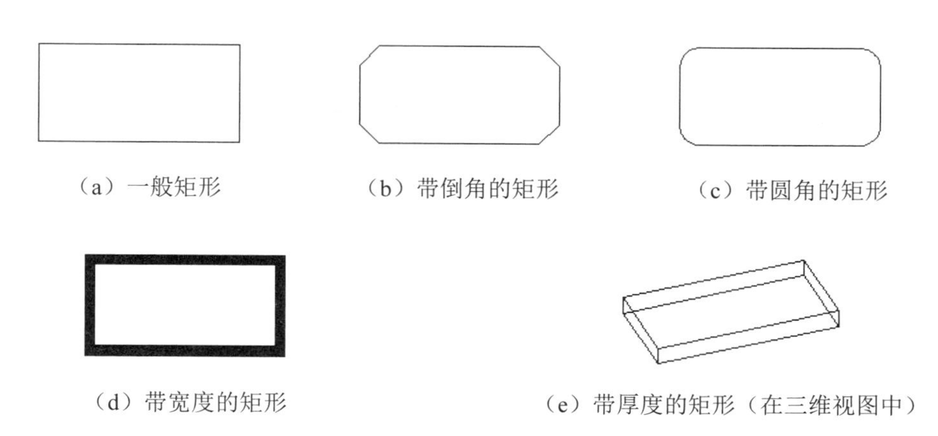

（a）一般矩形　（b）带倒角的矩形　（c）带圆角的矩形

（d）带宽度的矩形　（e）带厚度的矩形（在三维视图中）

图 2-32　矩形的绘制

执行方法如下：

- 执行“绘图”菜单→“矩形”命令。
- 单击“绘图”工具栏的按钮。
- 在命令行中输入“Rectang”或“REC”命令。

用户执行以上的操作后，命令提示如下：

命令: _rectang

指定第一个角点或 [倒角(C)/标高(E)/圆角(F)/厚度(T)/宽度(W)]:

（指定两对角点绘制矩形或根据输入相应选项绘制带倒角、圆角、厚度、宽度等的矩形）

指定另一个角点或 [面积(A)/尺寸(D)/旋转(R)]:

④文字。工程图纸中，单靠图形、尺寸往往还不能准确地表达设计者的意图，这时，用户可通过添加文字来说明。

可在绘图区中输入单行或多行文字。

单行文字执行方法如下：

- 执行“绘图”菜单→“文字”→“单行文字”命令。
- 单击“文字”工具栏的按钮。
- 在命令行中输入“Dtext”或“DT”命令。

多行文字执行方法如下：

- 执行“绘图”菜单→“文字”→“多行文字”命令。
- 单击“绘图”或“文字”工具栏的按钮。
- 在命令行中输入“Mtext”或“MT”命令。

标注单行文字时，每次只能输入一行文字，不能自动换行。使用多行文字命令则可以一次标注多行文字，并且各行文字作为一个实体。

输入文字时，程序使用已创建的文字样式，该样式设置字体、字号、倾斜角度、方向等文字特征，也可以自定义文字样式。系统默认的文字样式为Standard，使用的字体文件为txt.shx。

设置文字样式的执行方法如下：

- 执行“格式”菜单→“文字样式”命令。
- 单击“样式”或“文字”工具栏的 按钮。
- 在命令行中输入“Style”或“ST”命令。

用户执行以上的操作后，都将打开“文字样式”对话框，利用该对话框可以对文字特征进行设置，如图 2-33 所示。

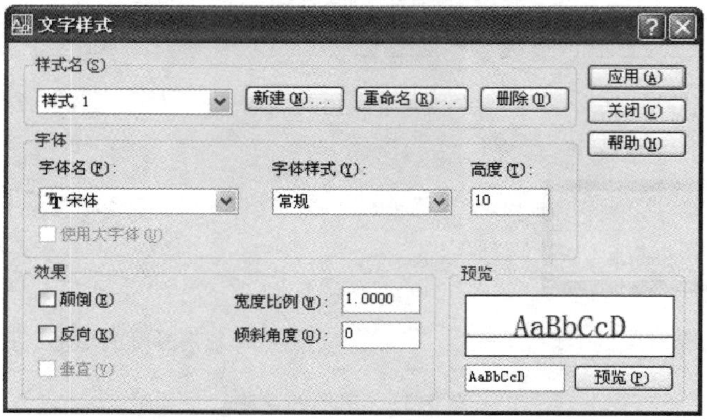

图 2-33 “文字样式”对话框

以输入多行文字为例，命令提示如下：

命令: _mtext 当前文字样式:"样式 1" 当前文字高度:10

指定第一角点: （指定文字矩形框的一个角点）

指定对角点或 [高度(H)/对正(J)/行距(L)/旋转(R)/样式(S)/宽度(W)]:（拖动鼠标指定文字矩形框的另一角点或先输入 J 等选项设置文字的对正方式、高度、行距等）

确定文字矩形框的两角点后，弹出“文字格式”对话框，在该对话框中也可以选择文字的样式，设置文字的高度、对齐方式、插入符号等，如图 2-34 所示。

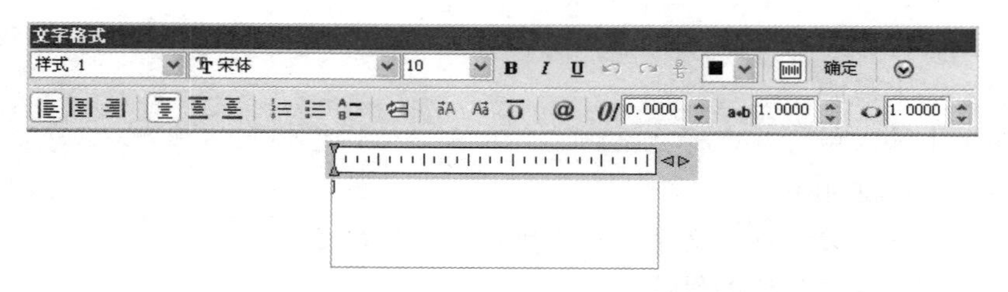


图 2-34 “文字格式”对话框

对已经输入的文字进行重新编辑，执行方法如下：

- 执行“修改”菜单→“对象”→“文字”→“编辑”命令。
- 单击“文字”工具栏的 按钮。
- 在命令行中输入“Ddedit”或“ED”命令。
- 直接双击文字对象。

输入控制码可以显示出相对应的常用特殊字符。例如%%c 用于生成直径符号“Φ”，%%% 用于生成百分比符号%，%%p 用于生成正负符号“±”，%%d 用于生成角度符号“°”等。

⑤表格。可在图形中直接插入表格并在表格中输入文字或添加块等。主要用于图形、图纸说明。

执行方法如下：

- 执行“绘图”菜单→“表格”命令。
- 单击“文字”工具栏的按钮。
- 在命令行中输入“Table”或“TB”命令。

用户执行以上的操作后，将打开“插入表格”对话框，在该对话框中可以通过选择表格样式、设置表格的行数列数、行高列高等参数来创建所需的表格，如图 2-35 所示。

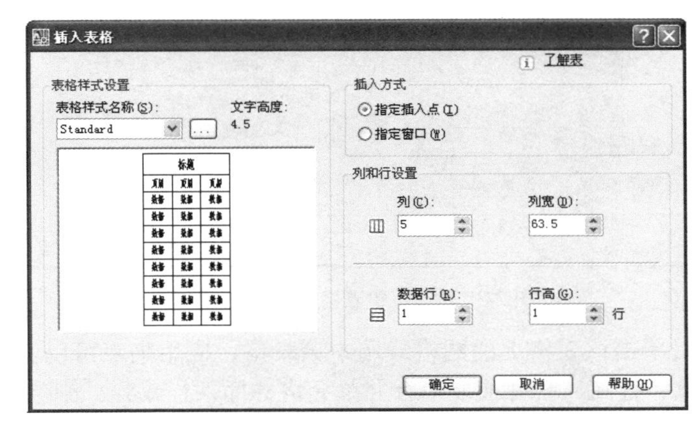


图 2-35　“插入表格”对话框

表格的格式由表格样式控制，可以使用默认样式，也可以自定义表格样式。

执行方法如下：

- 执行“格式”菜单→“表格样式”命令。
- 单击“样式”工具栏的按钮。
- 在命令行中输入“tablestyle”命令。

用户执行以上的操作后，都将打开“表格样式”对话框。单击“新建”按钮将新建表格样式，单击“修改”按钮将修改选定的表格样式，如图 2-36 所示。

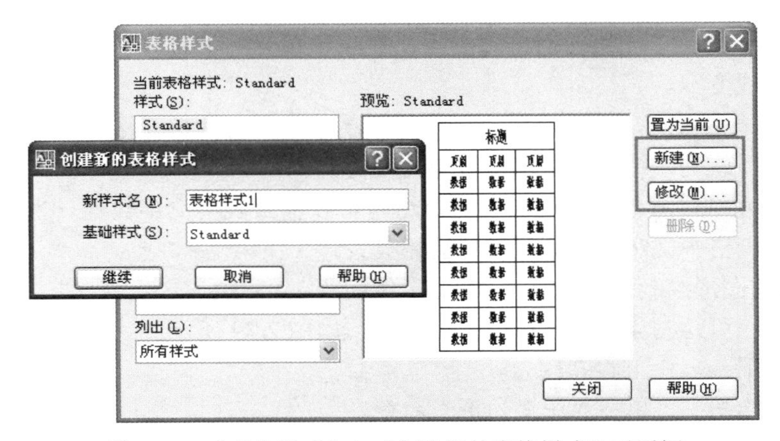


图 2-36　“表格样式”与“创建新的表格样式”对话框

在“创建新的表格样式”对话框中单击“继续”按钮，弹出“新建表格样式”对话框，该对话框包括数据、列标题、标题三个选项卡，可设置表格的各个选项，如图 2-37 所示。

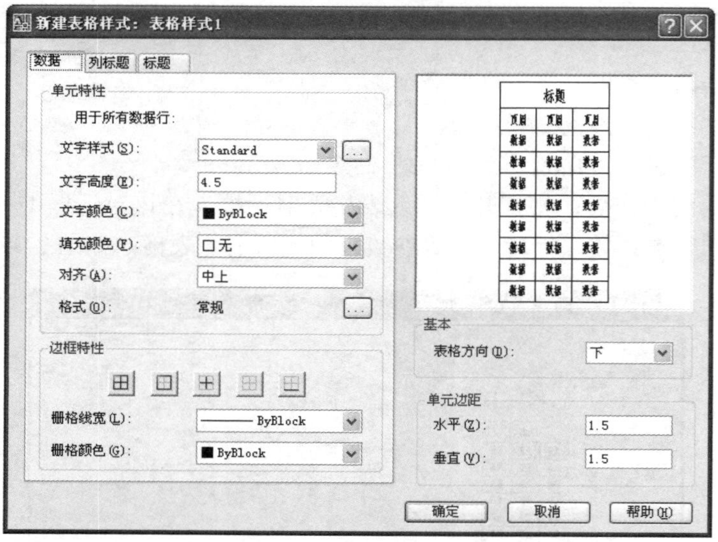

图 2-37 “新建表格样式”对话框

表格创建完成后单击该表格上的网格线选中该表格，应用夹点可以修改编辑表格，修改编辑表格包括：列宽、行高、合并或取消合并单元格、插入行或列、删除行或列等。

选中表格，表格上各夹点功能如图 2-38 所示。

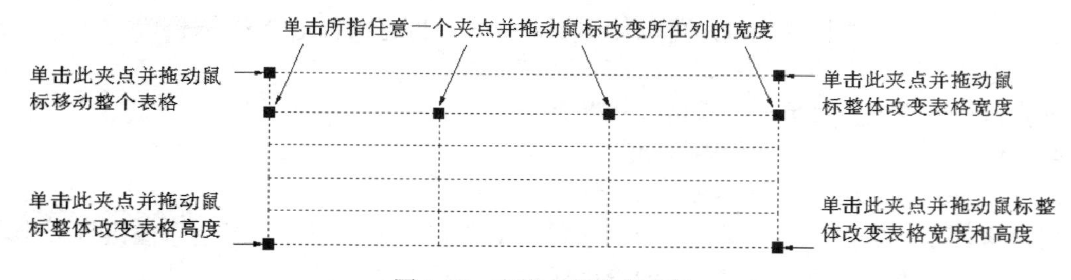


图 2-38 表格上各夹点功能

选中表格后单击，单元格四周出现夹点，表示该单元格被选中，拖动单元格上的夹点，列或行可以变宽或变窄。

在单元格被选中状态，右击出现表格快捷菜单，包括合并单元格、取消合并单元格、插入行或列、删除行或列、编辑表格文字等表格编辑命令。

双击表格单元格，激活文字输入功能，这时可以输入表格文字数据。当文字不能正常显示时，需要修改表格中文字样式关于字体的相关设置。

（3）常用的图形绘制命令（二）（针对工作任务 2.3～2.4）。

①正多边形。可绘制 4～1024 边的正多边形，如图 2-39 所示。

执行方法如下：

- 执行“绘图”菜单→“正多边形”命令。
- 单击“绘图”工具栏的⬠按钮。
- 在命令行中输入“Polygon”或“POL”命令。

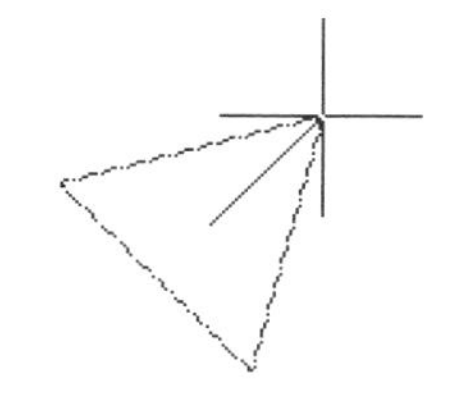
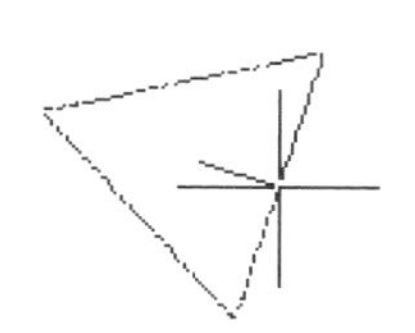
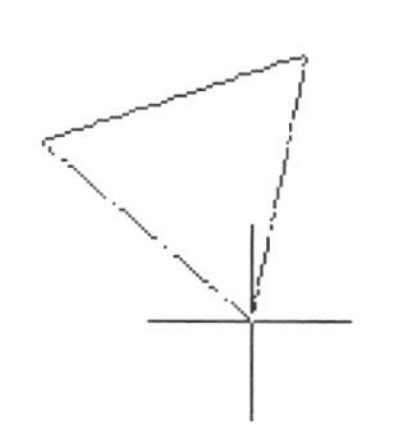

（a）内接于圆的正多边形　　（b）外切于圆的正多边形　　（c）通过边来绘制的正多边形

图 2-39　正多边形的绘制

用户执行以上的操作后，命令提示如下：

命令: _polygon 输入边的数目 <4>:（输入正多边形边数）

指定正多边形的中心点或 [边(E)]:（指定中心点或输入 E 通过指定正多边形的边来绘制）

输入选项 [内接于圆(I)/外切于圆(C)] <I>:（选择内接于圆或外切于圆，默认为前者）

指定圆的半径:（通过输入值或指定绘图区任意点确定圆半径）

②多段线。可以绘制出由直线和圆弧组成的整体，而且线宽可根据需要改变，如图 2-40 所示。

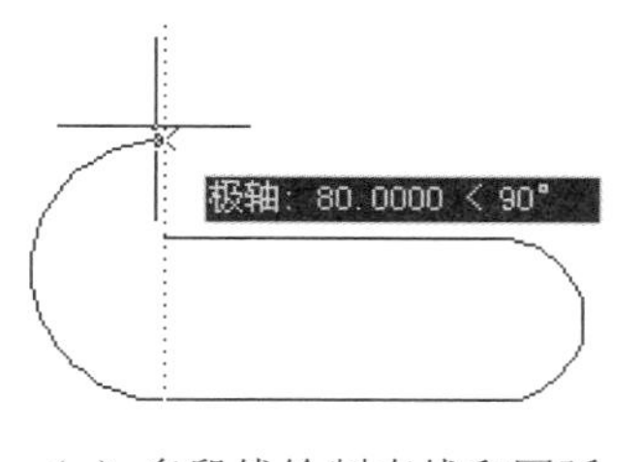


（a）多段线绘制直线和圆弧

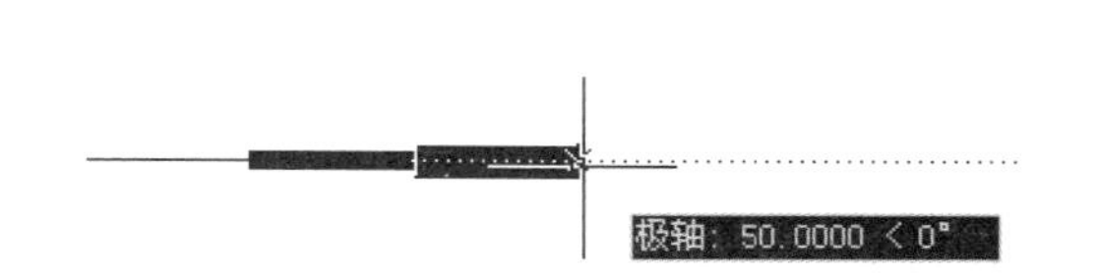


（b）多段线绘制有宽度的直线

图 2-40　多段线的绘制

执行方法如下：

- 执行“绘图”菜单→“多段线”命令。
- 单击“绘图”工具栏的按钮。
- 在命令行中输入“Pline”或“PL”命令。

用户执行以上的操作后，命令提示如下：

命令: _pline

指定起点:

当前线宽为 0.0000

指定下一个点或 [圆弧(A)/半宽(H)/长度(L)/放弃(U)/宽度(W)]:（指定直线第二个点）

指定下一点或 [圆弧(A)/半宽(H)/长度(L)/放弃(U)/宽度(W)]: a

（指定直线第二个点后输入 a 选项绘制圆弧或者输入 w 设置直线宽度等）

指定圆弧的端点或[角度(A)/圆心(CE)/闭合(CL)/方向(D)/半宽(H)/直线(L)/半径(R)/第二个点(S)/放弃(U)/宽度(W)]:（通过输入相应选项可以根据角度、圆心、半径等参数绘制圆弧或者输入 L 返回绘制直线状态）

（最后回车结束或单击右键选择确认）

③圆。按指定方式绘制圆，如图 2-41 所示。

执行方法如下：

- 执行“绘图”菜单→“圆”命令。

- 单击“绘图”工具栏的⊘按钮。
- 在命令行中输入“Circle”或“C”命令。

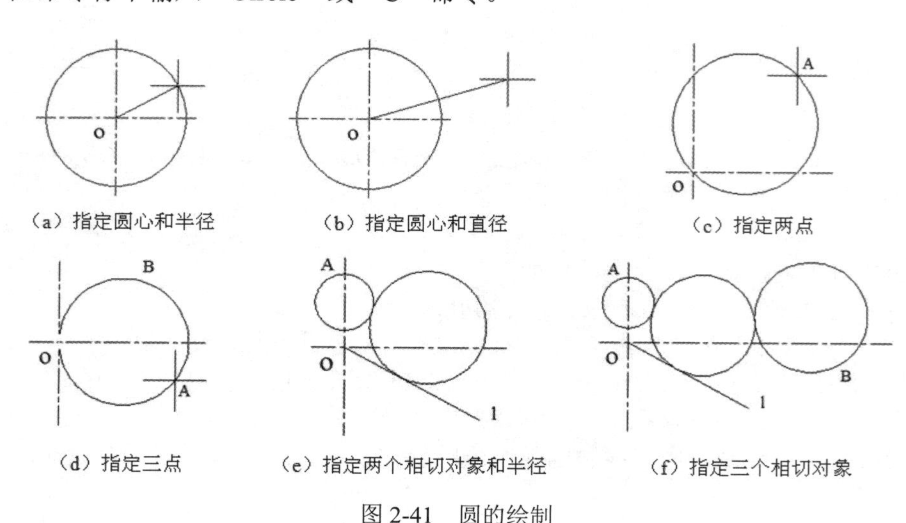


图 2-41　圆的绘制

用户执行以上操作后，命令提示如下：

命令: _circle 指定圆的圆心或 [三点(3P)/两点(2P)/相切、相切、半径(T)]:（指定圆心或通过输入相关选项绘制圆）

指定圆的半径或 [直径(D)]: （指定圆半径或输入 D 选项指定圆直径，回车结束）

④圆弧。按指定方式绘制圆弧。

执行方法如下：

- 执行“绘图”菜单→“圆弧”命令。
- 单击“绘图”工具栏的按钮。
- 在命令行中输入“Arc”或“A”命令。

用户执行以上操作后，命令提示如下：

命令: _arc 指定圆弧的起点或 [圆心(C)]: （指定圆弧的起点或输入 c 选项指定圆弧的圆心）

指定圆弧的第二个点或 [圆心(C)/端点(E)]: （指定圆弧的第二点）

指定圆弧的端点: （指定圆弧的端点）

⑤图案填充和渐变色。用户根据需要选择图案或渐变色填充到指定的区域，区域的边界可封闭或不封闭，多用于绘制剖面效果。

执行方法如下：

- 执行“绘图”菜单→“图案填充”或“渐变色”命令。
- 单击“绘图”工具栏的或按钮。
- 在命令行中输入“Bhatch、Hatch”或“H、BH”命令。

用户执行以上操作后，将打开“图案填充和渐变色”对话框，在该对话框中可以设置填充图案或颜色、角度、比例等，通过选择填充区域或在其内拾取点来实现填充，如图 2-42 所示。

⑥面域。面域是使用形成闭合环的对象创建的二维闭合区域。环可以是直线、多段线、圆、圆弧、椭圆、椭圆弧和样条曲线的组合。组成环的对象必须闭合或通过与其他对象共享端点而形成闭合的区域，如图 2-43 所示。

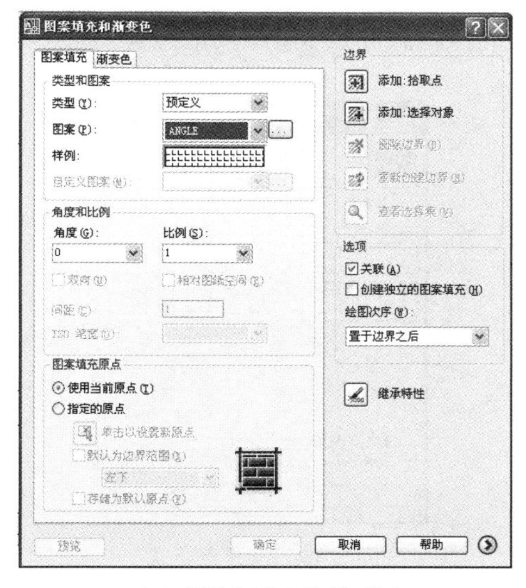


（a）“图案填充”选项卡

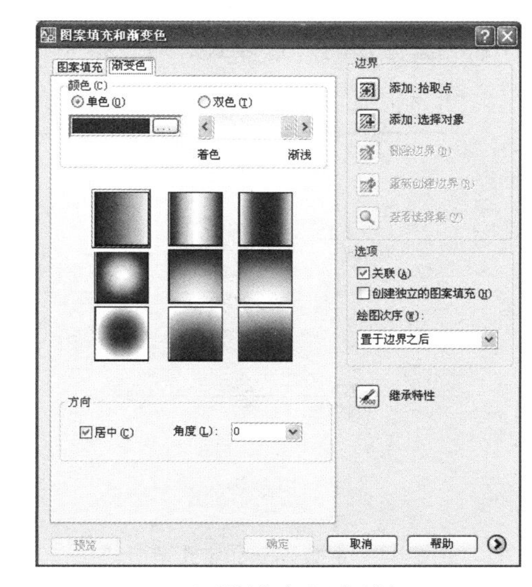


（b）“渐变色”选项卡

图 2-42　图案填充和渐变色对话框

（a）形成面域前的四条直线

（b）形成面域后变为矩形

图 2-43　面域的使用

执行方法如下：

- 执行“绘图”菜单→“面域”命令。
- 单击“绘图”工具栏的按钮。
- 在命令行中输入“Region”或“REG”命令。

（4）常用的图形绘制命令（三）。

①点。可按设定的点样式在指定位置绘制单点或多点，也可绘制定数等分点或定距等分点。

绘制单点或多点的执行方法如下：

- 执行“绘图”菜单→“点”→“单点”或“多点”命令。
- 单击“绘图”工具栏的·按钮。
- 在命令行中输入“Point”或“PO”命令。

绘制定数等分点的执行方法如下：

- 执行“绘图”菜单→“点”→“定数等分”命令，结果如图 2-44（a）所示。
- 在命令行中输入“Divide”或“DIV”命令。

绘制定距等分点的执行方法如下：

- 执行“绘图”菜单→“点”→“定距等分”命令，如图 2-44（b）所示。
- 在命令行中输入“Measure”或“ME”命令。

为了在绘图区中看清楚点的位置，可以先进行点样式设置，选择“格式”菜单→“点样式”命令，在打开的“点样式”对话框中设置适当的点样式和点大小，如图 2-45 所示。

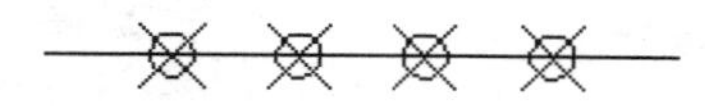

（a）定数等分点

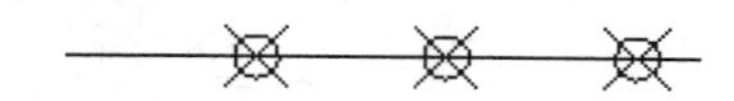

（b）定距等分点

图 2-44 定数等分和定距等分点

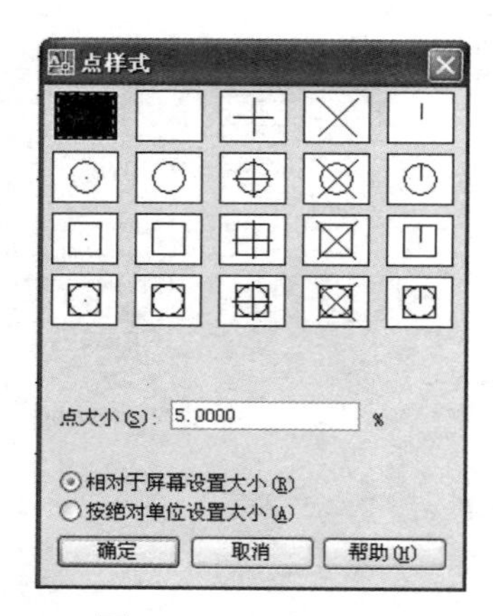


图 2-45 设置点样式

②椭圆。按指定方式绘制椭圆。

执行方法如下：

- 执行“绘图”菜单→“椭圆”命令。
- 单击“绘图”工具栏的按钮。
- 在命令行中输入“Ellipse”或“EL”命令。

用户执行以上操作后，命令提示如下：

命令: _ellipse

指定椭圆的轴端点或 [圆弧(A)/中心点(C)]:（指定椭圆一轴端点或输入选项由中心点等来绘制）

指定轴的另一个端点: （指定椭圆一轴的另一端点）

指定另一条半轴长度或 [旋转(R)]: （指定椭圆另一半轴的长度）

③椭圆弧。按指定方式绘制椭圆弧。

执行方法如下：

- 执行“绘图”菜单→“椭圆弧”命令。
- 单击“绘图”工具栏的按钮。

用户执行以上操作后，命令提示如下：

命令: _ellipse

指定椭圆的轴端点或 [圆弧(A)/中心点(C)]:_a

指定椭圆弧的轴端点或 [中心点(C)]: （指定椭圆弧一轴端点或输入选项通过中心点等来绘制）

指定轴的另一个端点: （指定椭圆弧一轴的另一端点）

指定另一条半轴长度或 [旋转(R)]: （指定椭圆弧另一半轴的长度）

指定起始角度或 [参数(P)]: （指定椭圆弧起点）

指定终止角度或 [参数(P)/包含角度(I)]: （指定椭圆弧端点）

④样条曲线。样条曲线至少要有三点才能确定。

执行方法如下：

- 执行“绘图”菜单→“样条曲线”命令。
- 单击“绘图”工具栏的按钮。
- 在命令行中输入“Spline”或“SPL”命令。

例如利用样条曲线和栅格捕捉绘制正（余）弦曲线，完成后须回车或右键确认三次才能结束绘制，如图 2-46 所示。

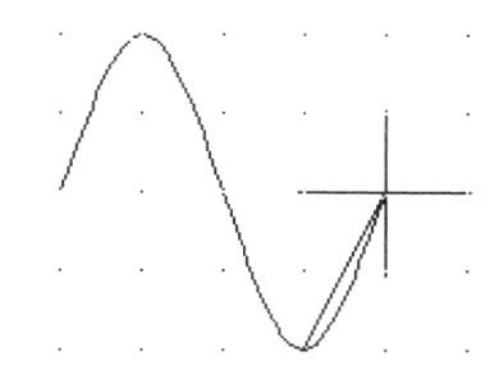
（a）捕捉栅格点绘制

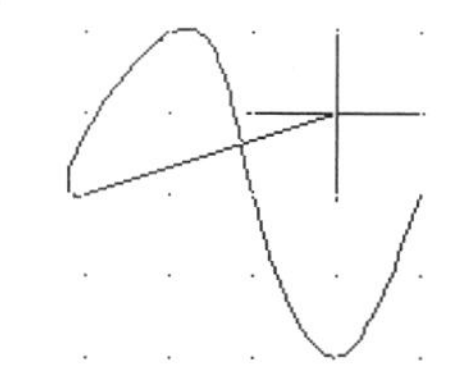
（b）可设置起点切向

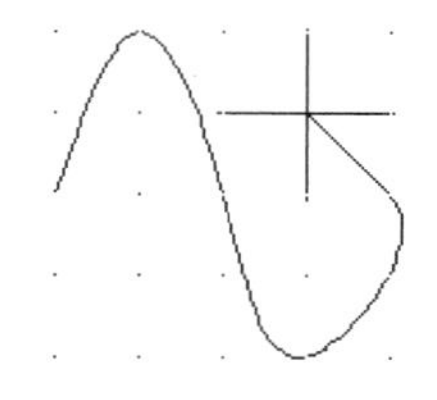
（b）可设置端点切向

（a）回车三次，结束绘制

图 2-46　样条曲线的使用

⑤修订云线。执行方法如下：

- 执行“绘图”菜单→“修订云线”。
- 单击“绘图”工具栏的按钮。
- 在命令行中输入“revcloud”命令。

### 9　AutoCAD 2007 图形编辑命令

（1）图形对象选择方式。要对图形对象进行编辑，通常要准确地选择图形对象。在 AutoCAD 2007 中，常用的对象选择方法有以下几种：

①点选。在执行图形编辑命令后，命令窗口提示“选择对象”，此时光标变成小方框，移动光标，当光标经过需要选择的图形对象时，该对象亮显，单击即可选中该对象，被选中的对象以虚线形式显示，如图 2-47 所示。

②W 窗口选择。在合适的位置从左往右拖动鼠标，形成一个蓝色矩形实线窗口，只有全部位于窗口内部的对象才能被选中，如图 2-48 所示，只有矩形被选中。

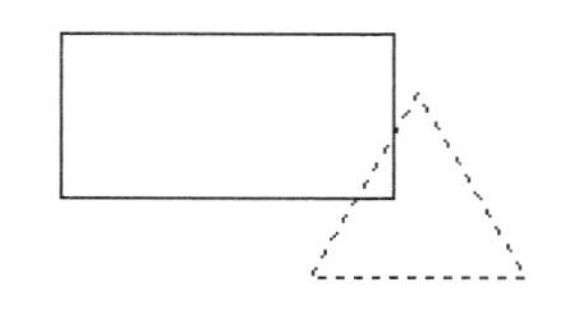
图 2-47　点选图形对象

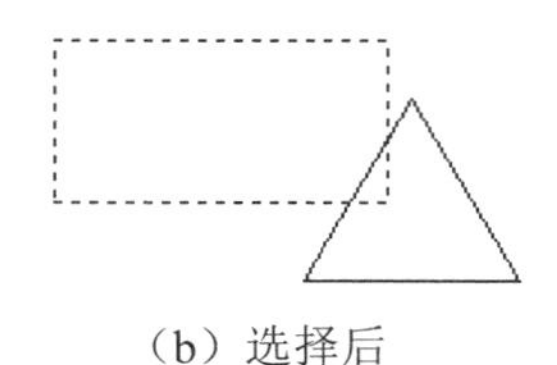
（a）选择前　　（b）选择后

图 2-48　W 窗口选择图形对象

③C 交叉窗口选择。在合适的位置从右往左拖动鼠标，形成一个绿色矩形虚线窗口，部分或全部位于窗口内部的对象全部都被选中，如图 2-49 所示，矩形和三角形都被选中。

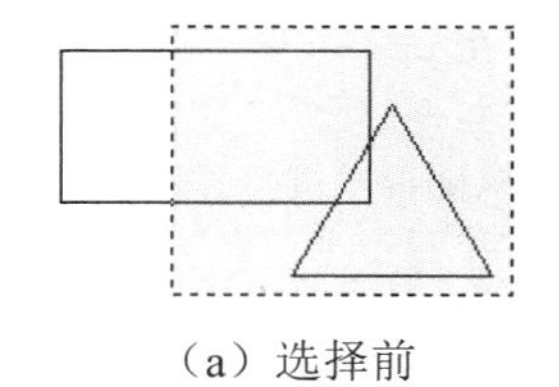
（a）选择前

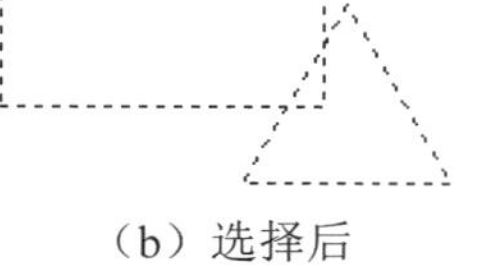
（b）选择后

图 2-49　C 窗口选择图形对象

④全部选择。命令窗口提示“选择对象”时，输入 All 按回车键，则所有图形对象都被选中。

（2）执行图形编辑命令的方式。

- 从“修改”菜单执行命令。

- 从“修改”工具栏执行命令。
- 从命令窗口通过键盘输入图形编辑命令。

（3）常用的图形编辑命令（一）（针对工作任务 2.1～2.2）。

AutoCAD 2007 的修改工具栏如图 2-50 所示。

图 2-50 修改工具栏

①删除。删除已有指定对象。

执行方法如下：

- 执行“修改”菜单→“删除”命令。
- 单击“修改”工具栏的按钮。
- 在命令行中输入“Erase”或“E”命令。
- 选中对象，单击鼠标右键在快捷菜单中选择“删除”命令。
- 选中对象，按键盘上 Delete 键。

②复制。将选中的图形对象复制到指定位置，可进行多重复制，如图 2-51 所示。

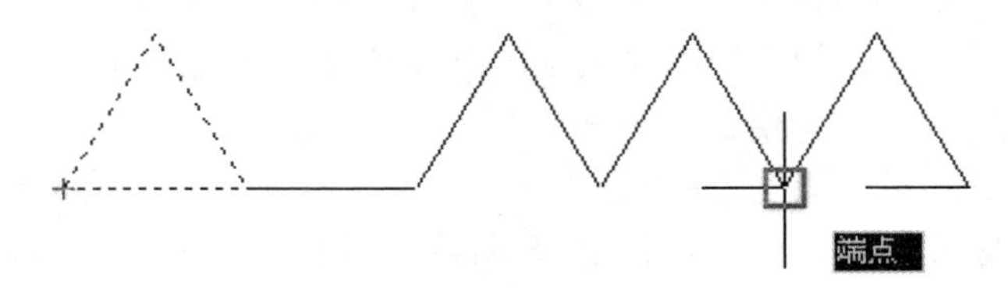


图 2-51 复制图形

执行方法如下：

- 执行“修改”菜单→“复制”命令。
- 单击“修改”工具栏的按钮。
- 在命令行中输入“Copy”或“CO”或“CP”命令。
- 选中对象，单击鼠标右键在快捷菜单中选择“复制”命令。
- 选中对象，按快捷键 Ctrl+C 进行复制，Ctrl+V 进行粘贴。

用户执行以上操作后，命令提示如下：

命令: _copy
选择对象: ↙（选择复制对象，回车或单击右键进入下一步）
指定基点或 [位移(D)] <位移>: （选择光标所在点即复制基点）
指定第二个点或 [退出(E)/放弃(U)] <退出>: （指定复制目标点，可进行一次或多次复制）
……
指定第二个点或 [退出(E)/放弃(U)] <退出>: （回车或右键菜单单击确定结束命令）

③偏移。通过指定距离或指定通过点来偏移复制图形对象，可画同心圆、并行线等，如图 2-52 所示。

执行方法如下：

- 执行“修改”菜单→“偏移”命令。
- 单击“修改”工具栏的按钮。

- 在命令行中输入“Offset”或“O”命令。

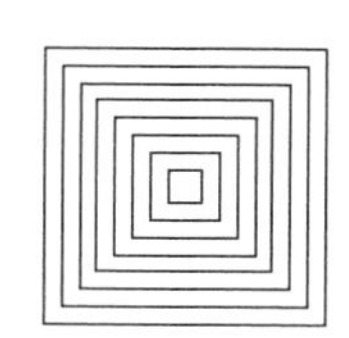
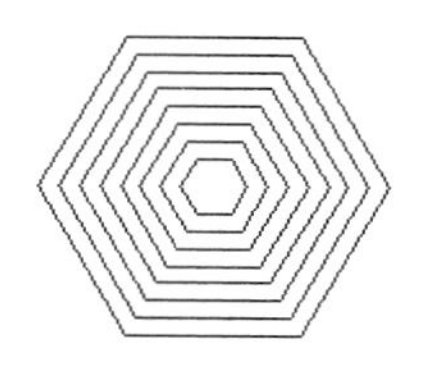

图 2-52　偏移图形

用户执行以上操作后，命令提示如下：

命令: OFFSET
当前设置: 删除源=否　图层=源　OFFSETGAPTYPE=0
指定偏移距离或 [通过(T)/删除(E)/图层(L)] <0.0000>: ↙（指定偏移距离，回车进入下一步）
选择要偏移的对象，或 [退出(E)/放弃(U)] <退出>: （选择偏移对象）
指定要偏移的那一侧上的点，或 [退出(E)/多个(M)/放弃(U)] <退出>:（选择偏移的一侧）
……　（继续选择偏移对象进行偏移或者回车结束命令）

④修剪。将指定边界以外的部分剪去。

执行方法如下：

- 执行“修改”菜单→“修剪”命令。
- 单击“修改”工具栏的按钮。
- 在命令行中输入“Trim”或“TR”命令。

用户执行以上操作后，命令提示如下：

命令: _trim
当前设置:投影=UCS，边=无
选择剪切边...
选择对象或 <全部选择>: ↙（选择修剪边或直接回车确定所有对象为修剪边）
选择对象:
选择要修剪的对象，或按住 Shift 键选择要延伸的对象，或
[栏选(F)/窗交(C)/投影(P)/边(E)/删除(R)/放弃(U)]: （选择要修剪的对象）
……　（继续修剪对象或者回车结束命令）

⑤镜像。将选中的图形对象对称复制，复制后可删除也可保留原图形对象，如图 2-53（a）所示。

执行方法如下：

- 执行“修改”菜单→“镜像”命令。
- 单击“修改”工具栏的按钮。
- 在命令行中输入“Mirror” 或“MI”命令。

用户执行以上操作后，命令提示如下：

命令: _mirror
选择对象: （选择镜像对象）
选择对象: ↙（回车或单击右键进入下一步）
指定镜像线的第一点: 指定镜像线的第二点: （指定镜像线）
要删除源对象吗？[是(Y)/否(N)] <N>: ↙（选择是否删除源对象）

在 AutoCAD 2007 中，使用系统变量 MIRRTEXT 可以控制文字对象的镜像方向。如果 MIRRTEXT 的值为 1，则文字对象完全镜像，镜像出来的文字变得不可读；如果 MIRRTEXT

的值为 0，则文字对象方向不镜像，如图 2-53（b）、（c）所示。MIRRTEXT 默认值为 0。

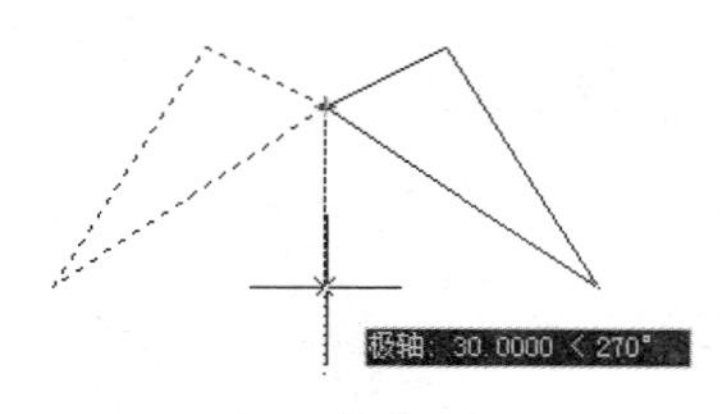


（a）镜像图形

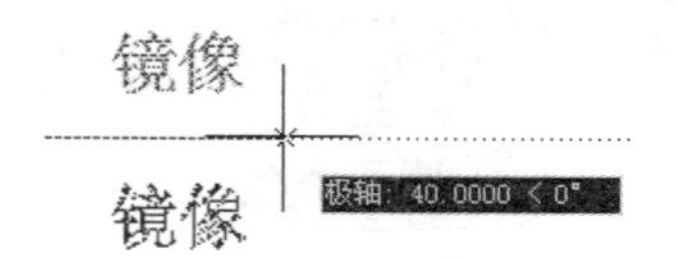


（b）镜像文字 MIRRTEXT 为 0

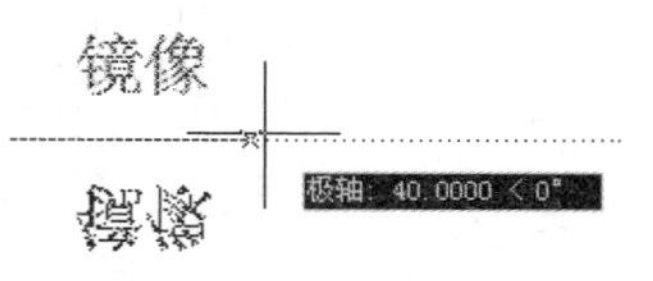


（c）镜像文字 MIRRTEXT 为 1

图 2-53　镜像图形

⑥倒角。给对象加倒角，如图 2-54 所示。

执行方法如下：

- 执行“修改”菜单→“倒角”命令。
- 单击“修改”工具栏的按钮。
- 在命令行中输入“Chamfer”或“CHA”命令。

在编辑图形过程中，要给图形对象加倒角，必须先设置倒角距离。

用户执行以上操作后，命令提示如下：

命令: _chamfer
(“修剪”模式) 当前倒角距离 1 = 0.0000，距离 2 = 0.0000
选择第一条直线或 [放弃(U)/多段线(P)/距离(D)/角度(A)/修剪(T)/方式(E)/多个(M)]: d ↙
（输入 d 进入倒角距离设置）
指定第一个倒角距离 <0.0000>: 20 ↙（指定第一个倒角距离，该距离对应第一条直线）
指定第二个倒角距离 <20.0000>: 10 ↙（指定第二个倒角距离，该距离对应第二条直线）
选择第一条直线或 [放弃(U)/多段线(P)/距离(D)/角度(A)/修剪(T)/方式(E)/多个(M)]:
（选择第一条直线）
选择第二条直线，或按住 Shift 键选择要应用角点的直线:　（选择第二条直线）

⑦圆角。给对象加圆角，如图 2-54 所示。

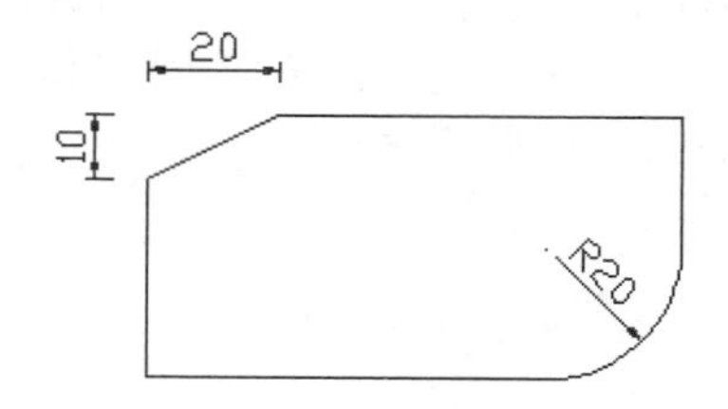


图 2-54　对图形进行倒角圆角

执行方法如下：

- 执行“修改”菜单→“圆角”命令。
- 单击“修改”工具栏的按钮。
- 在命令行中输入“Fillet”或“F”命令。

在编辑图形过程中，要给图形对象加圆角，必须先设置圆角半径。

用户执行以上操作后，命令提示如下：

命令: _fillet
当前设置: 模式 = 修剪，半径 = 0.0000
选择第一个对象或 [放弃(U)/多段线(P)/半径(R)/修剪(T)/多个(M)]: r ↙（输入 r 进入圆角半径设置）

指定圆角半径 <0.0000>: 20 ↙（指定圆角半径）

选择第一个对象或 [放弃(U)/多段线(P)/半径(R)/修剪(T)/多个(M)]: （选择第一条直线）

选择第二个对象，或按住 Shift 键选择要应用角点的对象: （选择第二条直线）

（4）常用的图形编辑命令（二）（针对工作任务 2.3～2.4）。

①旋转。将选中的图形对象绕指定基点按指定角度或参照一对象进行旋转，如图 2-55 所示。

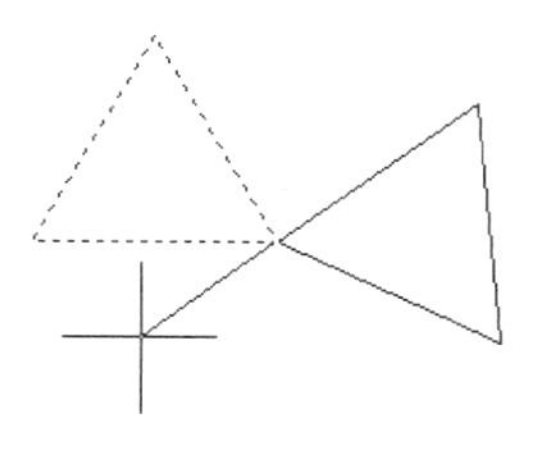

图 2-55　旋转图形

执行方法如下：

- 执行“修改”菜单→“旋转”命令。
- 单击“修改”工具栏的按钮。
- 在命令行中输入“Rotate”或“RO”命令。

用户执行以上操作后，命令提示如下：

命令: _rotate

UCS 当前的正角方向: ANGDIR=逆时针　ANGBASE=0

选择对象:

选择对象: ↙（选择旋转对象）

指定基点: <对象捕捉 开> （指定旋转基点）

指定旋转角度，或 [复制(C)/参照(R)] <0>: （输入旋转角度，正值为逆时针方向）

②缩放。将选中的图形对象按比例放大或缩小。

执行方法如下：

- 执行“修改”菜单→“缩放”命令。
- 单击“修改”工具栏的按钮。
- 在命令行中输入“Scale” 或“SC”命令。

用户执行以上操作后，命令提示如下：

命令: _scale

选择对象:

选择对象: ↙（选择缩放对象）

指定基点: <对象捕捉 开> （指定缩放基点）

指定比例因子或 [复制(C)/参照(R)] <1.0000>: （输入缩放比例，>1 则放大，<1 则缩小）

③移动。将选中的图形对象实时平移到指定位置。

执行方法如下：

- 执行“修改”菜单→“移动”命令。
- 单击“修改”工具栏的按钮。
- 在命令行中输入“Move”或“M”命令。

用户执行以上操作后，命令提示如下：

命令: _move

选择对象:

选择对象: ↙（选择移动对象）

指定基点或 [位移(D)] <位移>: （指定移动基点）

指定第二个点或 <使用第一个点作为位移>: （确定移动的目的点）

④分解。将合成对象分解为其部件对象，如图 2-56 所示。

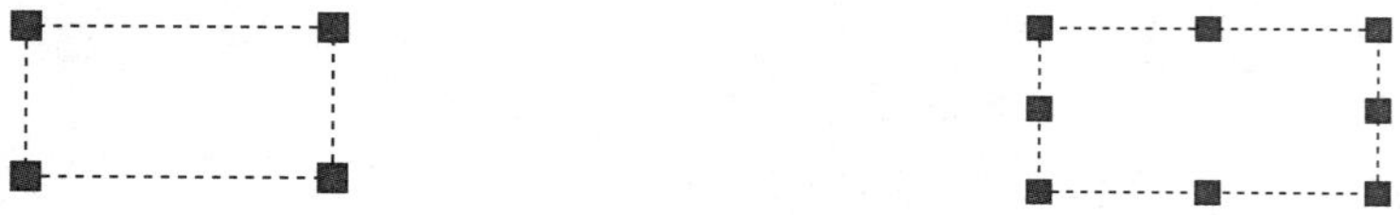

（a）分解前的矩形　　（b）分解后的矩形

图 2-56　分解图形

执行方法如下：

- 执行“修改”菜单→“分解”命令。
- 单击“修改”工具栏的按钮。
- 在命令行中输入“Explode”命令。

⑤合并。将对象合并以形成一个完整的对象，如图 2-57 所示。支持直线、开放的多段线、圆弧、椭圆弧或样条曲线等。

（a）合并前的直线　　（b）合并后的直线

图 2-57　合并图形

执行方法如下：

- 执行“修改”菜单→“合并”命令。
- 单击“修改”工具栏的按钮。
- 在命令行中输入“Join”或“J”命令。

用户执行以上操作后，命令提示如下：

命令: _join 选择源对象:

选择要合并到源的直线: （选择要合并的对象 1）

选择要合并到源的直线: （选择要合并的对象 2 并回车）

已将 1 条直线合并到源

（5）常用的图形编辑命令（三）。

①阵列。可快速生成按某种规则排列的相同图形，分矩形阵列、环行阵列两种，如图 2-58 所示。

执行方法如下：

- 执行“修改”菜单→“阵列”命令。
- 单击“修改”工具栏的按钮。
- 在命令行中输入“Array”或“AR”命令。

用户执行以上操作后，将打开“阵列”对话框，在该对话框中可以设置矩形阵列和环形阵列的各项参数，如图 2-59 所示。

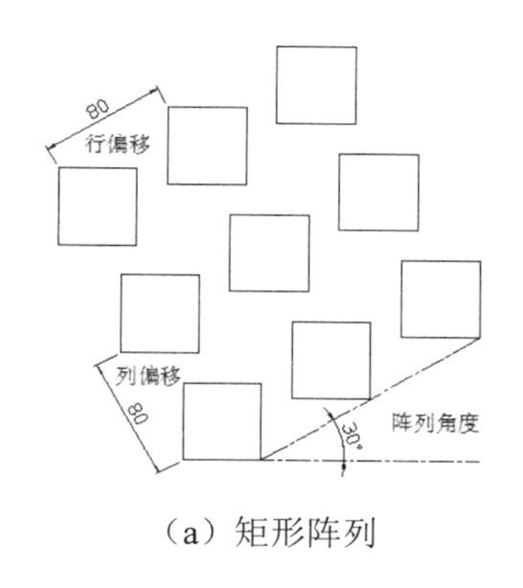


（a）矩形阵列

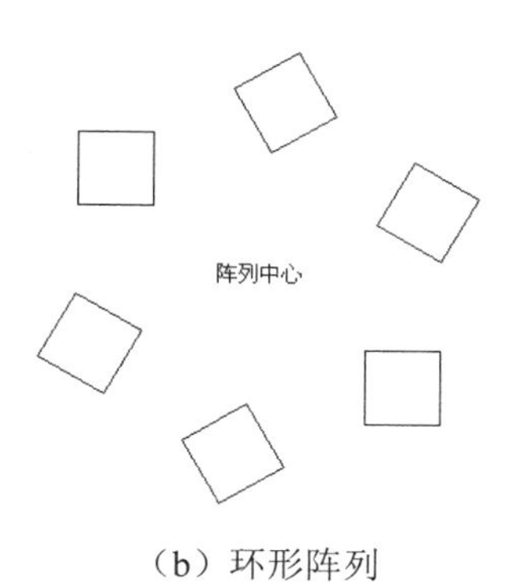


（b）环形阵列

图 2-58　阵列图形

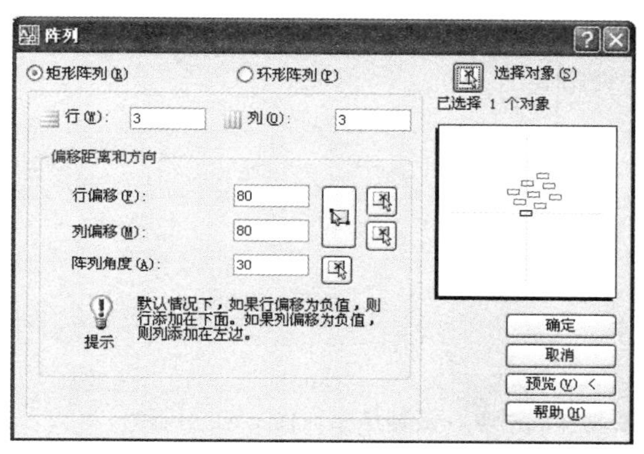


（a）矩形阵列设置

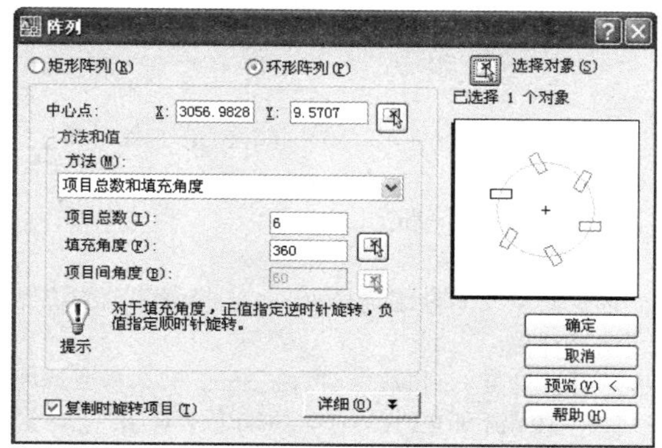


（b）环形阵列设置

图 2-59　“阵列”对话框

②拉伸。将图形对象的部分进行拉长或缩短而其余部分保持不变。

执行方法如下：

- 执行“修改”菜单→“拉伸”命令。
- 单击“修改”工具栏的按钮。
- 在命令行中输入“Stretch”命令。

用户执行以上操作后，命令提示如下：

命令: _stretch
以交叉窗口或交叉多边形选择要拉伸的对象...
选择对象: （用交叉窗口的方式选择需要拉伸的区域）
选择对象:
指定基点或 [位移(D)] <位移>: （选择拉伸的对象）
指定第二个点或 <使用第一个点作为位移>: （确定拉伸的目的点）

拉伸对象用交叉窗口选择，被拉伸或缩短部分不能完全位于窗口内，如图 2-60 所示。

③延伸。将图形对象延伸到指定边界去。

执行方法如下：

- 执行“修改”菜单→“延伸”命令。
- 单击“修改”工具栏的按钮。
- 在命令行中输入“Extend”或“EX”命令。

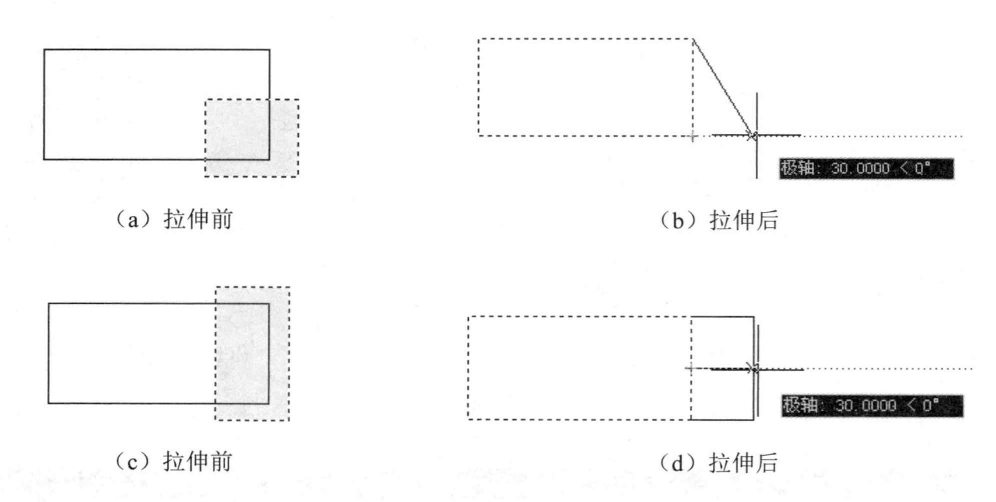


（a）拉伸前　　（b）拉伸后

（c）拉伸前　　（d）拉伸后

图 2-60　拉伸图形

用户执行以上操作后，命令提示如下：

命令: _extend
当前设置:投影=UCS，边=无
选择边界的边...
选择对象或 <全部选择>:　（选择延伸至的边界）
选择对象:
选择要延伸的对象，或按住 Shift 键选择要修剪的对象，或
[栏选(F)/窗交(C)/投影(P)/边(E)/放弃(U)]:　（选择要延伸的对象，延伸结果如图 2-61 所示）

（a）延伸前　　（b）延伸后

图 2-61　延伸图形

④打断于点。将线、圆、圆弧和组线断开为一点。

执行方法如下：

- 执行“修改”菜单→“打断”命令。
- 单击“修改”工具栏的按钮。
- 在命令行中输入“Break”或“BR”命令。

用户执行以上操作后，命令提示如下：

命令: _break 选择对象: （选择打断对象）
指定第二个打断点 或 [第一点(F)]: _f
指定第一个打断点: （选择打断点）
指定第二个打断点: @

⑤打断。将线、圆、圆弧和组线断开为两部分。

执行方法如下：

- 执行“修改”菜单→“打断”命令。

- 单击“修改”工具栏的按钮。
- 在命令行中输入“Break”或“BR”命令。

用户执行以上操作后，命令提示如下：

命令: _break 选择对象:　（选择打断对象）
指定第二个打断点 或 [第一点(F)]: f ↙（输入 f 选项）
指定第一个打断点:（选择第一个打断点）
指定第二个打断点:（选择第二个打断点）

（6）夹点编辑。夹点是指在无命令状态下选中图形对象时，出现在对象的特定点上的一些蓝色小方框，如图 2-62 所示。使用夹点可直接而快速地编辑图形对象。

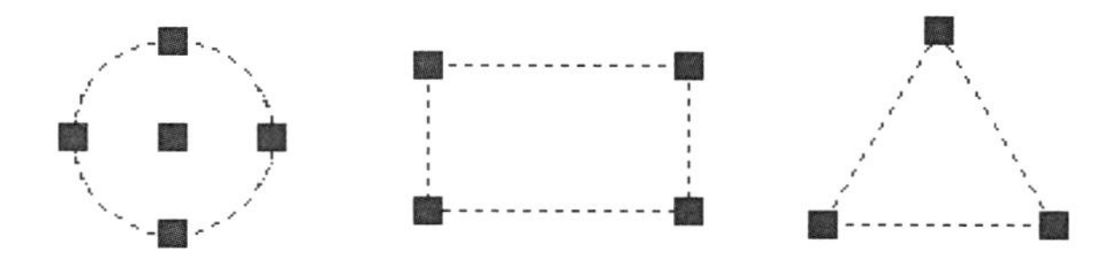

图 2-62　常见图形图像上的夹点位置

①拉伸。可以通过将选定夹点移动到新位置来拉伸对象。单击某个夹点，则该夹点变成实心的红色小方块，同时命令区会出现一条控制命令和提示：

**拉伸**（夹点编辑的默认方式为拉伸）
指定拉伸点或 [基点(B)/复制(C)/放弃(U)/退出(X)]:

如图 2-63 所示，移动光标到图标位置单击左键确认，该圆的半径将被拉伸。

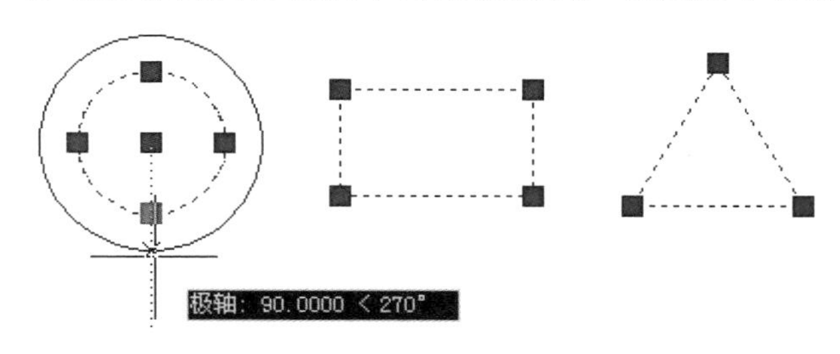


图 2-63　拉伸夹点

注意：文字、块参照、直线中点、圆心和点对象上的夹点只能移动对象而不能拉伸它。

②移动。

**拉伸**
指定拉伸点或 [基点(B)/复制(C)/放弃(U)/退出(X)]: ↙（回车进入移动状态）
**移动**
指定移动点或 [基点(B)/复制(C)/放弃(U)/退出(X)]:

此时在绘图区指定一点，则图形将随夹点移动到指定位置。

③旋转。

**移动**
指定移动点或 [基点(B)/复制(C)/放弃(U)/退出(X)]: ↙（回车进入旋转状态）
**旋转**
指定旋转角度或 [基点(B)/复制(C)/放弃(U)/退出(X)]:

此时直接输入角度并按回车确认，可将图形旋转到指定角度。

④复制。

在上述的任一提示中，启动“复制(C)”选项，可将图形对象复制到指定的位置。

（7）布尔运算。布尔运算包含三种操作：并集、交集、差集，对二维图形进行布尔运算之前需要先对图形对象创建面域，而对三维对象的布尔运算则不需要创建面域，如图 2-64 所示。

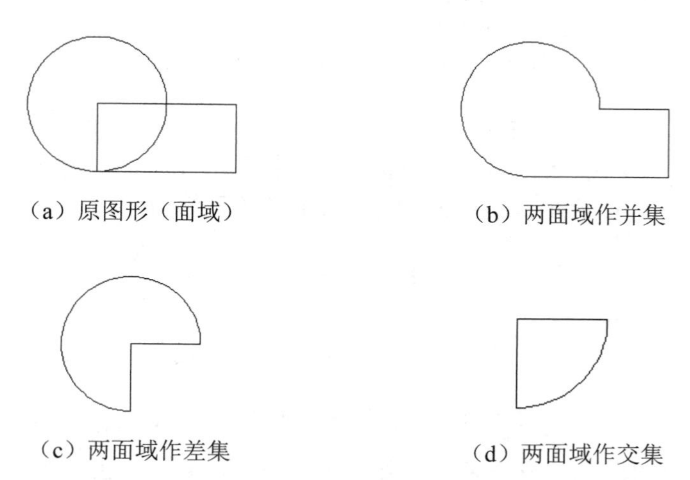


图 2-64　图形的布尔运算

①并运算。用于将两个或两个以上的面域或实体合并成一个整体。

执行方法如下：

- 执行“修改”菜单→“实体编辑”→“并集”命令。
- 单击“实体编辑”工具栏的按钮。
- 在命令行中输入“Union”或“UNI”命令。

用户执行以上的操作后，命令提示如下：

命令: _union
选择对象: （选择要并集的全部对象）
选择对象: ↙（回车结束命令）

②差运算。用于从所选三维的实体组或面域组中减去一个或多个实体或面域并得到一个新的实体或面域。

执行方法如下：

- 执行“修改”菜单→“实体编辑”→“差集”命令。
- 单击“实体编辑”工具栏的按钮。
- 在命令行中输入“Subtract”或“SU”命令。

用户执行以上操作后，命令提示如下：

命令: _subtract 选择要从中减去的实体或面域...
选择对象:
选择对象: （选择被减掉部分的对象）
选择要减去的实体或面域 ..
选择对象: （选择要减掉部分的对象）
选择对象:

③交运算。用于确定多个面域或实体之间的公共部分，计算出并生成相交部分的实体或面域，而每个面域或实体的非公共部分会被删除。

执行方法如下：

- 执行“修改”菜单→“实体编辑”→“交集”命令。
- 单击“实体编辑”工具栏的按钮。
- 在命令行中输入“Intersect”或“IN”命令。

用户执行以上操作后，命令提示如下：

命令: _intersect
选择对象: （选择要交集的全部对象）
选择对象: ↙（回车结束命令）

（8）特性选项板。特性选项板不仅能使用户方便地更改对象的图层、颜色、线型及线宽等基本特性，而且可以修改对象的几何特性及其他特性。根据用户所选对象的不同，系统将显示不同内容的“特性”选项板。

执行方法如下：

- 执行“修改”菜单→“特性”命令。
- 单击“标准”工具栏的按钮。
- 在命令行中输入“Properties”或“PR”命令。

未选择任何对象时，“特性”选项板如图 2-65（a）所示，单击“选择对象”按钮，返回绘图区选择对象后，“特性”选项板将显示所选实体的特性，如图 2-65（b）所示。

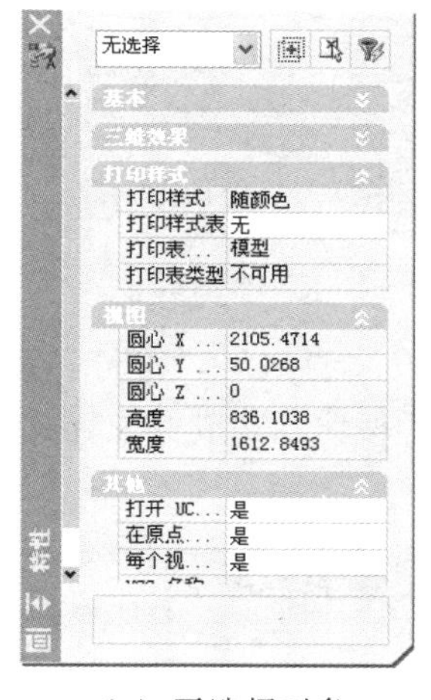


（a）无选择对象

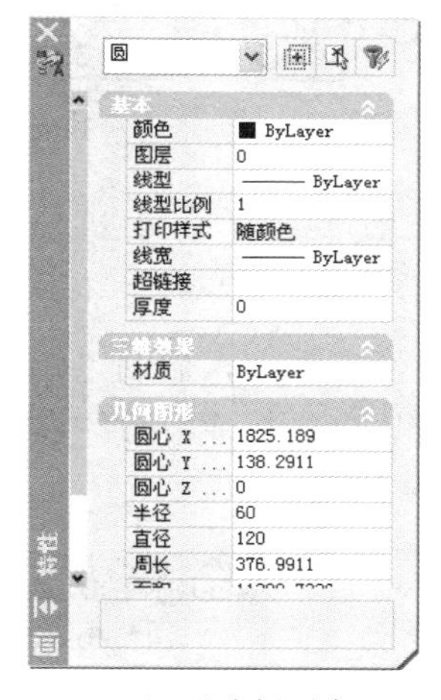


（b）已选择对象

图 2-65 “特性”选项板

在绘图区选中单一或多个对象后，单击右键，从快捷菜单中选择“特性”命令，此时弹出的对话框中直接显示所选对象的特性值，如图 2-65 所示，用户可在该选项板中修改对象的特性值，如图层、线型等。

**注意：**如果是单一对象，则列出其全部属性；如果是多个对象，则仅列出所选对象共有的特性。

### 10 AutoCAD 2007 尺寸标注

标注样式是一组标注系统变量的集合，它控制着标注的格式和外观，用户可直接设置和修改这些变量的值，使图形的尺寸标注符合标准的要求。在创建标注样式时，可以基于 AutoCAD 2007 当前的标注样式进行修改，在英制的样板文件中，系统默认的标注样式为 Standard，在公制的样板文件中，系统默认的标注样式为 ISO-25。

在工程图纸中，一般有多种尺寸标注形式，应把常用的尺寸标注形式创建为标注样式。在标注时，用到哪种标注样式就把它设置为当前标注样式，这样可以提高绘图效率，同时便于修改。

（1）创建标注样式。

执行“标注样式”命令的方式如下：

- 执行“格式”菜单→“标注样式”命令。
- 单击“样式”工具栏的按钮。
- 在命令行中输入“Dimstyle”命令。

用户执行以上操作后，都将打开“标注样式管理器”对话框，单击“新建”按钮，弹出“创建新标注样式”对话框，在“新样式名”文本框中输入新样式名，创建新的样式，如图 2-66 所示。

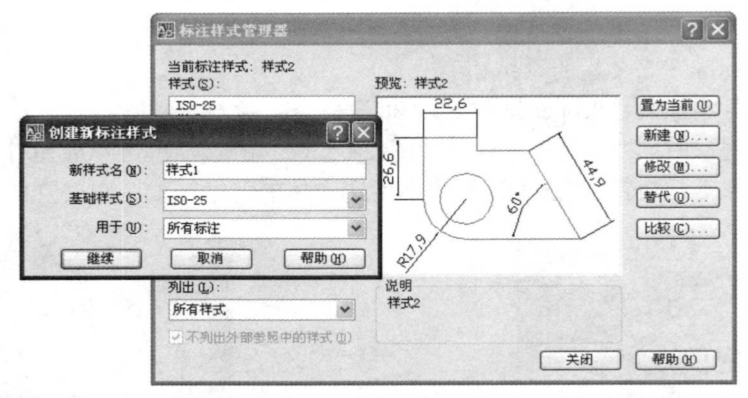


图 2-66 “标注样式管理器”和“创建新标注样式”对话框

单击“继续”按钮，启动“新建标注样式”对话框，在“直线”、“符号和箭头”、“文字”等选项卡中可以进行标注参数的设置，设置后单击“确定”按钮，完成标注样式的创建，如图 2-67 至图 2-69 所示。

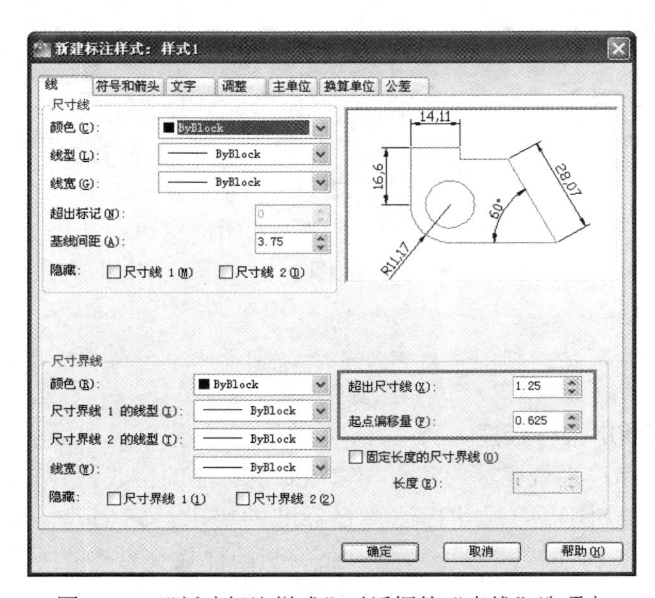


图 2-67 “新建标注样式”对话框的“直线”选项卡

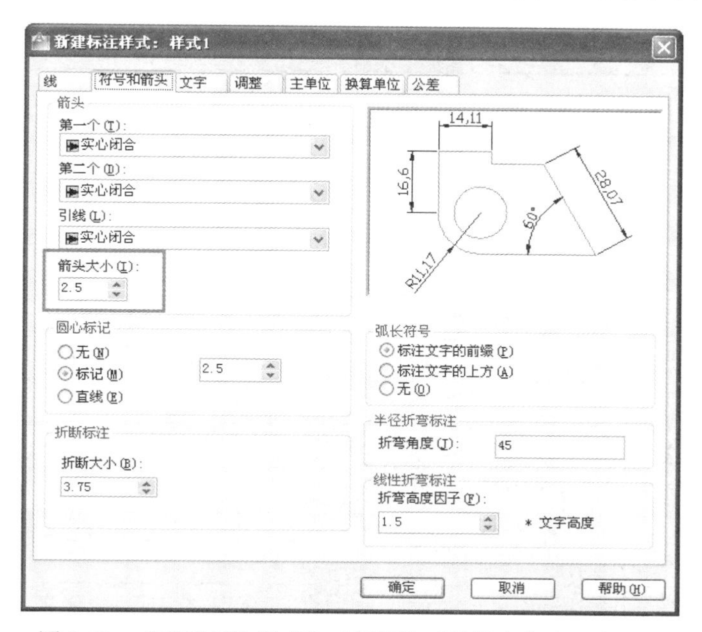


图 2-68　“新建标注样式”对话框的“符号和箭头”选项卡

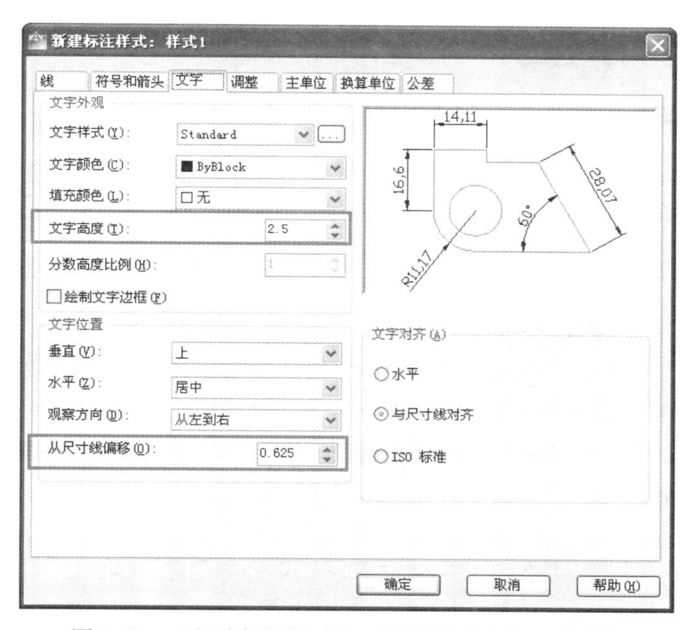


图 2-69　“新建标注样式”对话框的“文字”选项卡

（2）常用标注样式。在工程图样上进行尺寸标注时，通常使用“标注”工具栏，如图 2-70 所示。通过“标注”工具栏右侧的下拉列表框可以选择当前标注样式。

图 2-70　“标注”工具栏

“标注”工具栏上各按钮的名称及功能如表 2-1 所示。

表 2-1 【标注】工具栏中各按钮的名称和作用

| 名称 | 按钮 | 说明 |
| --- | --- | --- |
| 线性标注 |  | 标注水平和竖直线性尺寸 |
| 对齐标注 |  | 标注倾斜的线性尺寸 |
| 弧长标注 |  | 标注圆弧长度 |
| 坐标标注 |  | 标注点的坐标 |
| 半径标注 |  | 标注圆或圆弧的半径 |
| 折弯标注 |  | 标注中心位于布局外并且无法显示在其实际位置时的圆或圆弧半径 |
| 直径标注 |  | 标注圆或圆弧的直径 |
| 角度标注 |  | 标注圆、圆弧或直线间的角度 |
| 快速标注 |  | 快速创建某一类型的尺寸 |
| 基线标注 |  | 标注有共同尺寸界线的尺寸，在创建基线标注之前必须先创建线性、对齐或角度标注 |
| 连续标注 |  | 标注首尾相连的尺寸，在创建连续标注之前必须先创建线性、对齐或角度标注 |
| 快速引线标注 |  | 创建引线和引线注释 |
| 形位公差标注 |  | 标注形位公差 |
| 圆心标记 |  | 标注圆或圆弧的圆心 |
| 编辑标注 |  | 编辑尺寸标注的文字内容、旋转尺寸标注文字的方向、指定尺寸界线倾斜的角度 |
| 编辑标注文字 |  | 移动和旋转尺寸标注文字对象 |
| 标注更新 |  | 用指定的标注样式对图形中已标注的尺寸进行更新 |
| 标注样式 |  | 调出“标注样式管理器”对话框 |

### 11 AutoCAD 2007 图块的创建和编辑

图块，简称块，它是由单一的对象或多个对象组成并经定义命名的整体对象。块作为一个整体，可以按规定的比例因子和旋转角度插入到图形的指定位置。

块的主要功能有：提高绘图效率、节省存储空间、方便图形修改和增加属性等。

（1）定义块属性。

执行方法如下：

- 执行“绘图”菜单→“块”→“定义属性”命令。
- 在命令行中输入“Attdef”或“ATT”命令。

用户执行以上操作后，将打开“属性定义”对话框，如图 2-71 所示。

如果要对已插入的属性图块进行修改，只需双击属性文字，打开“增强属性编辑器”对话框，在“属性”、“文字选项”、“特性”选项卡中即可修改相应的内容。

（2）创建内部图块。内部图块是指创建的图块只能供本图形文件调用。

执行方法如下：

- 执行“绘图”菜单→“块”→“创建”命令。
- 单击“绘图”工具栏的按钮。
- 在命令行中输入“Block”或“B”命令。

“不可见”指插入块时不显示；“固定”指插入块时赋予属性固定值；“验证”指插入块时提示用户验证属性；“预置”指插入包含预置属性值的块时，将属性设为默认值

属性定义
模式
不可见(I)
固定(C)
验证(V)
预置(P)
属性
标记(T):
提示(M):
值(L):
插入点
在屏幕上指定(O)
X: 0
Y: 0
Z: 0
文字选项
对正(J): 左
文字样式(S): 样式 1
高度(E) <  10
旋转(R) <  0
在上一个属性定义下对齐(A)
锁定块中的位置(K)
确定 取消 帮助(H)

“标记”可使用任何字符组合（空格除外），此项必须设置；“提示”指定在插入包含该属性定义的块时显示的提示，引导用户正确输入属性值；“值”指定默认属性值

锁定块参照中属性的位置

图 2-71 “属性定义”对话框

用户执行以上操作后，将打开“块定义”对话框，如图 2-72 所示。

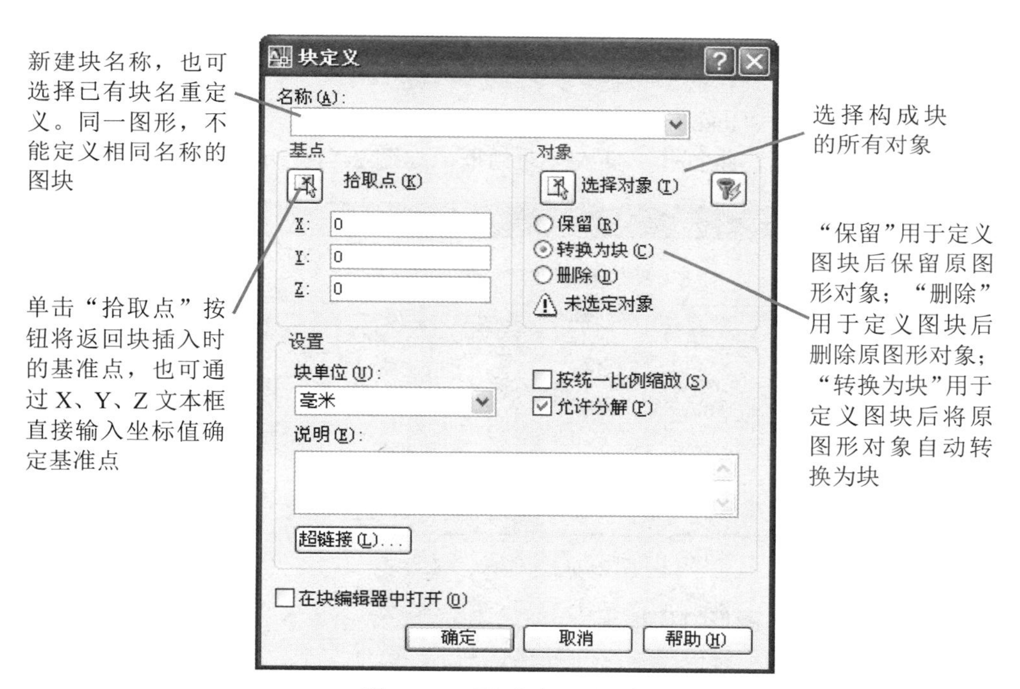


图 2-72 “块定义”对话框

（3）创建外部图块。内部图块只能供当前图形文件使用并且保存在本图形文件中。为了使图块可以为各图形文件公用，可使用写块命令 Wblock，用写块命令创建的图块称为外部图块，外部图块作为图形文件单独保存在磁盘上。

执行方法如下：

- 在命令行中输入“Wblock”或“W”命令。

用户执行以上操作后，将打开“写块”对话框，如图 2-73 所示。

“块”指用户可从中选择当前图形已定义的内部块；“整个图形”即把当前整个图形对象定义为块；“对象”则把选择的图形对象定义为块

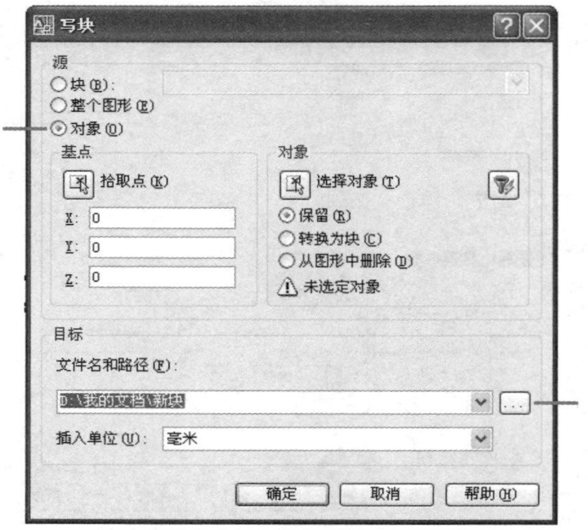


可指定存盘路径，“文件名和路径”下拉列表框将显示块存盘路径和名称；“插入单位”下拉列表框可选择块插入时的单位

图 2-73 “写块”对话框

（4）插入图块。

执行方法如下：

- 执行“插入”菜单→“块”命令。
- 单击“绘图”工具栏的按钮。
- 在命令行中输入“Insert”或“I”命令。

用户执行以上操作后，将打开“插入”对话框，如图 2-74 所示。

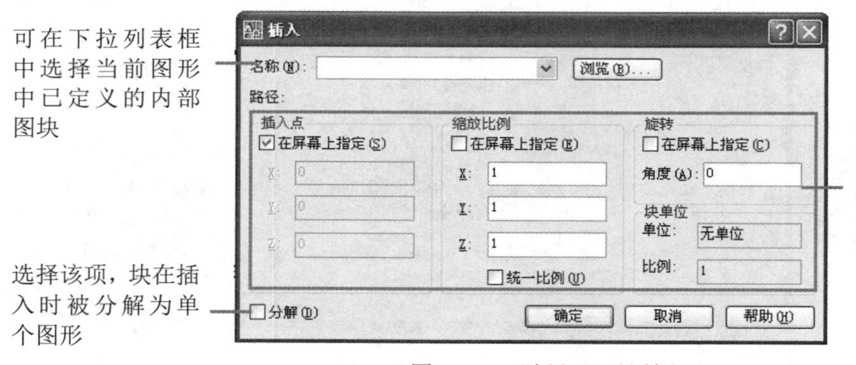


分别用来指定图块插入点的位置，在 X、Y、Z 三个方向的缩放比例和在图块插入时是否指定旋转角度

图 2-74 “插入”对话框

## 12 AutoCAD 2007 图形打印输出

打印输出是设计工程图样的最后一个操作环节。一般情况下，用户都是以 1:1 的比例绘制图形，而常用的图幅也是国标规定的，因此要打印输出首先要考虑的是出图比例问题。

（1）模型空间和图纸空间。AutoCAD 2007 设立了两个工作空间：模型空间和图纸空间，如图 2-75 所示。

模型空间是绘图的“真实”空间，设计工作一般都在模型空间中进行；图纸空间主要用于出图，可以在图纸空间规划图纸布局，生成工程图纸。

在模型空间可以设置多个视口用于显示视图，但只能有一个是当前视口，默认情况是单视口视图。在图纸空间可以在同一布局中摆放多个视口视图，同一模型可以获得不同角度的输出布局。

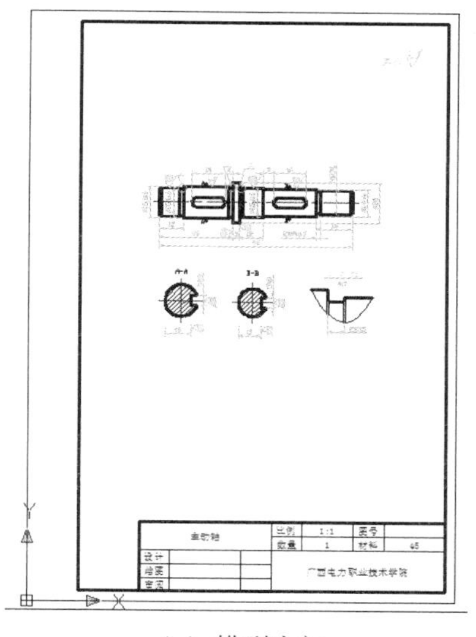

（a）模型空间

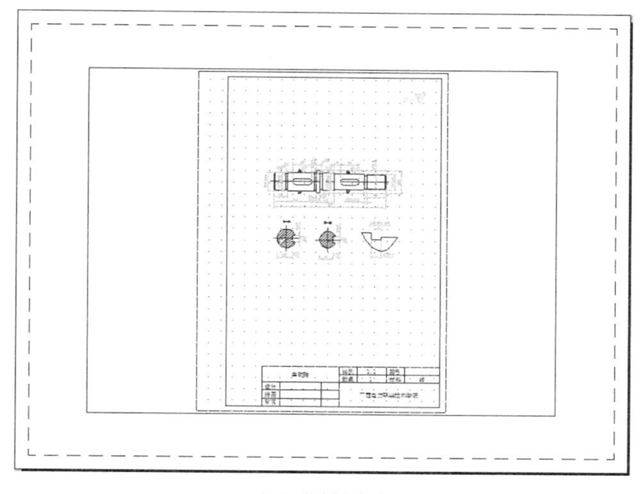

（b）图纸空间

图 2-75 AutoCAD 工作空间

单击绘图区下方的“模型”→“布局”或“布局”→“模型”按钮可以切换“模型空间”和“图纸空间”。

（2）模型空间打印输出。通过单击“文件”菜单→“页面设置管理器”命令，打开如图 2-76 所示的“页面设置管理器”对话框，单击“新建”按钮，在弹出的“新建页面设置”对话框的“新页面设置名”文本框中输入名称（默认设置为“设置 1”），如 A4 打印，如图 2-77 所示，单击“确定”按钮，弹出如图 2-78 所示的“页面设置-模型”对话框。在该对话框中，可以对打印设备、图纸尺寸、图形方向等进行相应设置。

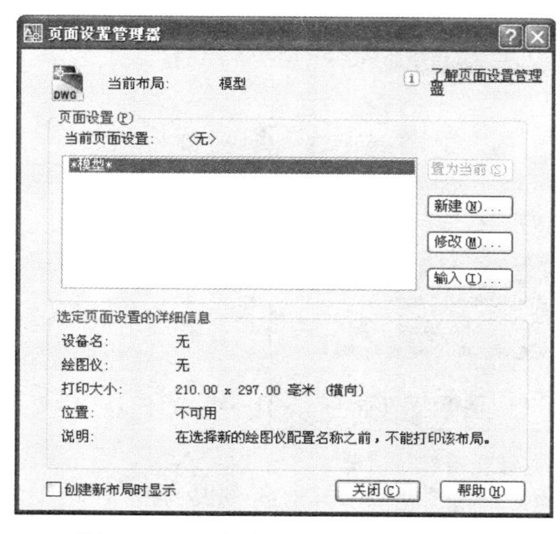


图 2-76 “页面设置管理器”对话框

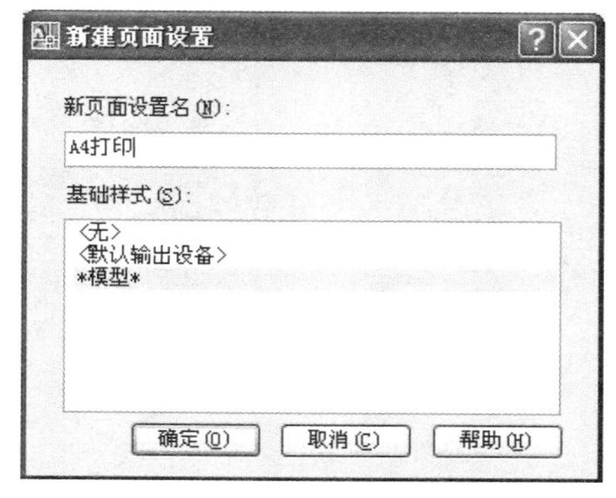


图 2-77 “新建页面设置”对话框

设置完成后，单击“确定”按钮，返回“页面设置管理器”对话框，此时，该对话框中出现了刚才设置的“A4 打印”样式名称，单击“关闭”按钮退出页面设置。

用户在页面设置完成后要打印输出，可单击“标准”工具栏上的打印按钮，在打开的“打印”对话框中，选择页面设置名称为“A4 打印”，单击“确定”按钮，图形将按设置的“A4

打印”样式进行打印。

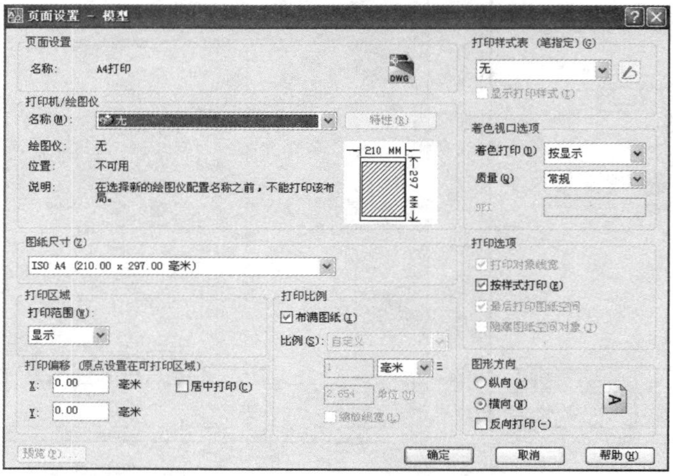

图 2-78 “页面设置-模型”对话框

（3）图纸空间打印输出。用户在图纸空间也可根据需要设置相关的打印布局，方法如下：

①单击“布局 1”标签，出现如图 2-75（b）所示的图纸空间环境。

②选择“文件”菜单→“页面设置管理器”命令，打开如图 2-79 所示的“页面设置管理器”对话框，对“布局 1”进行的页面设置与模型的页面设置所讲述的相同。设置完成后，用户可以选择设置的样式用于在图纸空间中进行打印。

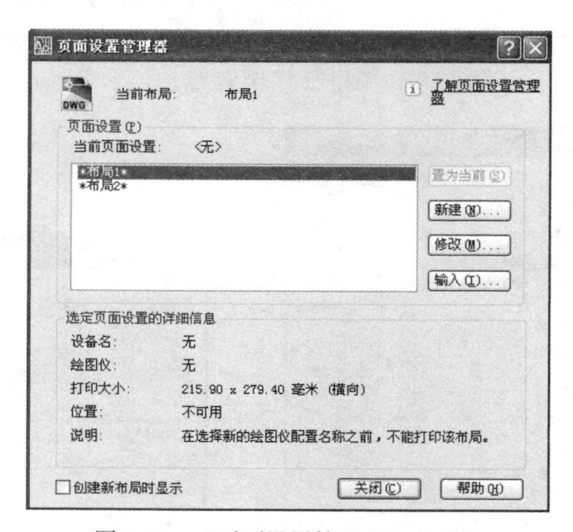


图 2-79 “页面设置管理器”对话框

## 四、工作过程导向

### 工作任务 2.1 主动轴零件图的图框、标题栏的绘制

#### 1 设置图形界限和图层

（1）新建 CAD 文档，将文档保存为“主动轴零件图图框.dwg”。

（2）进行图形界限和图层设置。选择“格式”菜单→“图形界限”命令，重新设置模型空间界限，指定左下角点为 0,0，右上角点为 297,210。启动栅格，选择“视图”菜单→“缩放”→“全部”命令，进行图纸的全部缩放，显示全部图形。

打开图层特征管理器以设置图层，如图 2-80 所示。

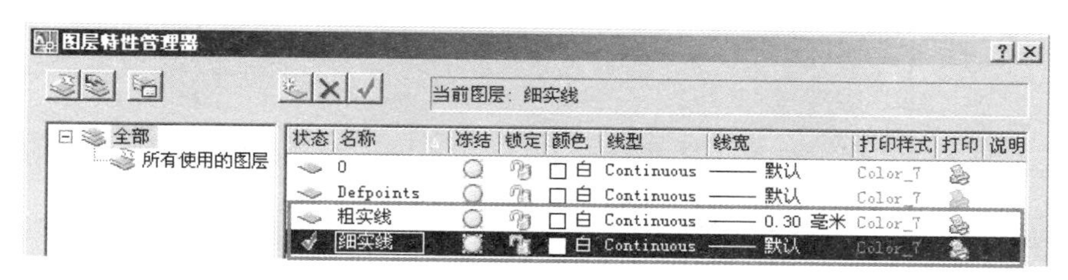


图 2-80　图层设置

## 2　绘制图框、标题栏

（1）将“细实线层”置为当前，在图层中，使用“矩形”工具，绘制外框左下角点为 0,0，右上角点为 210,297。

（2）在“粗实线层”中，使用“直线”工具，依次输入坐标 25,5，205,5，205,292，25,292，最后输入 C 闭合，得到内框。单击状态栏的“线宽”按钮，即可显示粗实线。

或者打开“对象捕捉”工具栏，使用“矩形”工具，单击“捕捉自”，捕捉 0,0 点，输入@25,5，再单击“捕捉自”，捕捉 210,297 点，输入@-5,-5，也可画出内框。内外框如图 2-81 所示。

（3）在“粗实线层”开始绘制标题栏。使用“直线”工具，单击“捕捉自”，捕捉内框右下角点，输入@0,35，接着输入@-150,0，在内框底边捕捉垂足继续画直线。

使用“偏移”工具，绘制标题栏内部直线，并将这些直线转换至“细实线层”，如图 2-82（a）所示。使用“修剪”工具，修剪标题栏内部直线如图 2-82（b）所示。

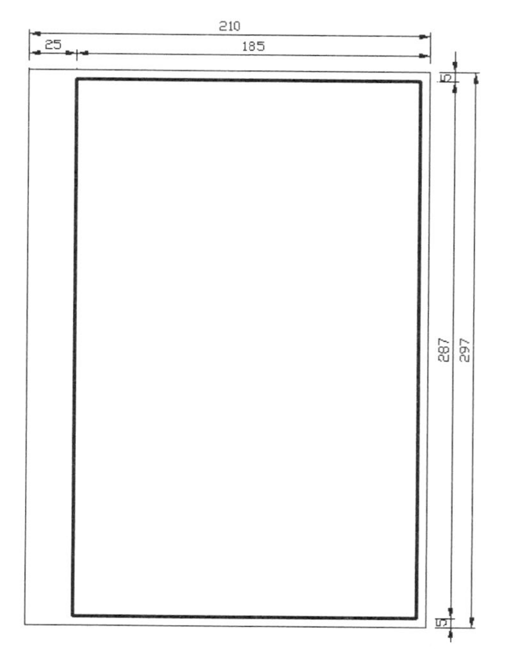


图 2-81　内外框尺寸

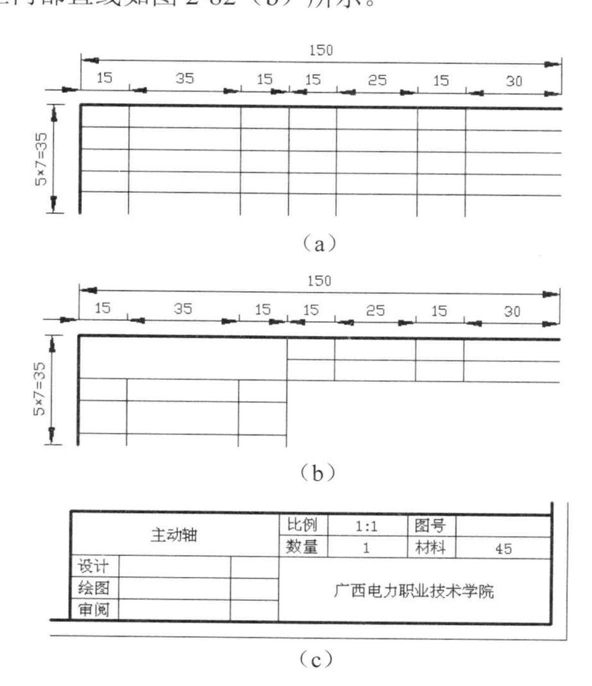


图 2-82　标题栏尺寸及文字

### 3 编辑标题栏文字

打开样式工具栏，新建文字样式 1，设置标题栏文字样式，如图 2-83 所示。

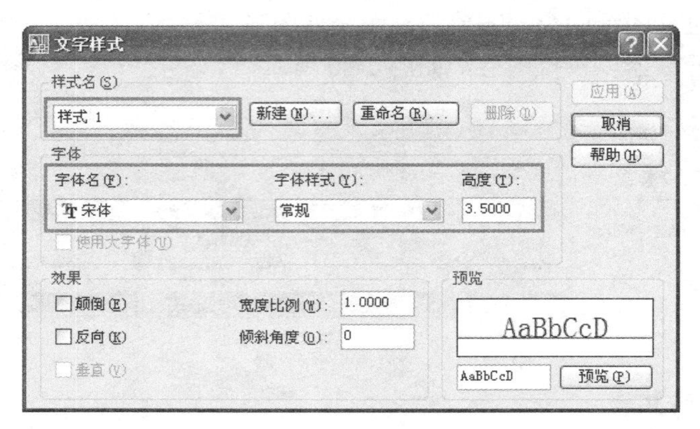


图 2-83　标题栏文字样式设置

将文字样式 1 置为当前，输入标题栏文字，所有文字居中对齐，效果如图 2-82（c）所示。例如输入图名“主动轴”，使用“多行文字”工具，单击输入格左上角点，接着单击输入格右下角点，如图 2-84 所示。

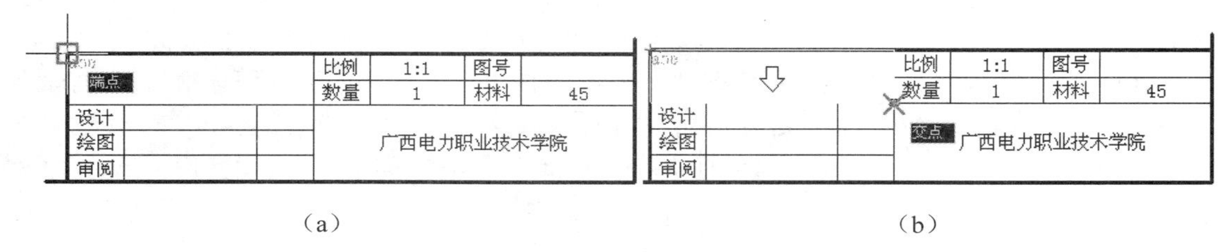


图 2-84　选取输入格角点

在“文字格式”设置栏中分别选择上下居中、左右居中对齐，输入文字“主动轴”，如图 2-85 所示。

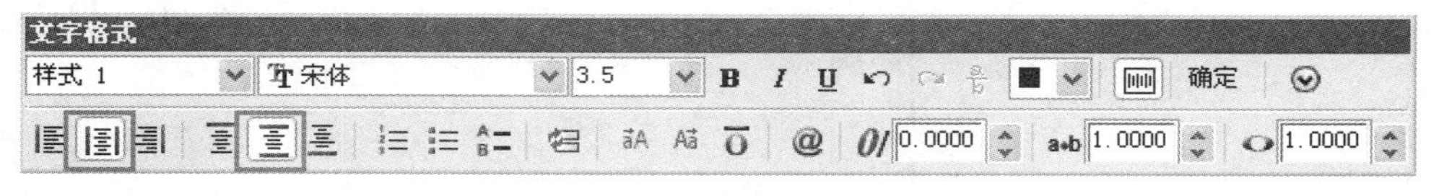


图 2-85　文字格式设置

或者使用“多行文字”工具，单击输入格左上角点，在命令行中输入 J，接着输入 MC，即选择对正方式为正中，然后单击输入格右下角点，输入文字“主动轴”，如图 2-86 所示。

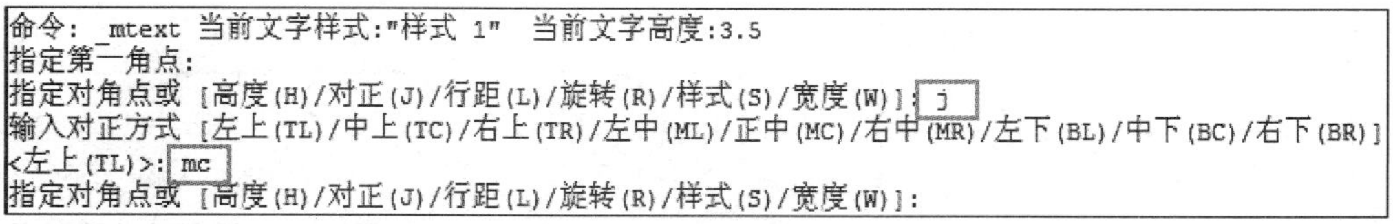

```
命令: _mtext 当前文字样式:"样式 1"  当前文字高度:3.5
指定第一角点:
指定对角点或 [高度(H)/对正(J)/行距(L)/旋转(R)/样式(S)/宽度(W)]: j
输入对正方式 [左上(TL)/中上(TC)/右上(TR)/左中(ML)/正中(MC)/右中(MR)/左下(BL)/中下(BC)/右下(BR)]
<左上(TL)>: mc
指定对角点或 [高度(H)/对正(J)/行距(L)/旋转(R)/样式(S)/宽度(W)]:
```

图 2-86　命令行设置对正方式

最后完成主动轴零件图图框、标题栏的绘制，效果如图 2-87 所示。

图 2-87　主动轴零件图图框最终效果图

## 工作任务 2.2　主动轴零件图的绘制

### 1　新添图层

（1）打开“主动轴零件图图框.dwg”，将文档另存为“主动轴零件图 1.dwg”。

（2）打开图层特征管理器，新添“辅助线”、“轮廓线”两个图层，图层特征设置如图 2-88 所示。

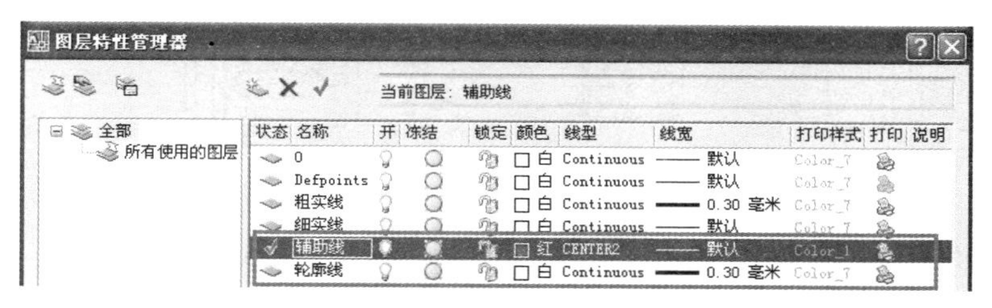


图 2-88　新添图层设置

### 2 绘制主动轴零件轮廓

（1）将“辅助线层”置为当前，在图框中绘制一条长度为 100 的水平辅助线。

（2）将“轮廓线层”置为当前，打开对象追踪，使用“多段线”工具，从辅助线左端点开始水平向右追踪，以距离左端点 2.5 个单位作为起始点，输入下列坐标（相对坐标）：@0,7.5，@10,0，@0,-0.5，@2,0，@0,1，@22,0，@0,-0.5，@2,0，@0,2.5，@3,0，@0,-3，@2,0，@0,0.5，@10,0，@0,-0.5，@26,0，@0,-1.5，@2,0，@0,0.5，@16,0，@0,-6，回车结束，绘制主动轴零件的上轮廓线，如图 2-89（a）所示。

（3）使用“镜像”工具，完成主动轴零件下轮廓线的绘制，如图 2-89（b）所示。

（4）使用“倒角”工具，完成主动轴零件边沿四个倒角的绘制，分别指定第一、二个倒角距离为 1，如图 2-89（c）所示。

（5）使用“直线”工具，按图 2-89（d）所示连接各角点。

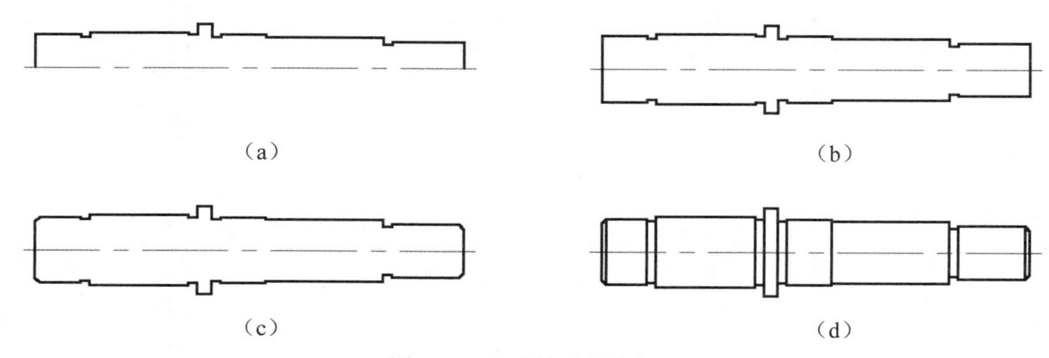


图 2-89 主动轴零件轮廓图

### 3 绘制主动轴零件键槽

（1）新建用户坐标系，选择“工具”菜单→“新建 UCS”→“原点”命令，从辅助线左端点开始水平向右追踪，以距离左端点 21 个单位作为新坐标原点，如图 2-90（a）所示。

（2）使用“圆”工具，以当前原点为圆心绘制半径为 2.5 的圆；接着以 11,0 为圆心绘制半径为 2.5 的另一个圆。使用“矩形”工具，分别以两个圆的上下象限点作为角点绘制一个矩形，如图 2-90（b）所示。

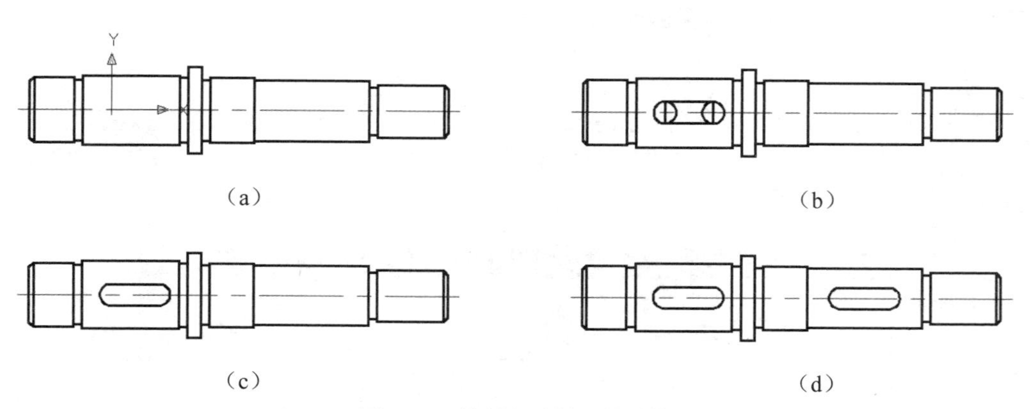


图 2-90 绘制主动轴零件键槽

（3）使用“面域”工具，对圆和矩形创建面域。选择“修改”菜单→“实体编辑”→“并集”命令，对圆和矩形进行并集处理，效果如图 2-90（c）所示。

（4）使用“复制”工具，以键槽左圆圆心为基点，将左键槽复制至距离当前原点水平向右 40 个单位处，得到右键槽效果，如图 2-90（d）所示。

#### 4　绘制主动轴零件键槽截面

（1）绘制主动轴零件左键槽截面。将“辅助线层”置为当前，在主动轴零件轮廓线下方空白处绘制长度为 22 的水平和垂直辅助线。选择“工具”菜单→“新建 UCS”→“原点”命令，将新建用户坐标系原点移动至辅助线相交处，如图 2-91（a）所示。

将“轮廓线层”置为当前，使用“圆”工具，以当前原点为圆心绘制一个半径为 8 的圆。使用“矩形”工具，绘制一个 5×5 的矩形。接着以矩形左边长中点为基点，移动至距离当前原点水平向右 5 个单位处，如图 2-91（b）所示。

使用“面域”工具，对圆和矩形创建面域。选择“修改”菜单→“实体编辑”→“差集”命令，对圆和矩形进行差集处理，效果如图 2-91（c）所示。

将“细实线层”置为当前，使用“填充”工具，对图形进行填充，如图 2-91（d）所示。填充图案为 ANSI31，比例为 0.5，参数设置如图 2-92 所示。

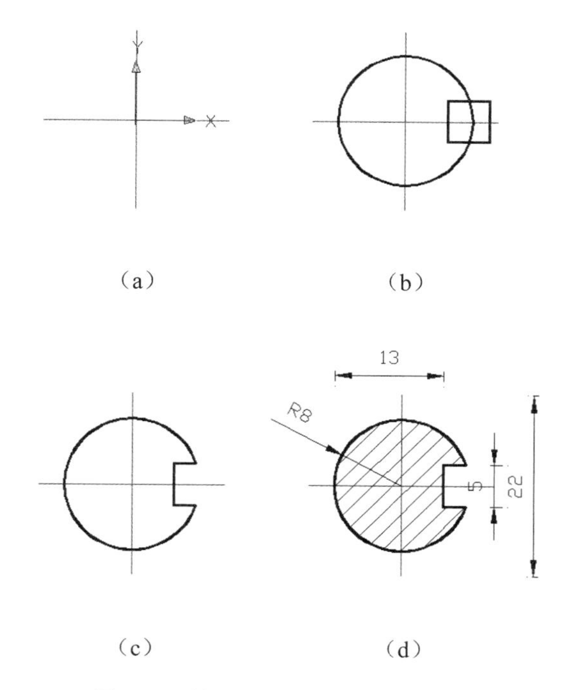


图 2-91　绘制主动轴零件左键槽截面

（2）绘制主动轴零件右键槽截面。将“辅助线层”置为当前，在主动轴零件轮廓线下方空白处绘制长度为 20 的水平和垂直辅助线。选择“工具”菜单→“新建 UCS”→“原点”命令，将新建的用户坐标系原点移动至辅助线相交处，如图 2-93（a）所示。

将“轮廓线层”置为当前，使用“圆”工具，以当前原点为圆心绘制一个半径为 7 的圆。使用“矩形”工具，绘制一个 5×5 的矩形。接着以矩形左边长中点为基点，移动至距离当前原点水平向右 4 个单位处，如图 2-93（b）所示。

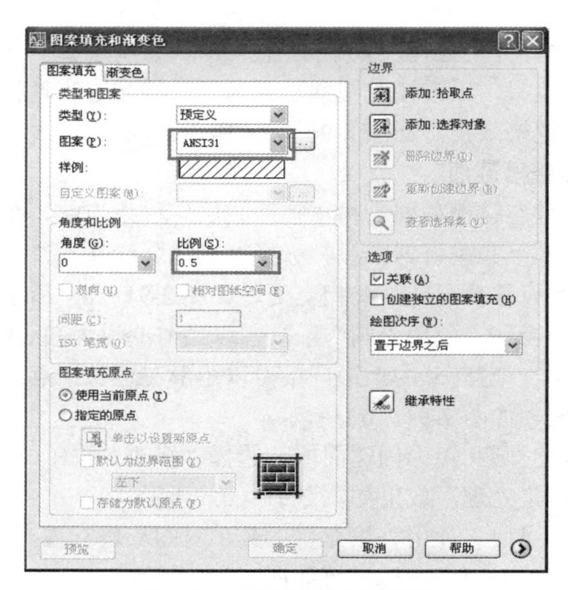


图 2-92　截面填充参数设置

使用“面域”工具，对圆和矩形创建面域。选择“修改”菜单→“实体编辑”→“差集”命令，对圆和矩形进行差集处理，效果如图 2-93（c）所示。

将“细实线层”置为当前，使用“填充”工具，对图形进行填充，如图 2-93（d）所示，填充图案为 ANSI31，比例为 0.5。

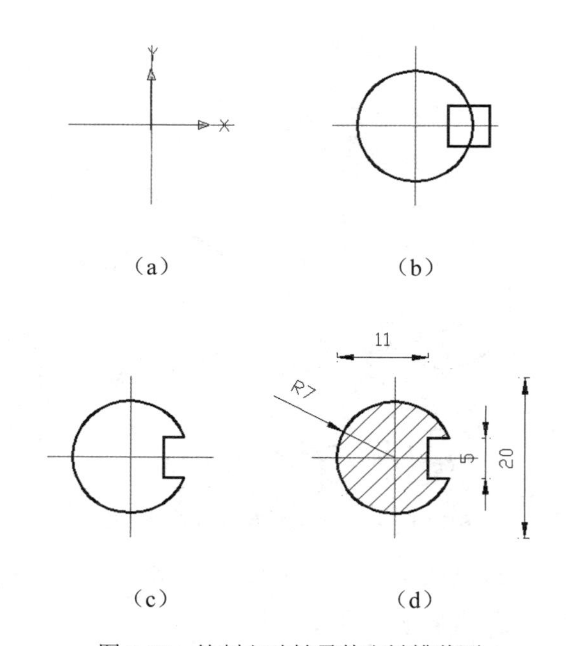


图 2-93　绘制主动轴零件右键槽截面

（3）选择“工具”菜单→“新建 UCS”→“世界”命令，将坐标系恢复到世界坐标系，即最初状态。

最后完成主动轴零件图的绘制，效果如图 2-94 所示。

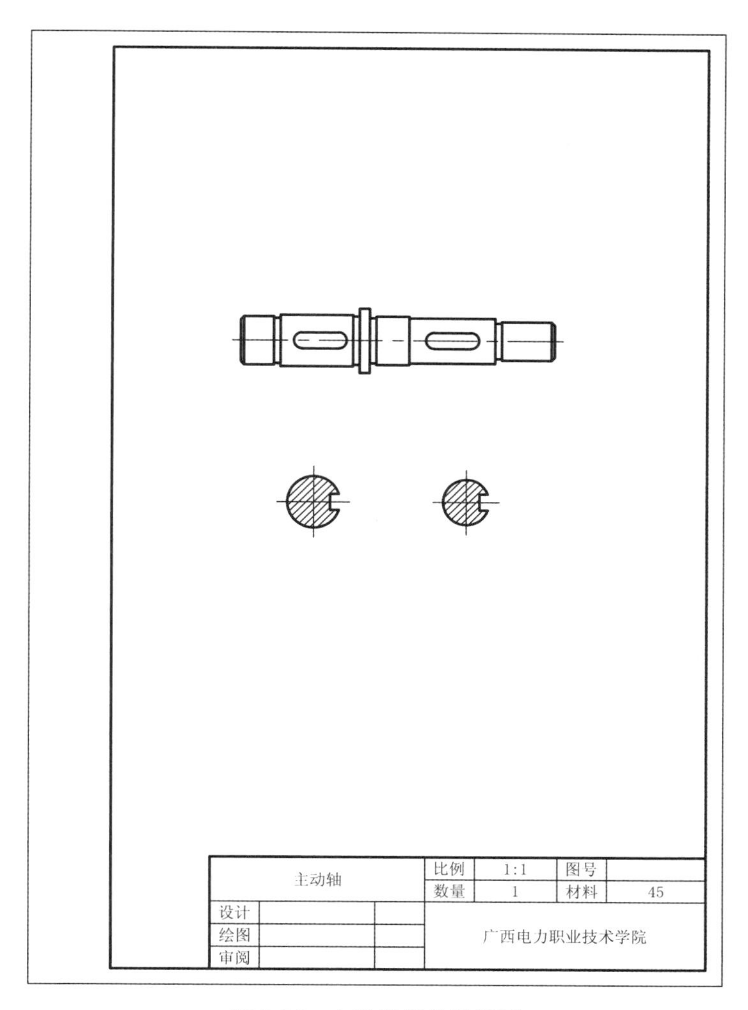


图 2-94　主动轴零件效果图

## 工作任务 2.3　主动轴零件图的尺寸标注

### 1　新添图层

（1）打开“主动轴零件图 1.dwg”，将文档另存为“主动轴零件图 2.dwg”。

（2）打开图层特征管理器，新添“标注线”图层，图层特征设置如图 2-95 所示。

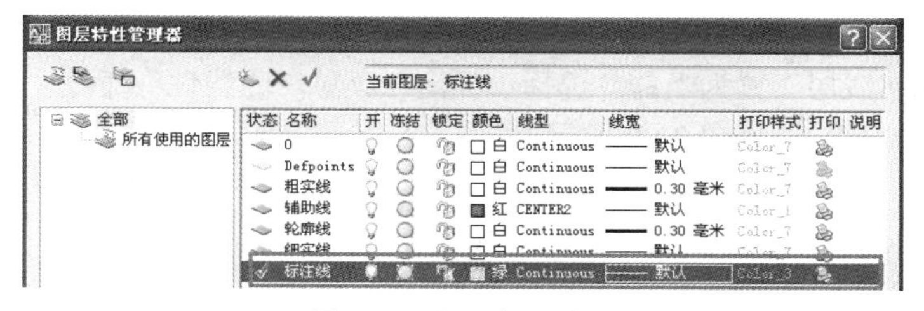


图 2-95　新添标注线层

### 2　新建尺寸样式

打开样式工具栏，基于基础样式 ISO-25，新建“标注样式 1”，尺寸线颜色、线型、线宽设置随层，尺寸界线颜色、线型、线宽也设置随层，尺寸界线起点偏移量为 1.5，文字高度为 2，文字位置从尺寸线偏移量为 1，如图 2-96 至图 2-98 所示。

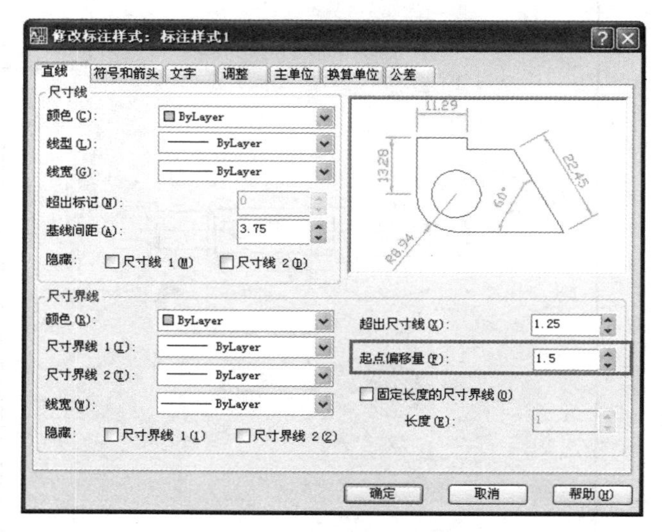


图 2-96　标注样式直线设置

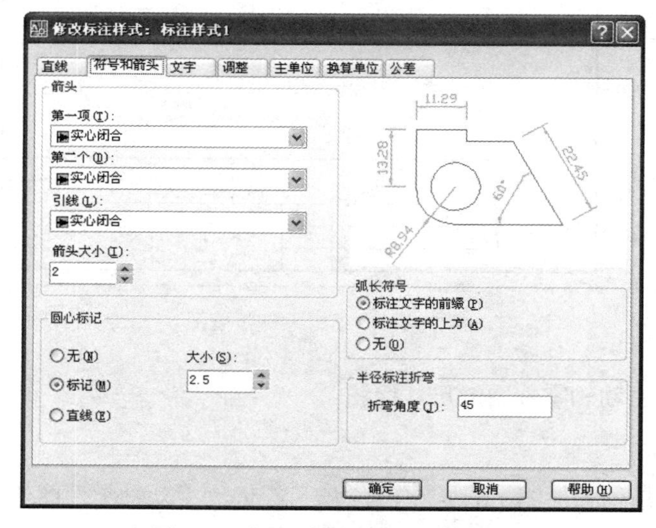


图 2-97　标注样式符号和箭头设置

### 3　图形尺寸标注

（1）将“标注线层”置为当前，选择“标注”菜单→“线性”命令，对主动轴零件图进行线性标注（无前后缀），如图 2-99 所示。

（2）选择“标注”菜单→“线性”命令，对主动轴零件图进行线性标注（加前后缀），线性标注后双击标注，打开标注特性框，对其进行属性修饰。

例如标注“Φ16js6”，在得到线性标注“16”的基础上，在标注特性框的“文字”选项卡的“文字替代”中填入标注的前后缀，其中“%%c”表示前缀“Φ”，“<>”表示当前标注值，“js6”表示后缀字符，如图 2-100 所示。

例如标注“2×Φ10.5”，在得到线性标注“2”的基础上，在标注特性框的“文字”选项卡的“文字替代”中填入标注的后缀，其中“<>”表示当前标注值，“×%%c10.5”表示后缀字符，如图 2-101 所示。

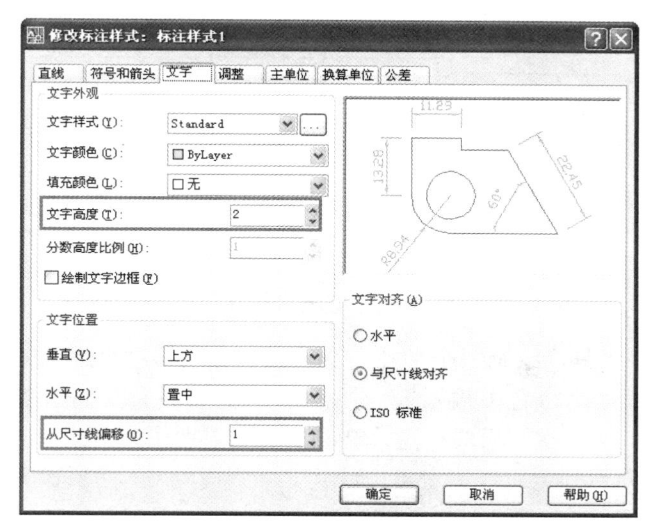


图 2-98　标注样式文字设置

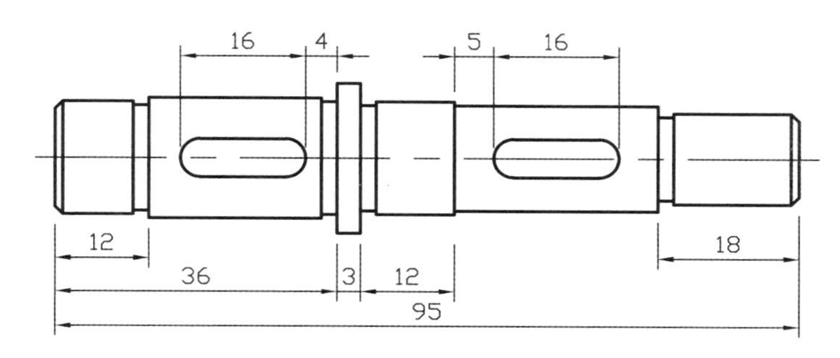


图 2-99　主动轴零件图线性标注

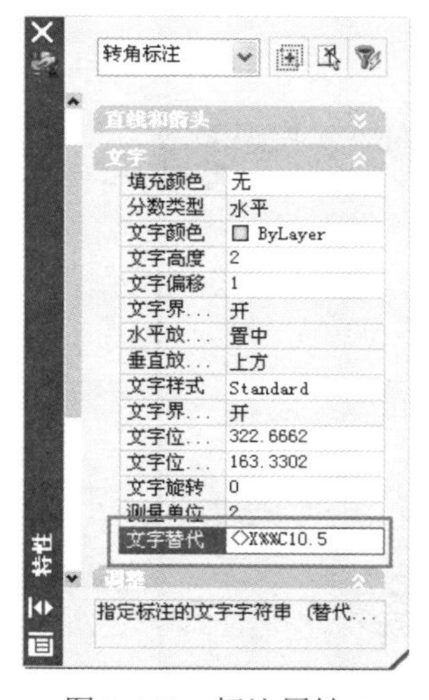


图 2-100　标注属性 1

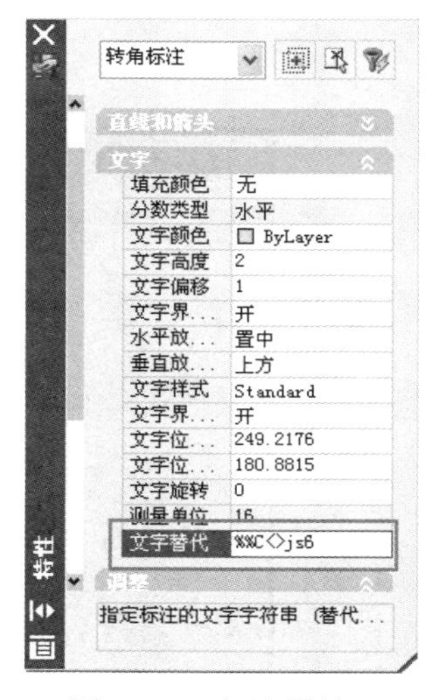


图 2-101　标注属性 2

标注效果如图 2-102 所示。

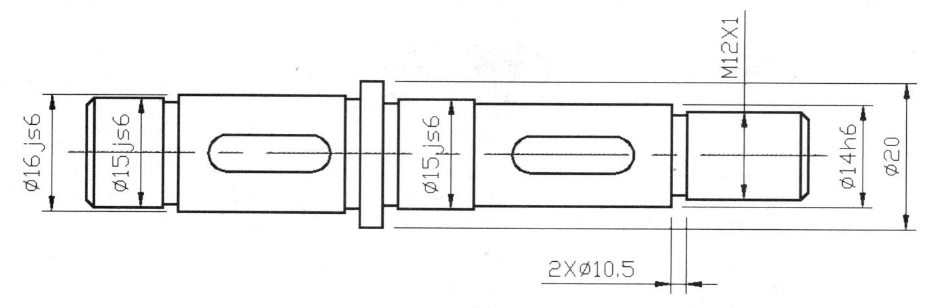


图 2-102　主动轴零件图线性标注（加前后缀）

（3）使用“圆”工具，绘制三个半径为 2 的圆，分别移动至适当的位置。选择“标注”菜单→“引线”命令，在命令行中输入 s，对引线属性进行设置，如图 2-103 和图 2-104 所示。设置完毕后单击确定，接着继续引线标注，单击圆上象限点作为引线第一点，朝左上方延伸确定引线第二点，水平向右确定引线第三点，默认文字宽度为 0，然后输入相应的注释文字，回车结束。标注效果如图 2-105 所示。

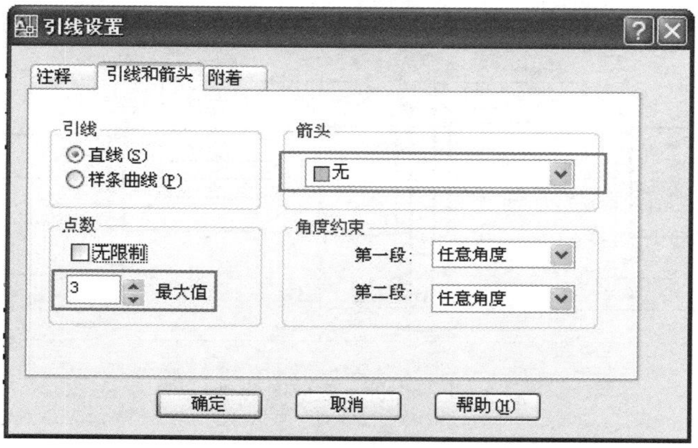

引线设置

注释　引线和箭头　附着

引线
直线(S)
样条曲线(P)

箭头
无

点数
无限制
3　最大值

角度约束
第一段：任意角度
第二段：任意角度

确定　取消　帮助(H)

图 2-103　引线和箭头设置

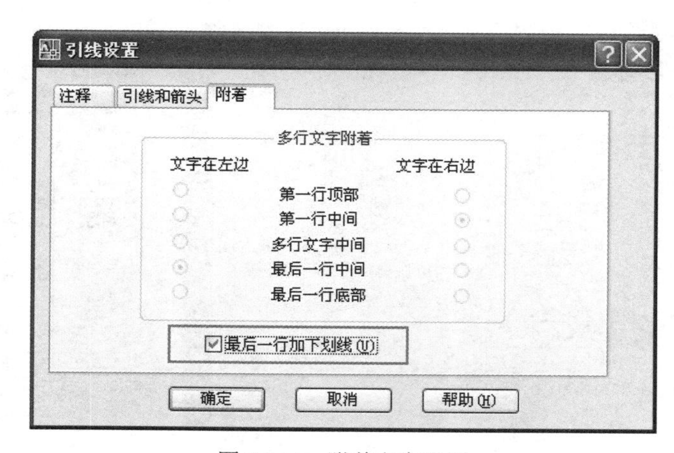


图 2-104　附着文字设置

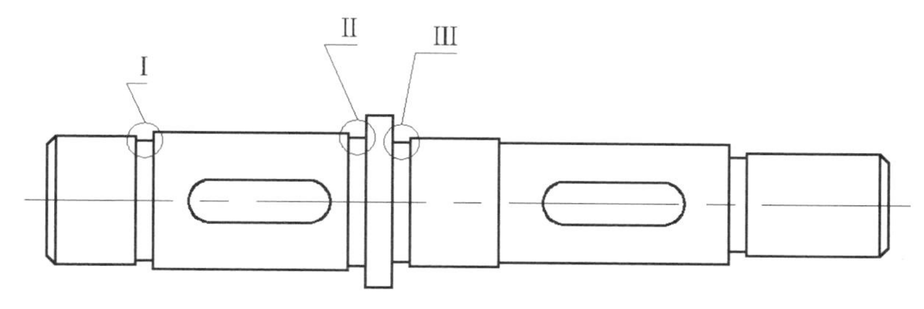


图 2-105　主动轴零件图引线标注

（4）选择“标注”菜单→“线性”命令，对主动轴零件左右键槽截面进行线性标注，如图 2-106 所示。

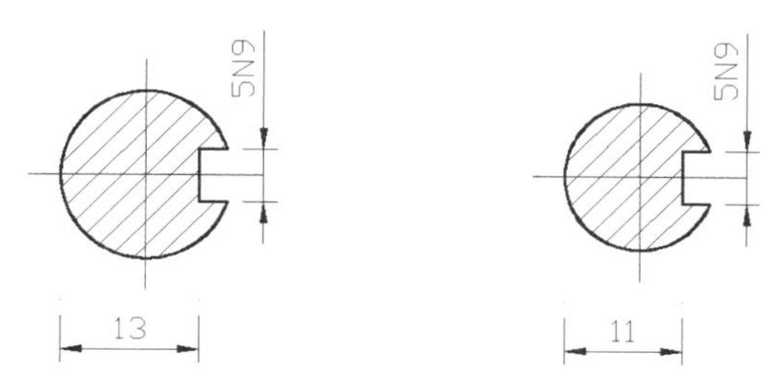


图 2-106　主动轴零件图左右键槽截面标注

（5）将“粗实线层”置为当前，使用“直线”工具，绘制四条直线，用于标注键槽，直线距离主动轴零件轮廓 0.5 个单位，长度为 1。

将“细实线层”置为当前，使用“多行文字”工具，为主动轴零件图添加文字注释。文字样式默认为标准样式，字体为 txt，高度为 2。

最后完成添加标注的主动轴零件图如图 2-107 所示。

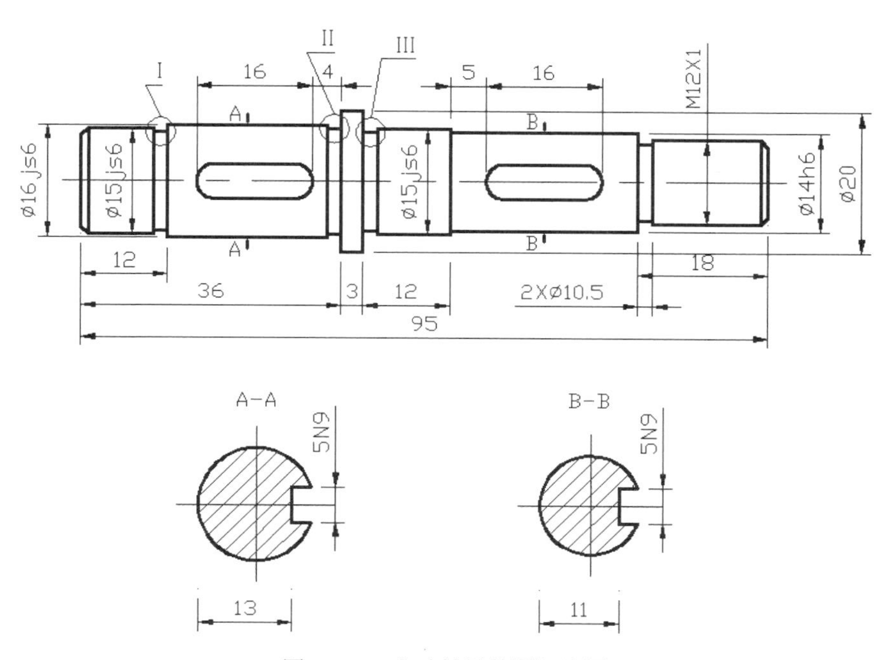


图 2-107　主动轴零件图标注图

## 工作任务 2.4　主动轴零件图的图块创建与编辑

### 1　绘制粗糙度符号

（1）打开“主动轴零件图 2.dwg”，将文档另存为“主动轴零件图 3.dwg”。

（2）绘制轴键槽表面粗糙度符号。将“标注线层”置为当前，使用“多边形”工具，绘制一个边长为 3.5 的正三角形。使用“旋转”工具，将三角形旋转 180°。使用“分解”工具，将其进行分解。选择“修改”菜单→“拉长”命令，设置增量为 3.5，将三角形右边边长向右上方拉长 3.5 个单位，如图 2-108 所示。

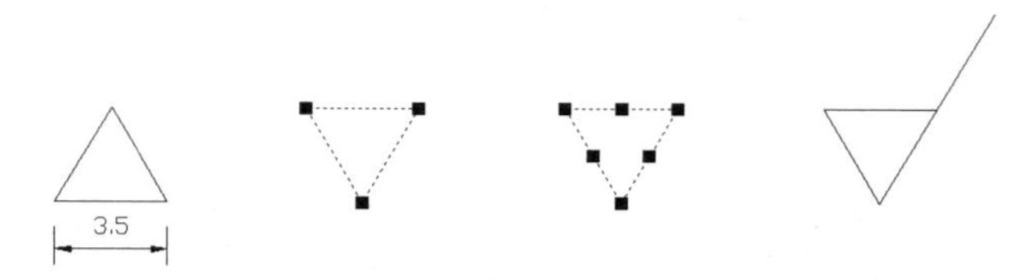


图 2-108　绘制图块图形

### 2　创建粗糙度符号块属性

（1）创建块属性文字信息。打开样式工具栏，新建“文字样式 2”，设置标题栏文字样式，如图 2-109 所示。

图 2-109　块属性文字样式

（2）选择“绘图”菜单→“块”→“定义属性”命令，弹出“定义属性”对话框，在“标记”栏中输入“粗糙度”，“提示”栏中输入“粗糙度符号参数”，“值”输入“0.8”（可作为插入块时的默认数据值），对正方式为“中间”，文字样式为“样式 2”，如图 2-110 所示。确定后将文字移动至符号图形的适当位置，如图 2-111（a）所示。

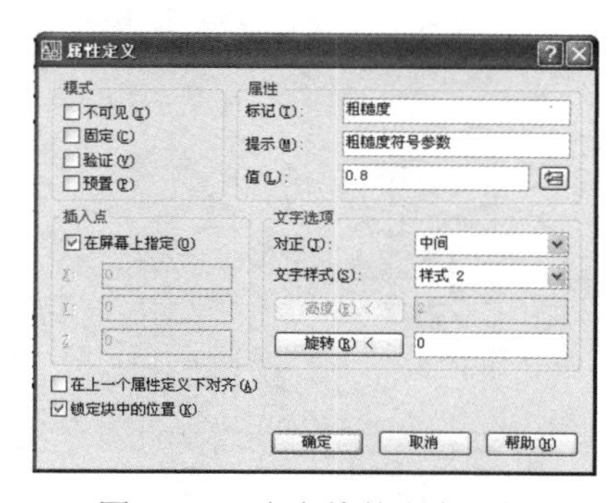


图 2-110　定义块的文字属性

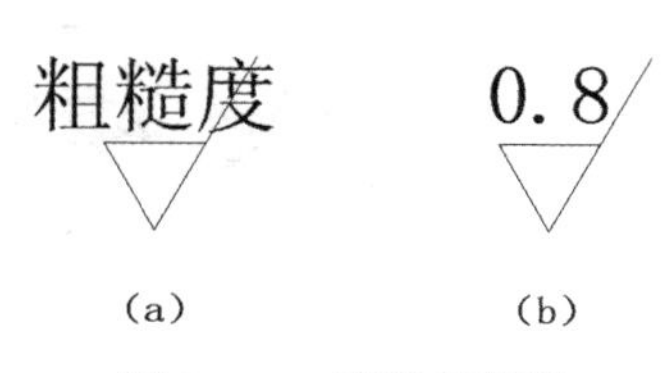


图 2-111　粗糙度符号

### 3　创建粗糙度符号块

选择“绘图”菜单→“块”→“创建”命令，弹出“块定义”对话框，设置块名称为“粗糙度符号”，拾取三角形最下端点为基点，选择组成块的所有对象，选中“转换为块”单选按钮，单击确定完成块的创建。块的属性定义如图 2-112 所示。

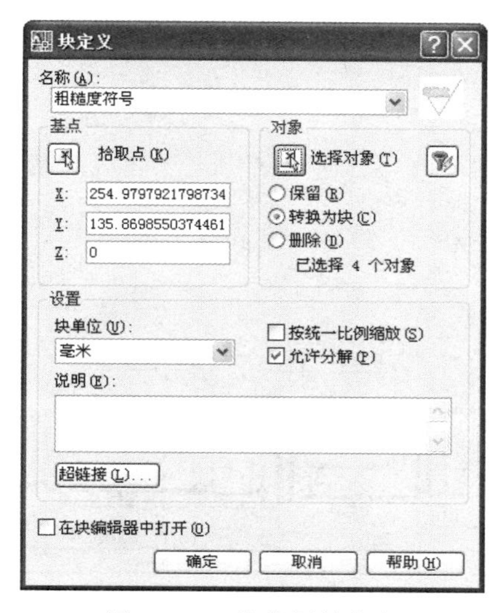


图 2-112　块的属性定义

### 4　插入粗糙度符号块

接下来对主动轴零件图进行粗糙度标注。选择“插入”菜单→“块”命令，在名称栏中选择“粗糙度符号”，按照 1:1:1 的缩放比例，确定后由鼠标直接指定块的插入位置，接着输入粗糙度符号的参数（默认为 0.8），回车结束。在图中插入的粗糙度符号块如图 2-113 所示。

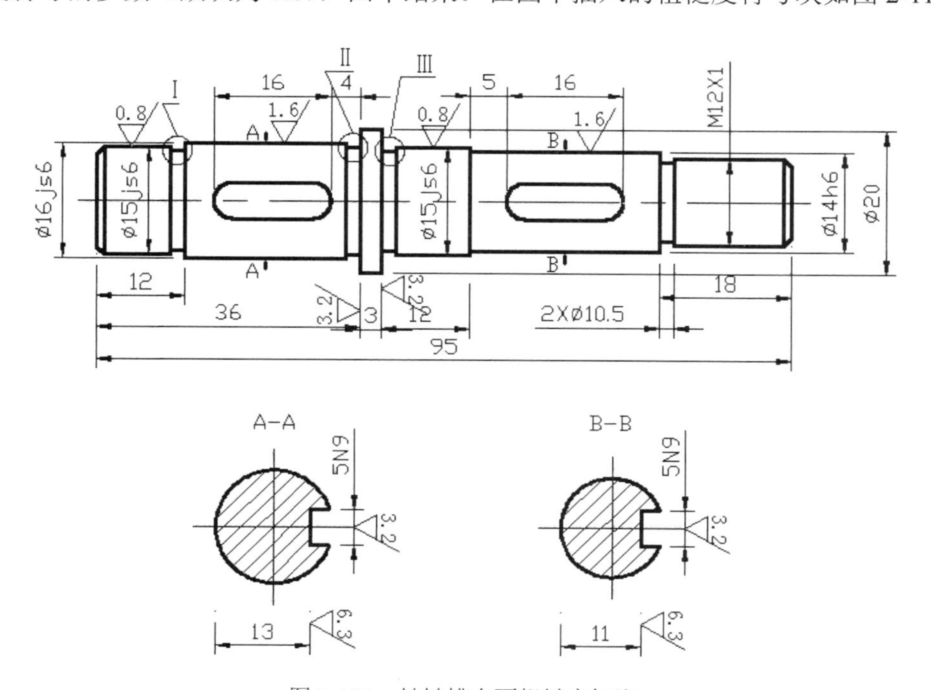


图 2-113　轴键槽表面粗糙度标注

整个项目主动轴零件图的最后完成效果如图 2-114 所示。

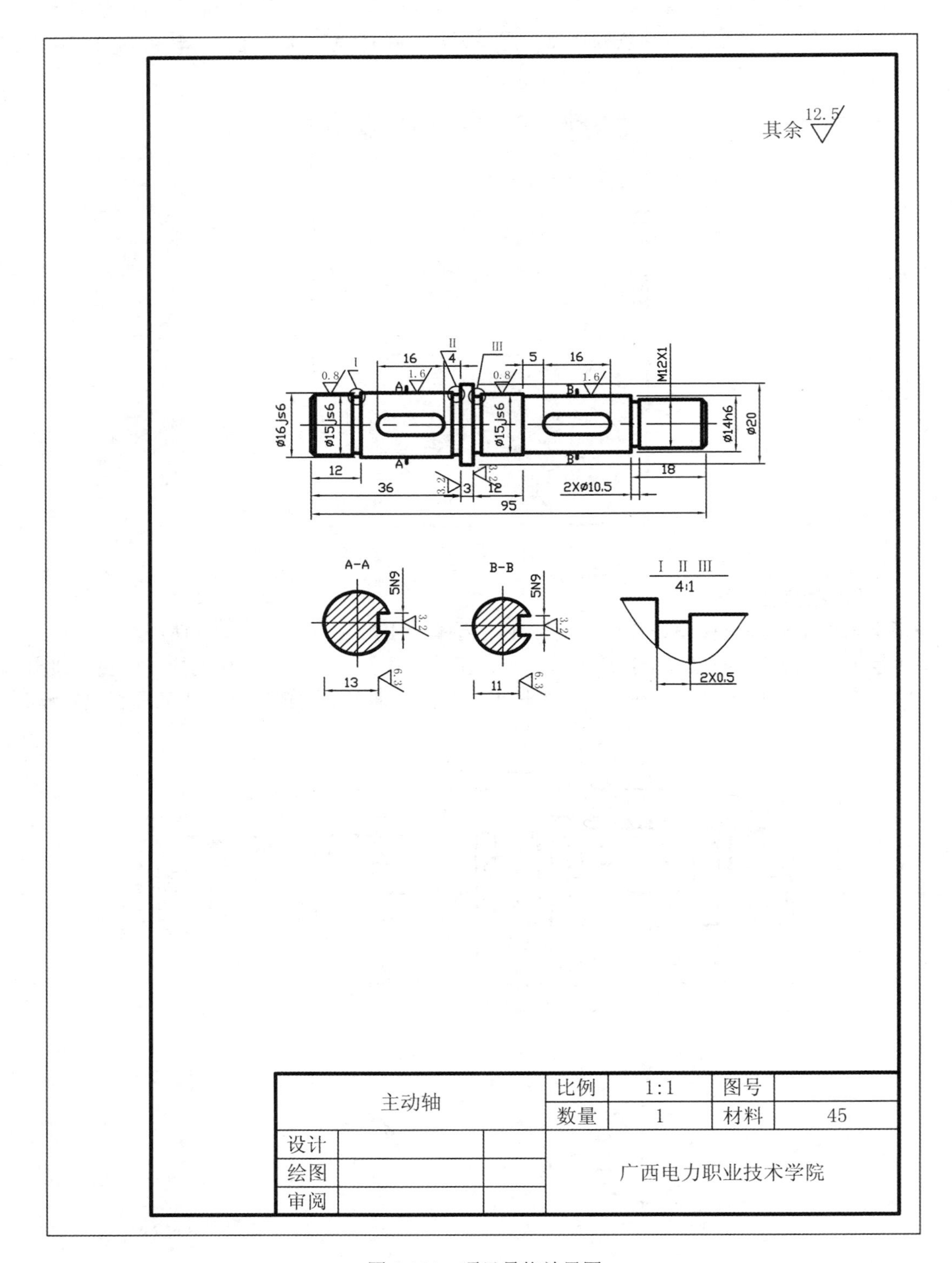


图 2-114 项目最终效果图

**【拓展项目】**

1．利用已掌握的 AutoCAD 2007 图形绘制和编辑命令，结合精确绘图辅助工具绘制如图 2-115 所示的图形。

图 2-115　扩展项目图形 1

2．利用已掌握的 AutoCAD 2007 图形绘制和编辑命令，结合图层设置、尺寸标注等绘制如图 2-116 所示的图形。

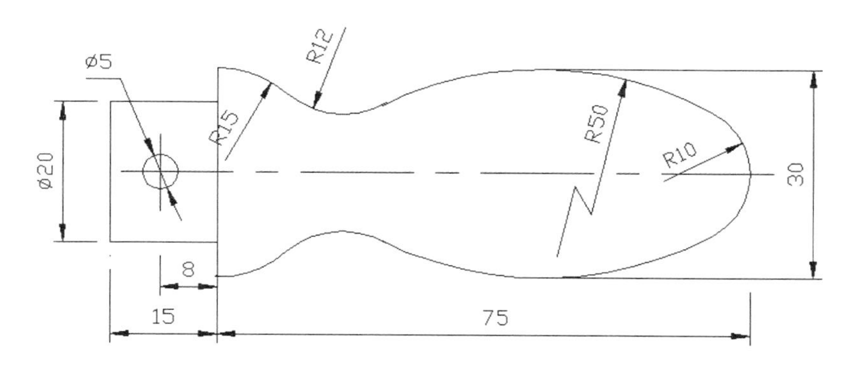


图 2-116　扩展项目图形 2

# 项目 3　110kV 变电站电气工程图的绘制

## 工作任务 3.1　110kV 变电站电气主接线图的绘制

### 一、工作任务分析

供电系统的变配电所中承担发电、变压、输送和分配电能任务的电路，称为一次电路（一次接线）或主接线，泛指发、输、变、配、用电电路的接线。一次电路中的所有电气设备，如变压器，各种高、低压开关设备，母线、导线和电缆，及作为负载的照明灯和电动机等，称为电气一次设备或一次元器件。这里以 110kV 变电站电气主接线图为例，学习电气主接线图的绘制。全图基本上由图形符号、连接线及文字注释组成，不涉及绘图比例。绘制这类图的要点：一是合理绘制图形符号；二是要使布局合理，图画美观。要求通过分析图形，了解图形的功能作用，并确定使用的绘制方法，完成图形的绘制。

### 二、学习目标

【能力目标】

- 能够了解电气主接线图的绘图思路；
- 能够正确使用电气符号和标注电气符号；
- 能够运用 AutoCAD 软件绘制图形。

【知识目标】

- 电气主接线图的功能概述；
- 图形符号、文字符号、标注方法及其使用。

【素质目标】

- 培养查阅资料、独立思考的能力；
- 培养团队合作精神；
- 培养与人交流能力；
- 培养认真负责的工作态度；
- 培养遵守标准的良好习惯。

### 三、知识准备

#### 1　电气主接线图的功能概述

电气主接线主要是指在发电厂、变电所、电力系统中，为满足预定的功率传送和运行等要求而设计的、表明高压电气设备之间相互连接关系的传送电能的电路。

#### 2　电气主接线图中图形符号、文字符号、标注方法及其使用

2.1　电气主接线图中图形符号表示

根据具体电路设计的方案不同，电气主接线图也会相应地有所不同，表 3-1 中将主要介绍本节所画主接线图中的一些电气符号的图形表示，教师也可相应列举一些本节主接线图中没有

用到的主接线图电气符号的图形表示，供学生练习。

表 3-1　电气主接线图电气图形符号表

| 序号 | 符号名称 | 图形表示 | 作用 |
|---|---|---|---|
| 1 | 变压器 | 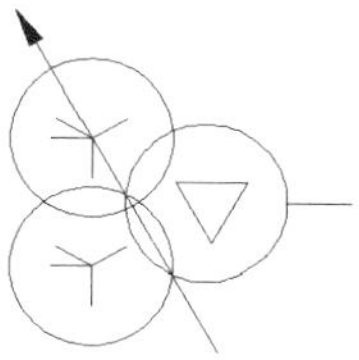  | 用来将某一数值的交流电压（电流）变成频率相同的另一种或几种数值不同的电压（电流）的设备 |
| 2 | 单相电压互感器 | 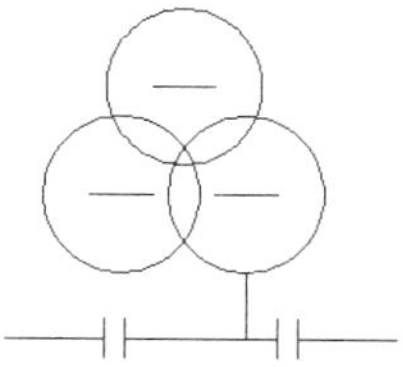  | 电压互感器是一个被限定结构和使用形式的特殊变压器，简单地说就是“检测元件”，单相电压互感器用来测量某一相对地电压或相间电压的接线方式 |
| 3 | 快速接地开关（带快速地刀） | 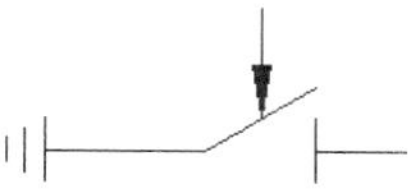  | 开合平行架空线路由于静电感应产生的电容电流和电磁感应产生的电感电流 |
| 4 | 隔离开关 | 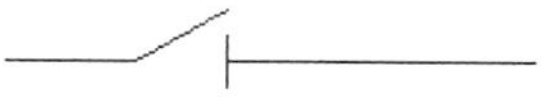  | 当断路器断开电路后，由于隔离开关的断开，使有电与无电部分能得到明显的隔离，起辅助开关的作用 |
| 5 | 接地开关 | 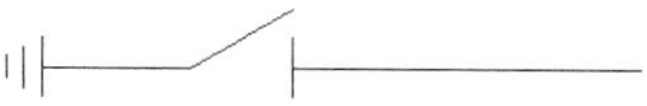  | 代替携带型地线，在高压设备和线路检修时将设备接地，保护人身安全；造成人为接地，满足保护要求 |
| 6 | 避雷器 | 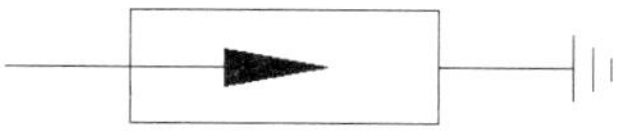  | 就是在最短时间（纳秒级）内将被保护线路连入等电位系统中，使设备各端口等电位，同时释放电路上因雷击而产生的大量脉冲能量短路泄放到大地，降低设备各端口的电位差，从而保护电路上用户的设备 |
| 7 | 断路器 |   | 它是一种很基本的低压电器，断路器具有过载、短路和欠电压保护功能，有保护线路和电源的能力 |
| 8 | 电流互感器 | 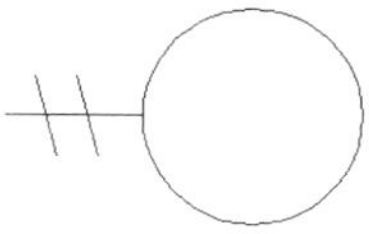  | 可以把数值较大的一次电流通过一定的变比转换为数值较小的二次电流，用来进行保护、测量等用途 |
| 9 | 电压互感器 | 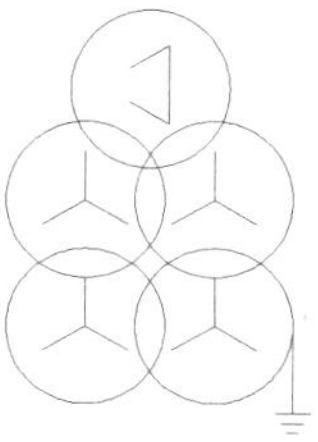  | 将交流高电压转化成可供仪表、继电器测量或应用的变压设备 |
| 10 | 电感线圈 |   | 电感线圈中的自感电动势总是与线圈中的电流变化抗衡，电感线圈对交流电流有阻碍作用 |

### 2.2 文字符号

下面介绍本图中所用到的一些简单电气符号的文字符号，如表 3-2 所示。

表 3-2 电气主接线图电气文字符号表

| 设备、元器件种类 | 名称 | 基本文字符号 | |
|---|---|---|---|
| 变压器 | 电流互感器 | T | TA |
| | 控制电路电源用变压器 | | TC |
| | 电力变压器 | | TM |
| | 磁稳压器 | | TS |
| | 电压互感器 | | TV |
| 电力电路的开关器件 | 断路器 | Q | QF |
| | 隔离开关 | | QS |
| 电感器 | 感应线圈 | L | |
| 保护器件 | 避雷器 | F | |
| | 熔断器 | | FU |

一般在图形中汉字和字母所采用的字体、字形和大小，应按照实际制图需求进行标示，在本图形界面中标示的汉字用 0.67-15 仿宋_GB2132_.ttf 或 0.67-25 仿宋_GB2132_.ttf，大小自定（按自己所绘图形大小进行定义）；英文和数字用 isocup.ttf 或 isocpeur.ttf，大小自定。

## 四、工作过程导向

### 工作任务 3.1.1 110kV 变电站电气主接线图电气符号的绘制

#### 1 变压器的绘制

（1）画一个半径为 20mm 的圆。

在工具栏上单击画圆命令图标“”；命令提示栏显示“命令: _circle 指定圆的圆心或 [三点(3P)/两点(2P)/相切、相切、半径(T)]:”，在此提示下在绘图区内随意单击，指定圆心；指定圆心后，命令提示栏显示“指定圆的半径或 [直径(D)]:”，在此提示下输入“20”，输入 20 后回车；即可绘得一圆，将圆用缩放调节到合适大小，如图 3-1 所示。

（2）画一条过圆心且与向下垂线夹角为 30 度的直线（长度任意），如图 3-2 所示。

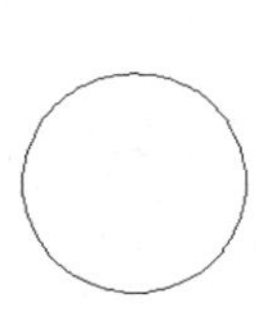

图 3-1 变压器绘制步骤图 1

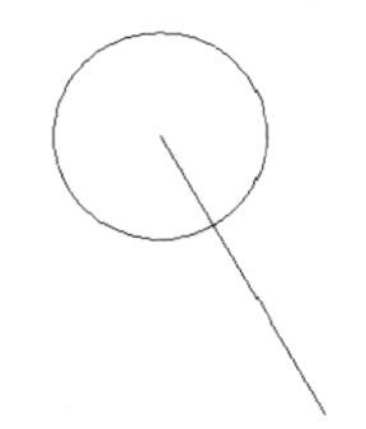

图 3-2 变压器绘制步骤图 2

（3）在已画好的圆的正下方，复制一圆，如图 3-3 所示。

（4）修剪直线，如图 3-4 所示。

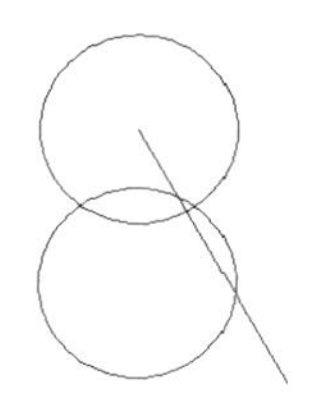
图 3-3　变压器绘制步骤图 3

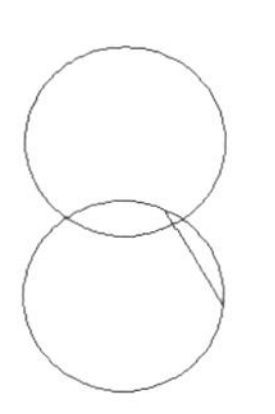
图 3-4　变压器绘制步骤图 4

（5）绘制一条过下圆圆心且垂直于已画好直线的直线，如图 3-5 所示。

（6）旋转步骤（5）画好的直线，转 180 度，如图 3-6 所示。

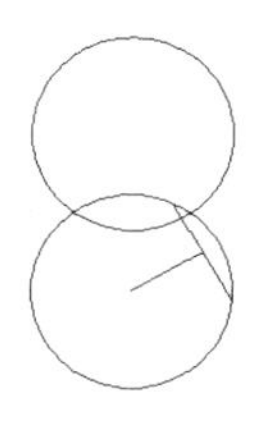
图 3-5　变压器绘制步骤图 5

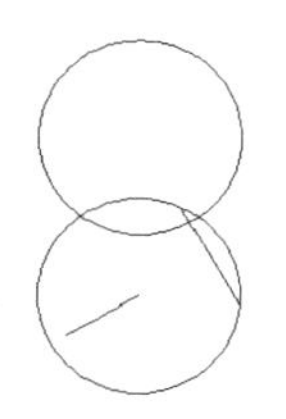
图 3-6　变压器绘制步骤图 6

（7）复制步骤（4）画好的直线（用捕捉到中点和捕捉到端点命令进行定位），如图 3-7 所示。

（8）复制正下方的圆至已画好的两圆的右侧（用捕捉到交点或捕捉到端点进行定位），如图 3-8 所示。

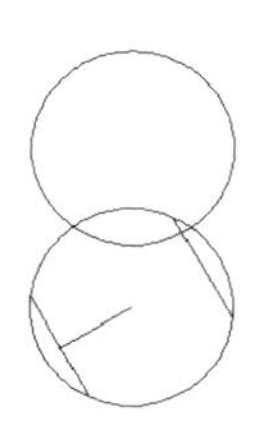
图 3-7　变压器绘制步骤图 7

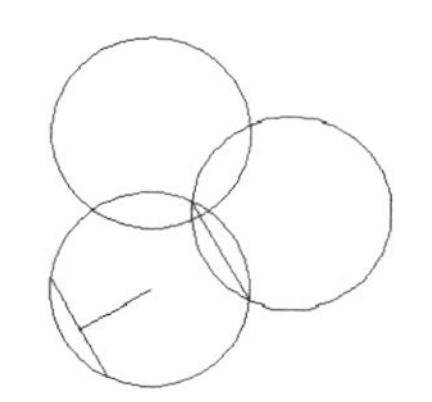
图 3-8　变压器绘制步骤图 8

（9）延长步骤（4）画好的直线（直线在两端用夹点延长），并删除步骤（6）、（4）画好的直线，如图 3-9 所示。

（10）用多段线绘制箭头（箭头可参考：起点宽度为 4，端点宽度为 0），如图 3-10 所示。

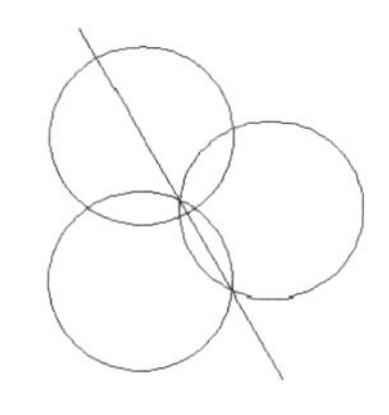
图 3-9　变压器绘制步骤图 9

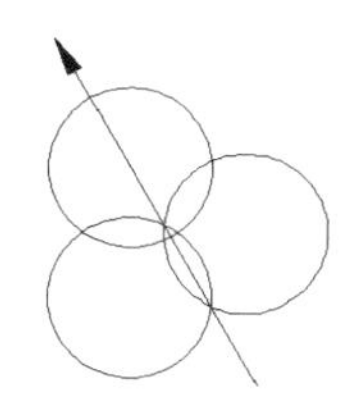
图 3-10　变压器绘制步骤图 10

（11）绘制变压器左侧两圆内的图形（先通过圆心绘制长度为 10 的垂线，用圆形阵列将该直线按 360 度阵列三条直线，最后向左水平绘制一条长为 10 的直线，绘好一圆中的图形后，另一圆内复制即可），如图 3-11 所示。

（12）绘制变压器右侧一圆内的图形（绘制边长为 18 的正三边形，用旋转命令按图示方位旋转好三边形并放至右侧圆内），并在右侧圆的右象限点绘制一条水平直线（用捕捉到象限点定位，直线长度可参考为 16），如图 3-12 所示。

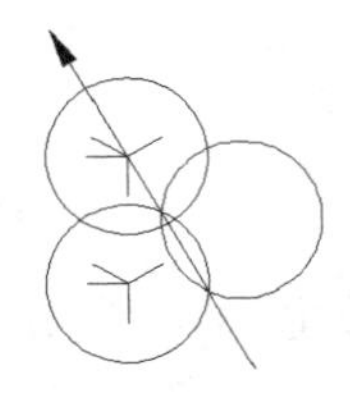

图 3-11 变压器绘制步骤图 11

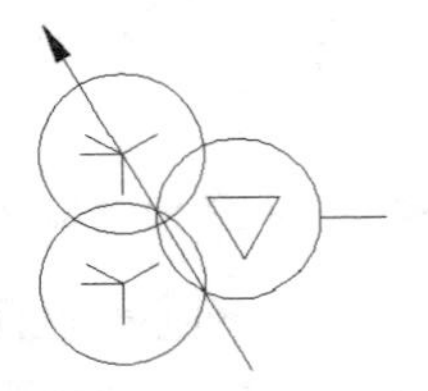

图 3-12 变压器绘制步骤图 12

此时“变压器”绘制完毕，用自定义的文件名存为永久块。

## 2 单相电压互感器的绘制

（1）绘制一边长为 32 的正三边形，如图 3-13 所示。

（2）捕捉到三角形某一端点，绘制一半径为 20 的圆，如图 3-14 所示。

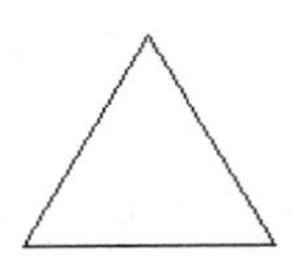

图 3-13 单相电压互感器绘制步骤图 1

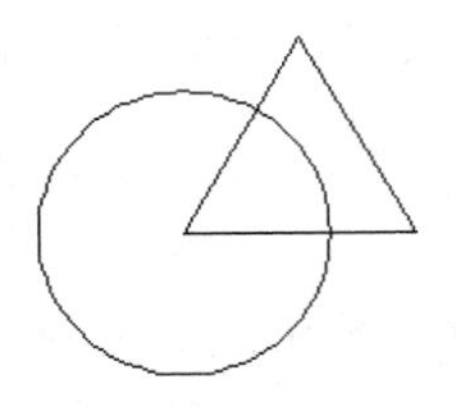

图 3-14 单相电压互感器绘制步骤图 2

（3）复制步骤（2）画好的圆（各圆的圆心分别都在正三边形的端点上，用捕捉到端点和捕捉到圆心进行定位），如图 3-15 所示。

（4）将正三边形删除，并绘制各圆内图形符号（绘制一长度为 16 的直线，该直线的中点与圆的圆心重合，即用捕捉到中点和捕捉到圆心定位所绘制的直线），如图 3-16 所示。

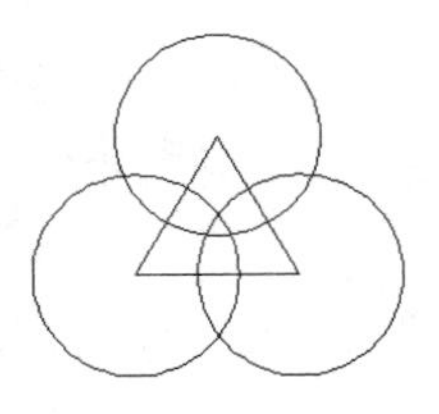

图 3-15 单相电压互感器绘制步骤图 3

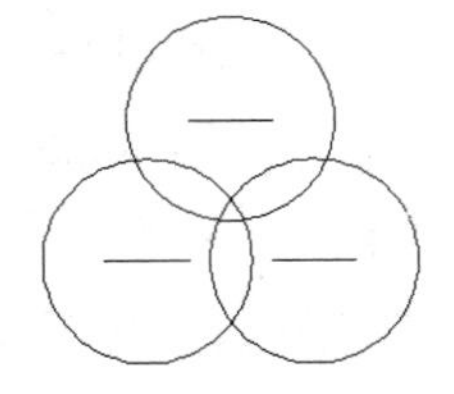

图 3-16 单相电压互感器绘制步骤图 4

（5）在三个圆的正下方绘制一长度为 100 的直线，直线位置如图 3-17 所示。

（6）偏移该直线，偏移距离为上下各为 5，如图 3-18 所示。

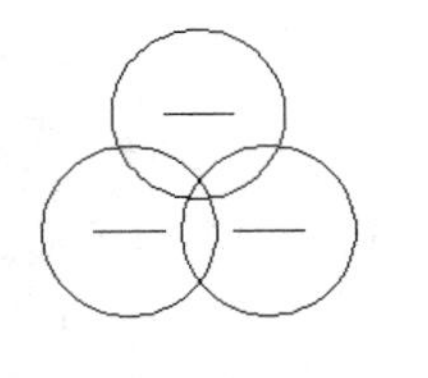

图 3-17 单相电压互感器绘制步骤图 5

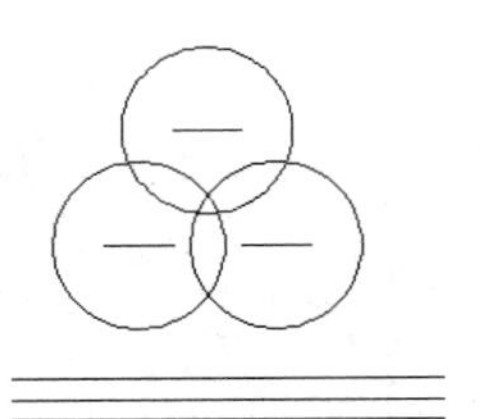

图 3-18 单相电压互感器绘制步骤图 6

（7）在合适位置绘制三条直线的垂线（用捕捉到最近点和捕捉到垂足定位所绘垂线），如图 3-19 所示。

（8）向右偏移上步画好的垂线，偏移距离为 5，如图 3-20 所示。

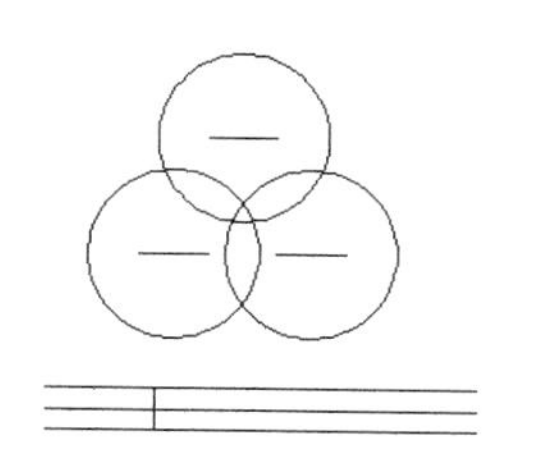

图 3-19　单相电压互感器绘制步骤图 7

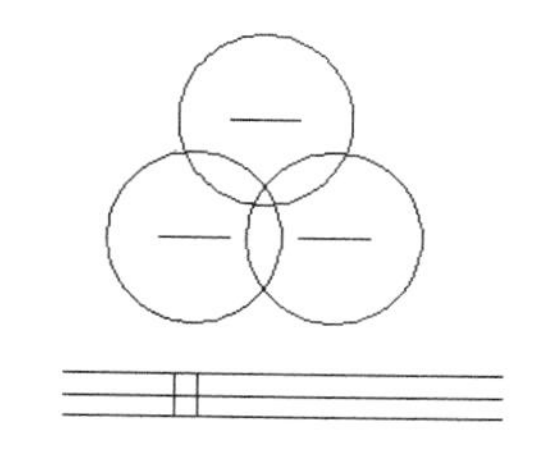

图 3-20　单相电压互感器绘制步骤图 8

（9）复制已画好的两垂线到合适位置，如图 3-21 所示。

（10）修剪、删除相关直线，如图 3-22 所示。

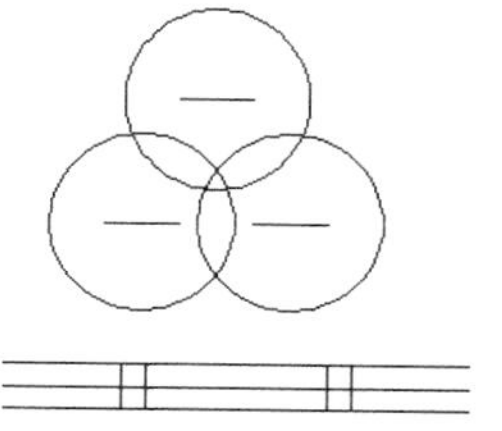
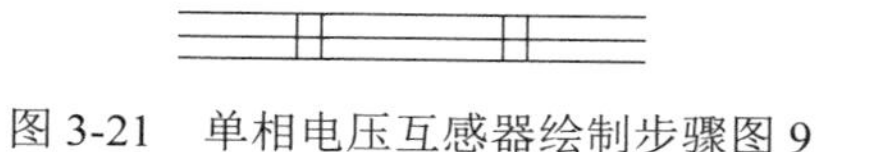

图 3-21　单相电压互感器绘制步骤图 9

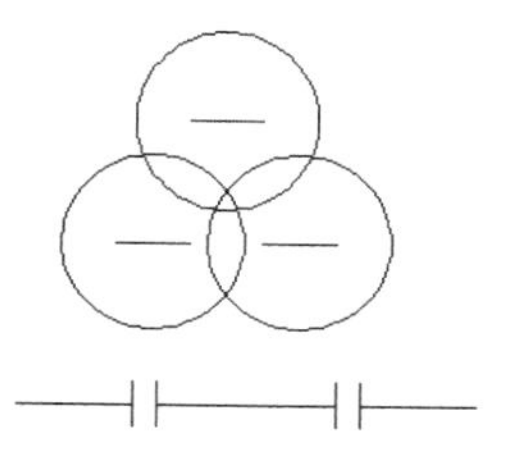

图 3-22　单相电压互感器绘制步骤图 10

（11）绘制连接直线（用捕捉到象限点和捕捉到垂足定位，将右下圆与上述步骤绘制好的图形进行连接），如图 3-23 所示。

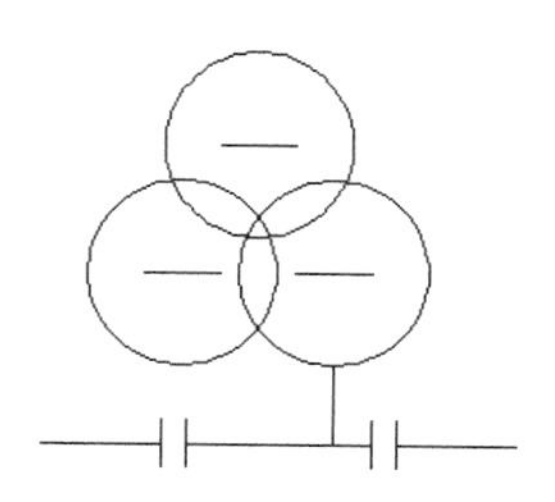

图 3-23　单相电压互感器绘制步骤图 11

此时“单相电压互感器”绘制完毕，用自定义的文件名存为永久块。

### 3　快速接地开关（带快速地刀）的绘制

（1）在正交方式下画一条长为 50 的水平线，如图 3-24 所示。

（2）启用极轴追踪，将角度增量设置为 30 度，画斜线及垂直直线（斜线可用极轴追踪定位，垂线可用捕捉到垂足进行定位），如图 3-25 所示。

图 3-24　快速接地开关绘制步骤图 1

图 3-25　快速接地开关绘制步骤图 2

（3）修剪步骤（1）绘制的直线，并移动步骤（2）绘制的垂直直线，以垂直直线的中点为基点，目标点为垂足，如图 3-26 所示。

（4）复制上述步骤中的垂线，用捕捉到端点对垂线进行定位，如图 3-27 所示。

图 3-26　快速接地开关绘制步骤图 3　　　图 3-27　快速接地开关绘制步骤图 4

（5）在最左侧绘制一长度为 5 的水平直线，如图 3-28 所示。

（6）过步骤（5）所绘直线的端点和步骤（4）所绘垂线的端点绘制两条斜线，如图 3-29 所示。

图 3-28 快速接地开关绘制步骤图 5

图 3-29　快速接地开关绘制步骤图 6

（7）向左偏移步骤（4）所绘的垂线，偏移距离为 1.5，连续偏移两次，如图 3-30 所示。

（8）修剪步骤（7）所绘的两条垂线和三条垂线之间的水平线，并删除多余直线，如图 3-31 所示。

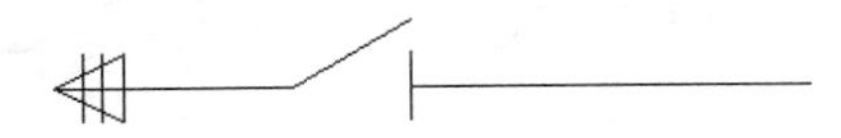

图 3-30　快速接地开关绘制步骤图 7

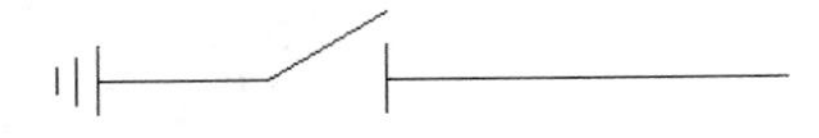

图 3-31　快速接地开关绘制步骤图 8

（9）用多段线命令，在图 3-31 中唯一的斜线的上方绘制一垂直向下的箭头（箭头起点宽度可为 1.5，终点宽度为 0），并用捕捉到端点和捕捉到最近点对箭头进行定位，可自行调节最右边的水平直线，如图 3-32 所示。

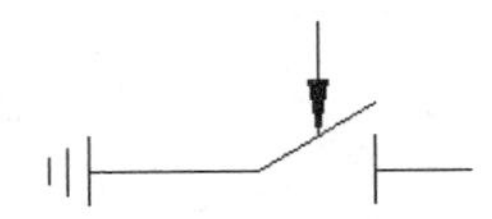

图 3-32　快速接地开关绘制步骤图 9

此时“快速接地开关（带快速地刀）”绘制完毕，用自定义的文件名存为永久块。

**4　隔离开关、接地开关的绘制**

隔离开关和接地开关的绘制可参考快速接地开关（带快速地刀）的绘制步骤，上述操作绘制到步骤（3）可得隔离开关，绘制到步骤 8 可得接地开关。

**5　避雷器的绘制**

（1）绘一长为 16，宽为 6 的矩形，如图 3-33 所示。

（2）用多段线命令绘制矩形内部的箭头（箭头起点宽度为 2，端点宽度为 0），如图 3-34 所示。

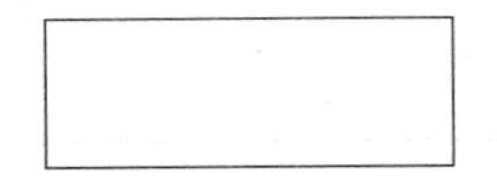

图 3-33　避雷器绘制步骤图 1

图 3-34　避雷器绘制步骤图 2

（3）用夹点工具将箭头左侧的直线向左延长，如图 3-35 所示。

（4）在矩形右侧绘制一长为 10 的直线（用捕捉到中点进行定位），如图 3-36 所示。

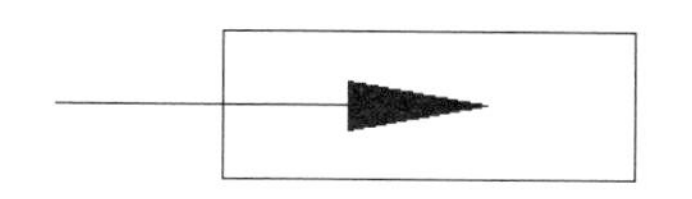

图 3-35　避雷器绘制步骤图 3

图 3-36　避雷器绘制步骤图 4

（5）设置极轴的“增量角”为 30 度，打开“极轴”追踪，以右侧直线的右端点为起点，绘制一与该直线夹角为 30 度的直线（长度自定），如图 3-37 所示。

（6）用镜像命令，复制上步所绘的直线，如图 3-38 所示。

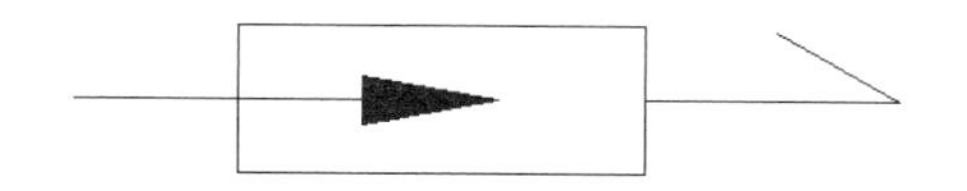

图 3-37　避雷器绘制步骤图 5

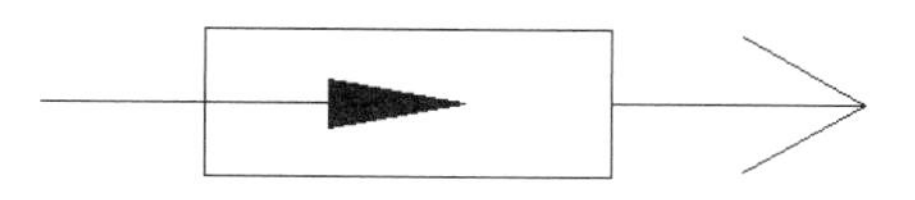

图 3-38　避雷器绘制步骤图 6

（7）在步骤（4）绘制好的直线右侧绘制一与水平方向垂直的直线（打开对象追踪和对象捕捉，用捕捉到端点进行定位，长度自定，注意不能太短），如图 3-39 所示。

（8）向左偏移上步绘好的直线，偏移距离为 1（连续向左偏移出三条垂线），如图 3-40 所示。

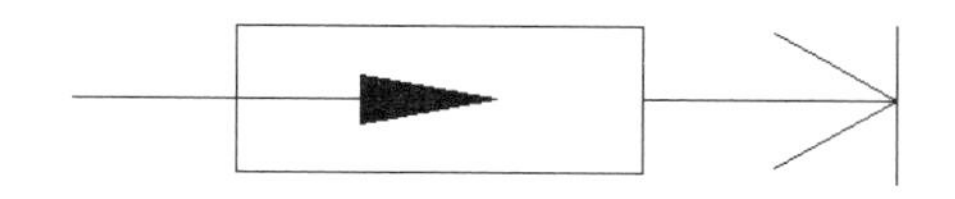

图 3-39　避雷器绘制步骤图 7

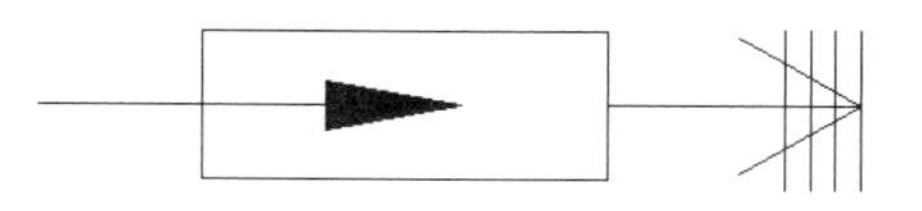

图 3-40　避雷器绘制步骤图 8

（9）修剪偏移好的直线，并删除多余直线，如图 3-41 所示。

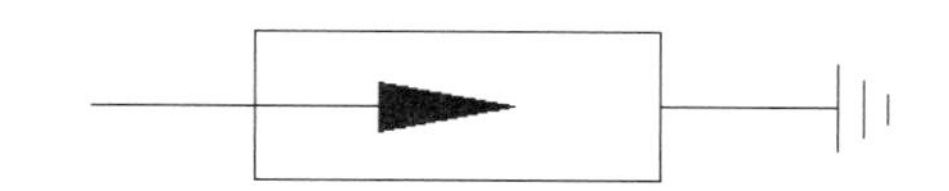

图 3-41　避雷器绘制步骤图 9

此时“避雷器”绘制完毕，用自定义的文件名存为永久块。

## 6　断路器的绘制

（1）在正交方式下画一条长为 50 的水平线，如图 3-42 所示。

（2）启用极轴追踪，将角度增量设置为 30 度，画斜线及垂直直线（斜线可用极轴追踪定位，垂线可用捕捉到垂足进行定位），如图 3-43 所示。

图 3-42　断路器绘制步骤图 1

图 3-43　断路器绘制步骤图 2

（3）修剪步骤 1 绘制的直线，并移动步骤 2 绘制的垂直直线，以垂直直线的中点为基点，目标点为垂足，如图 3-44 所示。

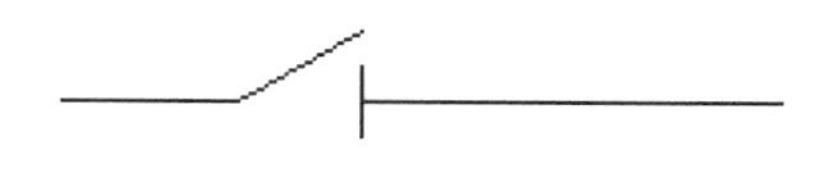

图 3-44　断路器绘制步骤图 3

（4）用旋转命令，将上步骤移动的短直线旋转 45 度，如图 3-45 所示。

（5）用镜像命令，将上步骤绘好的直线延水平方向进行镜向，如图 3-46 所示。

图 3-45　断路器绘制步骤图 4　　图 3-46　断路器绘制步骤图 5

此时“断路器”绘制完毕，用自定义的文件名存为永久块。

### 7　电流互感器的绘制

（1）绘制一半径为 4 的圆，如图 3-47 所示。

（2）以圆的左象限点为起点，向左绘制一长为 5 的水平直线（用捕捉到象限点进行定位），如图 3-48 所示。

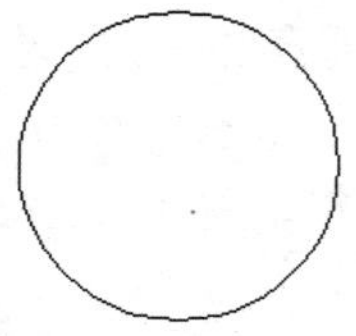

图 3-47　电流互感器绘制步骤图 1

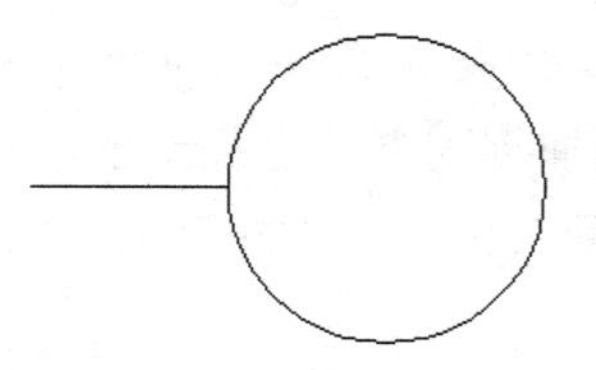

图 3-48　电流互感器绘制步骤图 2

（3）将上步绘制的直线向上、向下分别偏移出两条直线，偏移距离为 1.5，如图 3-49 所示。

（4）沿三直线左端点绘制一与水平方向垂直的直线，如图 3-50 所示。

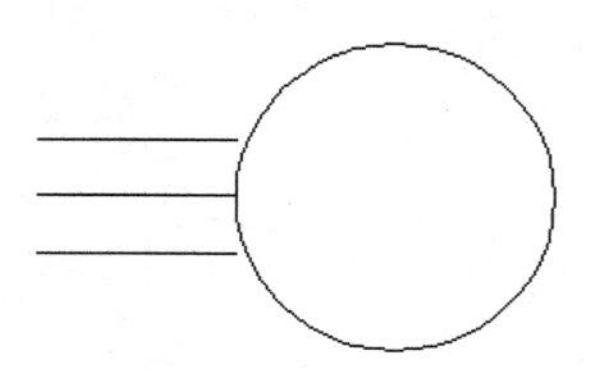

图 3-49　电流互感器绘制步骤图 3

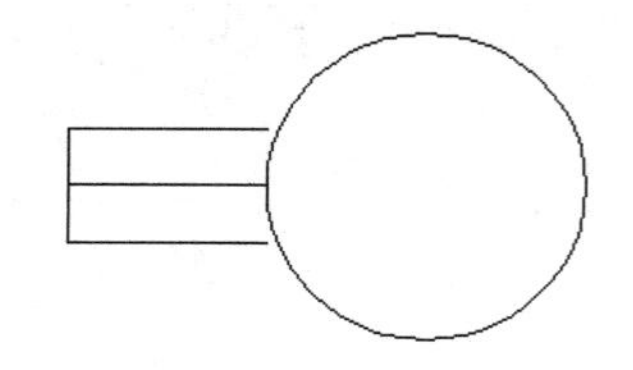

图 3-50　电流互感器绘制步骤图 4

（5）将上步绘制的垂线向右偏移出一垂线，偏移距离为 3，如图 3-51 所示。

（6）将上步绘制的垂线向左旋转 15 度，如图 3-52 所示。

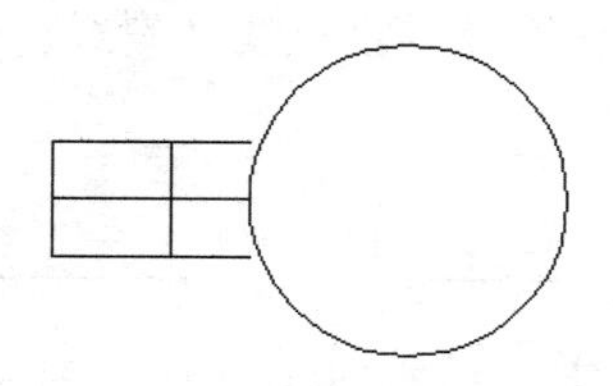

图 3-51　电流互感器绘制步骤图 5

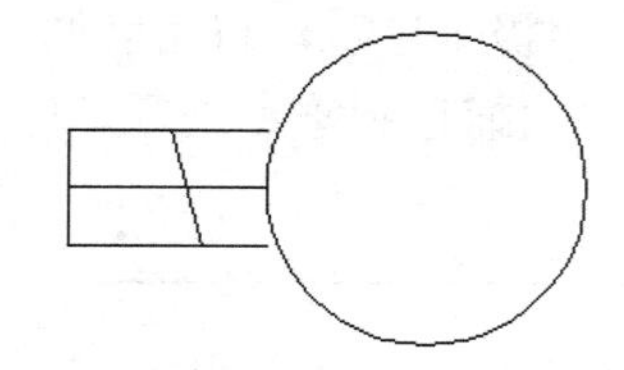

图 3-52　电流互感器绘制步骤图 6

（7）将上步绘制的垂线向左复制一直线，向左移动距离为 1.5，如图 3-53 所示。

（8）删除多余直线，如图 3-54 所示。

此时“电流互感器”绘制完毕，用自定义的文件名存为永久块。

### 8　电压互感器的绘制

（1）绘制一边长为 6.5 的正三边形，如图 3-55 所示。

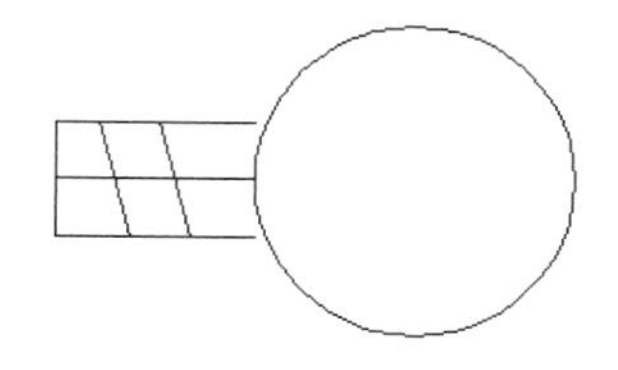

图 3-53　电流互感器绘制步骤图 7

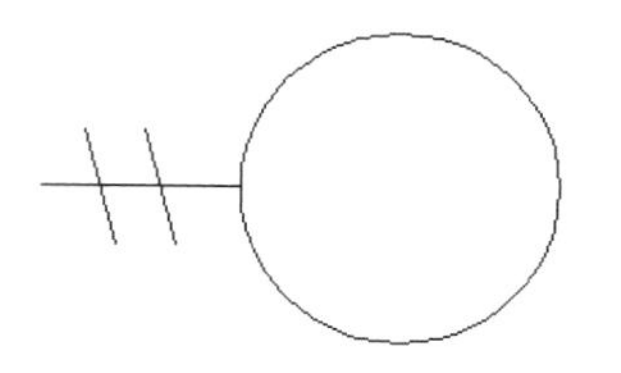

图 3-54　电流互感器绘制步骤图 8

（2）绘制一半径为 4 的圆，圆心位于正三边形左下顶点（用捕捉到端点进行定位），如图 3-56 所示。

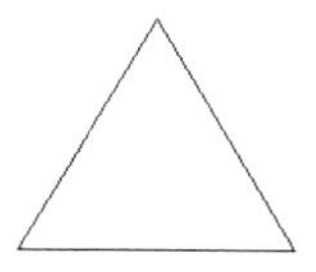

图 3-55　电压互感器绘制步骤图 1

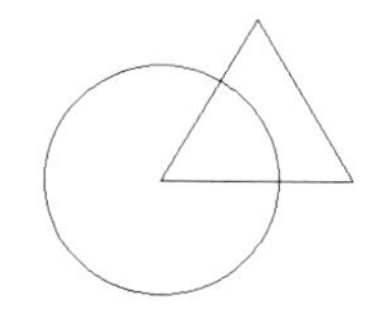

图 3-56　电压互感器绘制步骤图 2

（3）复制上步所绘制的圆，复制出两圆，两圆的圆心分别位于正三边形剩下的两顶点上（用复制命令完成，同样用捕捉到端点的方法进行圆心定位），如图 3-57 所示。

（4）删除正三边形，将下方两圆向正下方向复制，复制出的两圆的圆心与原圆心的距离为 6.5（注意此处距离为垂直方向，可用捕捉到圆心定位，并打开极轴追踪进行定位），如图 3-58 所示。

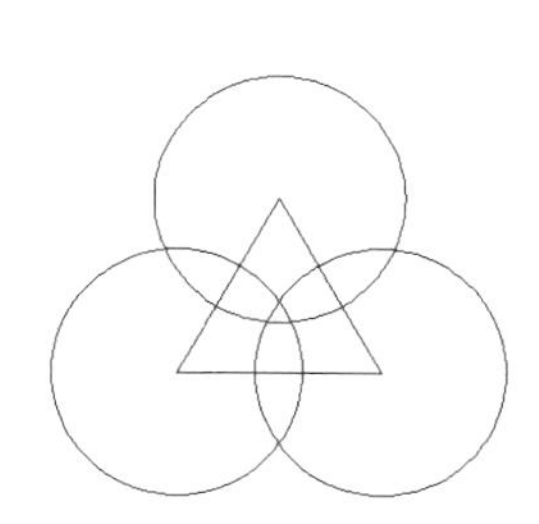

图 3-57　电压互感器绘制步骤图 3

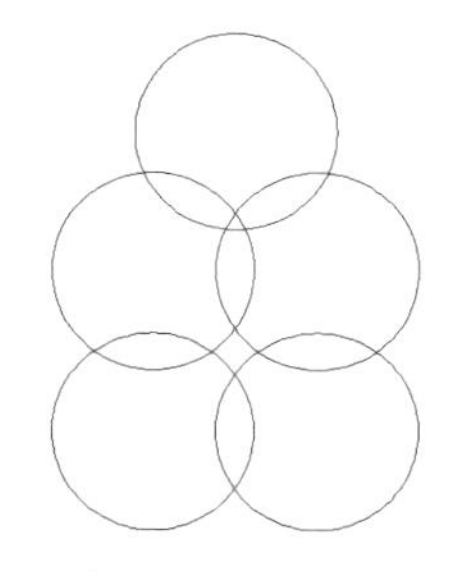

图 3-58　电压互感器绘制步骤图 4

（5）绘制下方四圆内的图形（方法可参看变压器的绘图步骤（11），只需少画水平横线即可，另外线的长度可根据比例自定），如图 3-59 所示。

（6）绘制一边长为 4 的正三边形，并将其放置于顶圆内的合适位置，如图 3-60 所示。

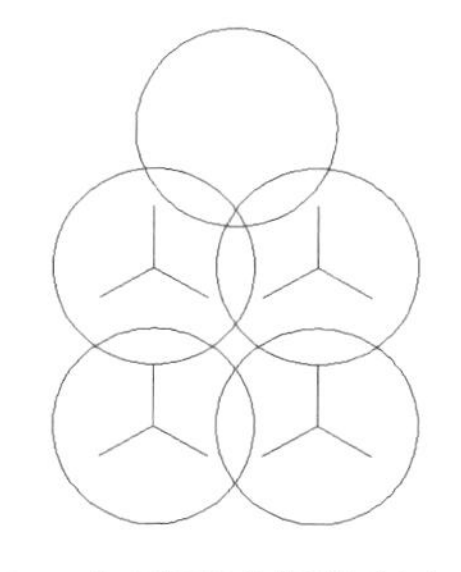

图 3-59　电压互感器绘制步骤图 5

图 3-60　电压互感器绘制步骤图 6

（7）沿上步所绘正三边形的右侧边绘制一垂线，并将此垂线向左偏移，偏移距离为 2，如图 3-61 所示。

（8）将垂线切断正三边形的左侧部分修剪，如图 3-62 所示。

图 3-61　电压互感器绘制步骤图 7

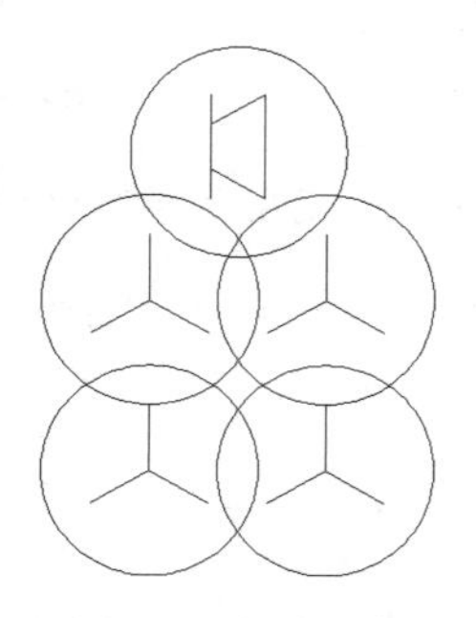

图 3-62　电压互感器绘制步骤图 8

（9）将垂线删除，如图 3-63 所示。

（10）以右下圆的右象限点为起点，绘制一长为 6 的垂线（用捕捉到象限点进行定位），如图 3-64 所示。

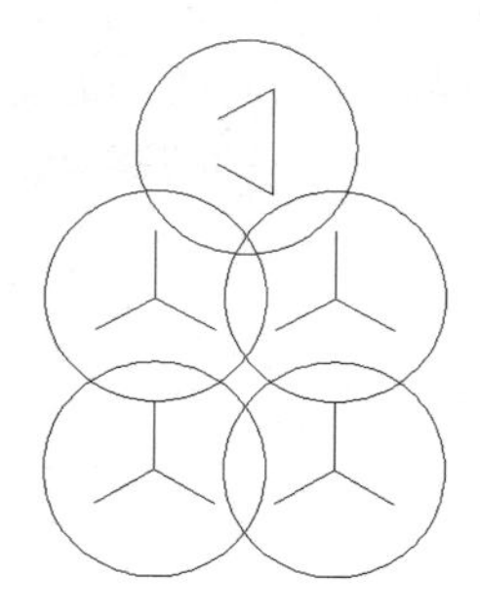

图 3-63　电压互感器绘制步骤图 9

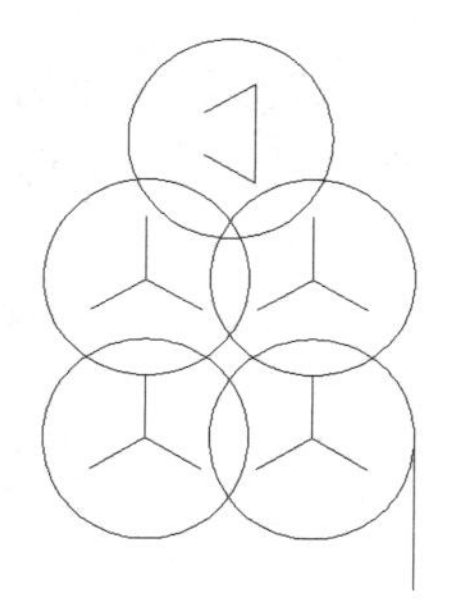

图 3-64　电压互感器绘制步骤图 10

（11）绘制一条与上步所绘垂线垂直的水平线（长度自定），如图 3-65 所示。

（12）将上步所绘水平线向上连续偏移出三条水平线（偏移距离为 0.5），如图 3-66 所示。

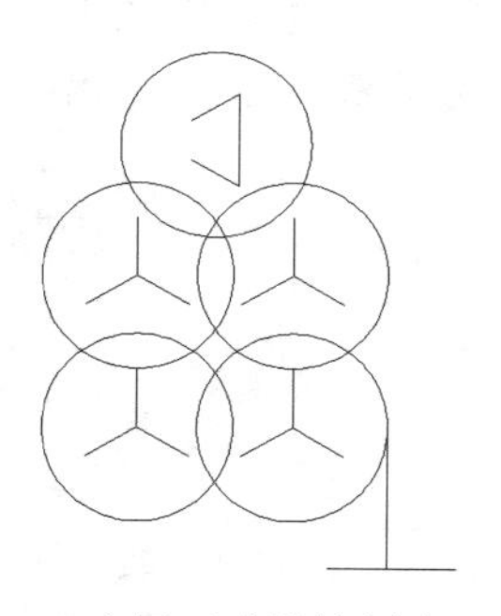

图 3-65　电压互感器绘制步骤图 11

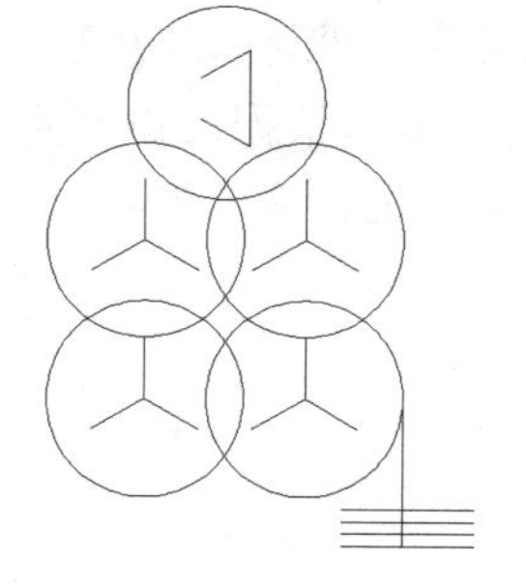

图 3-66　电压互感器绘制步骤图 12

（13）以竖线下端点为起点，绘制与竖线夹角为 30 度的两斜线（用捕捉到端点、极轴追踪进行定位），如图 3-67 所示。

（14）修剪所绘直线（用修剪命令“tr→双回车”进行快速修剪），如图 3-68 所示。

（15）删除多余直线，如图 3-69 所示。

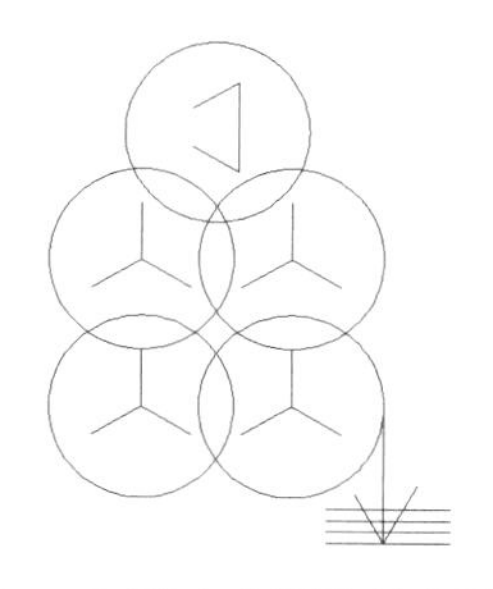

图3-67　电压互感器绘制步骤图13

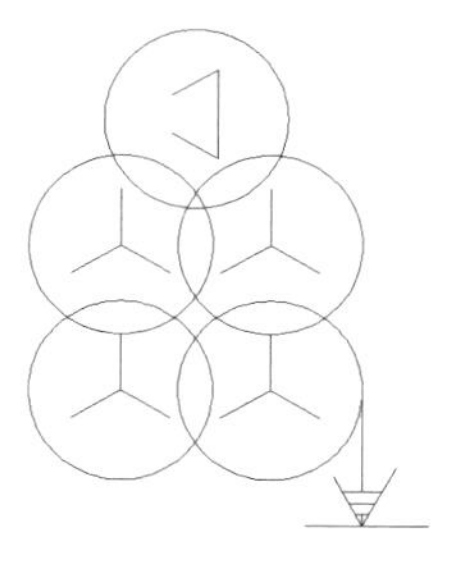

图3-68　电压互感器绘制步骤图14

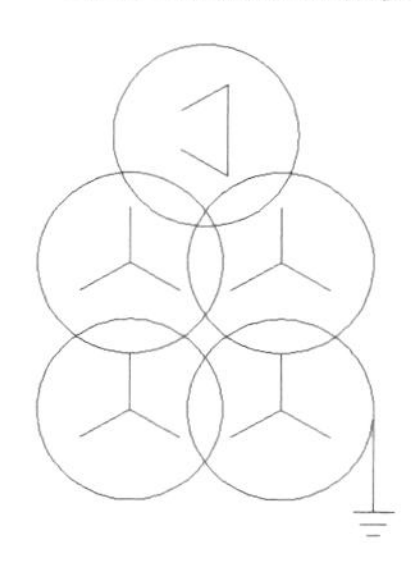

图3-69　电压互感器绘制步骤图15

此时“电压互感器”绘制完毕，用自定义的文件名存为永久块。

### 9　电感线圈的绘制

（1）在垂直方向向下画一长为4的直线，并绘制电感线圈的第一道弧形。

选择多线命令，命令提示：

指定起点:

指定好起点（用捕捉到端点进行定位），命令提示：

当前线宽为 0.0000

指定下一个点或 [圆弧(A)/半宽(H)/长度(L)/放弃(U)/宽度(W)]:

输入“A”，按“回车”，命令提示：

[角度(A)/圆心(CE)/方向(D)/半宽(H)/直线(L)/半径(R)/第二个点(S)/放弃(U)/宽度(W)]:

输入“D”，按“回车”，命令提示：

指定圆弧的起点切向:

此时用鼠标在水平捕捉虚线出现的状态下，单击水平向右方向上任意一点，命令提示：

圆弧的端点:

在垂直方向上，沿垂直直线方向选定合适长度，单击鼠标左键确定，回车，即可得一圆弧，如图3-70所示。

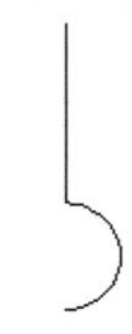

图 3-70　电感线圈绘制步骤图 1

（2）复制两条相同圆弧，把图形组合（用捕捉到端点进行定位），如图 3-71 所示。

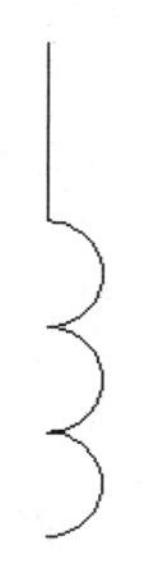

图 3-71　电感线圈绘制步骤图 2

（3）以最后一条圆弧端点为起点，垂直向下绘制一长为 2 的直线，如图 3-72 所示。

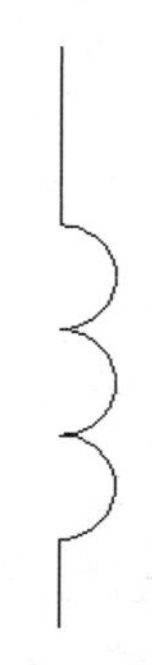

图 3-72　电感线圈绘制步骤图 3

此时“电感线圈”绘制完毕，用自定义的文件名存为永久块。

### 工作任务 3.1.2　110kV 变电站电气主接线图电气符号的连接

将所有已绘好的电气符号按合适的大小比例进行连接，连接的时候注意使用插入块命令（所以之前建议用块存储绘制的电气符号），因为用块命令将所有电气符号添加到一个图形界面时，可以将电气符号按自己控制的大小进行合理缩放，所绘制的图形可以比较合理且美观。

### 工作任务 3.1.3　110kV 变电站电气主接线图电气符号的标注

变电站电气主接线图的标注在此不做太多要求，只需在图下方将主要的功能线路注明即可，比较简单。

### 工作任务 3.1.4　110kV 变电站电气主接线图电气符号的布局

110kV 变电站电气主接线图电气符号的布局如图 3-73 和图 3-74 所示。

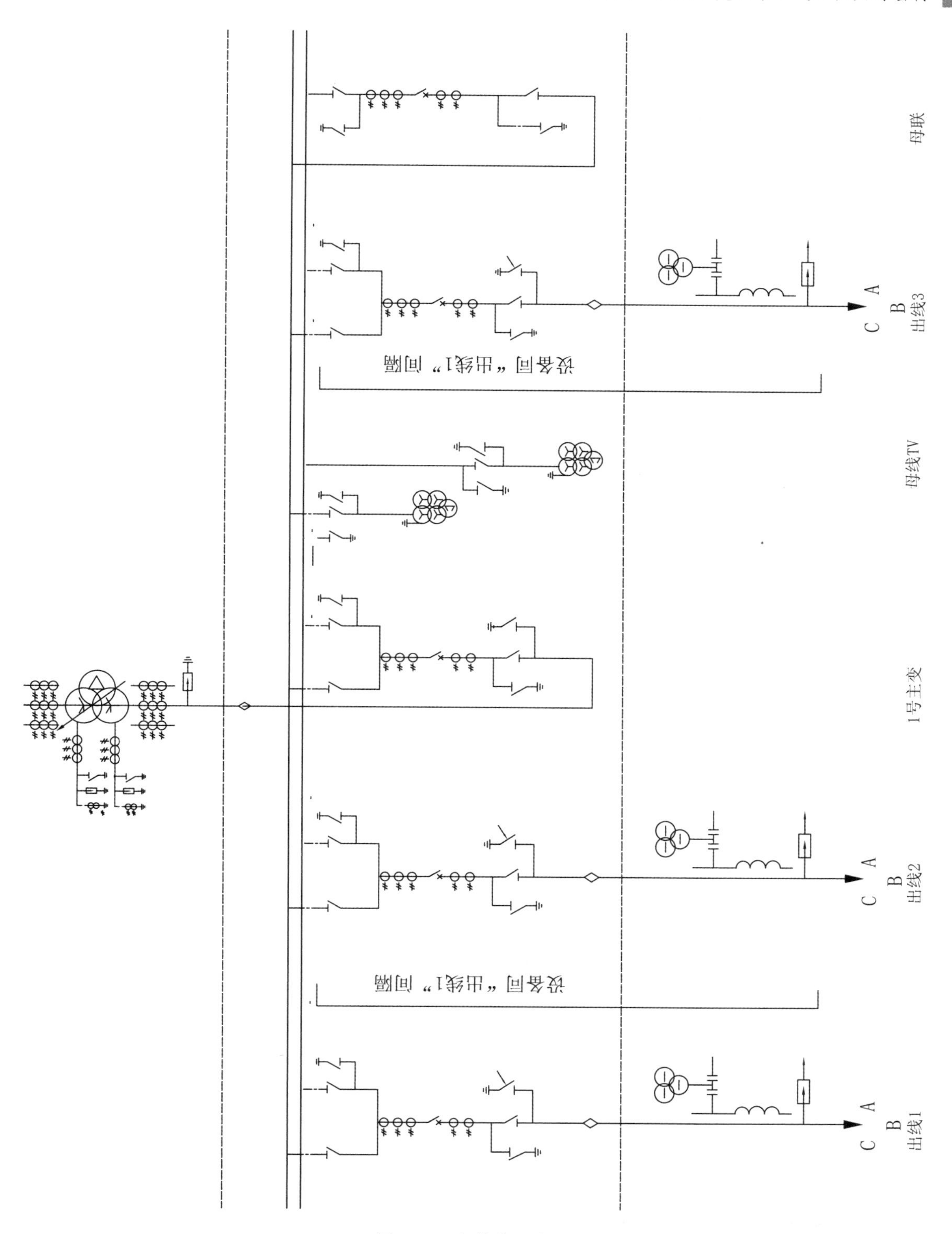


图 3-73　主接线示意图

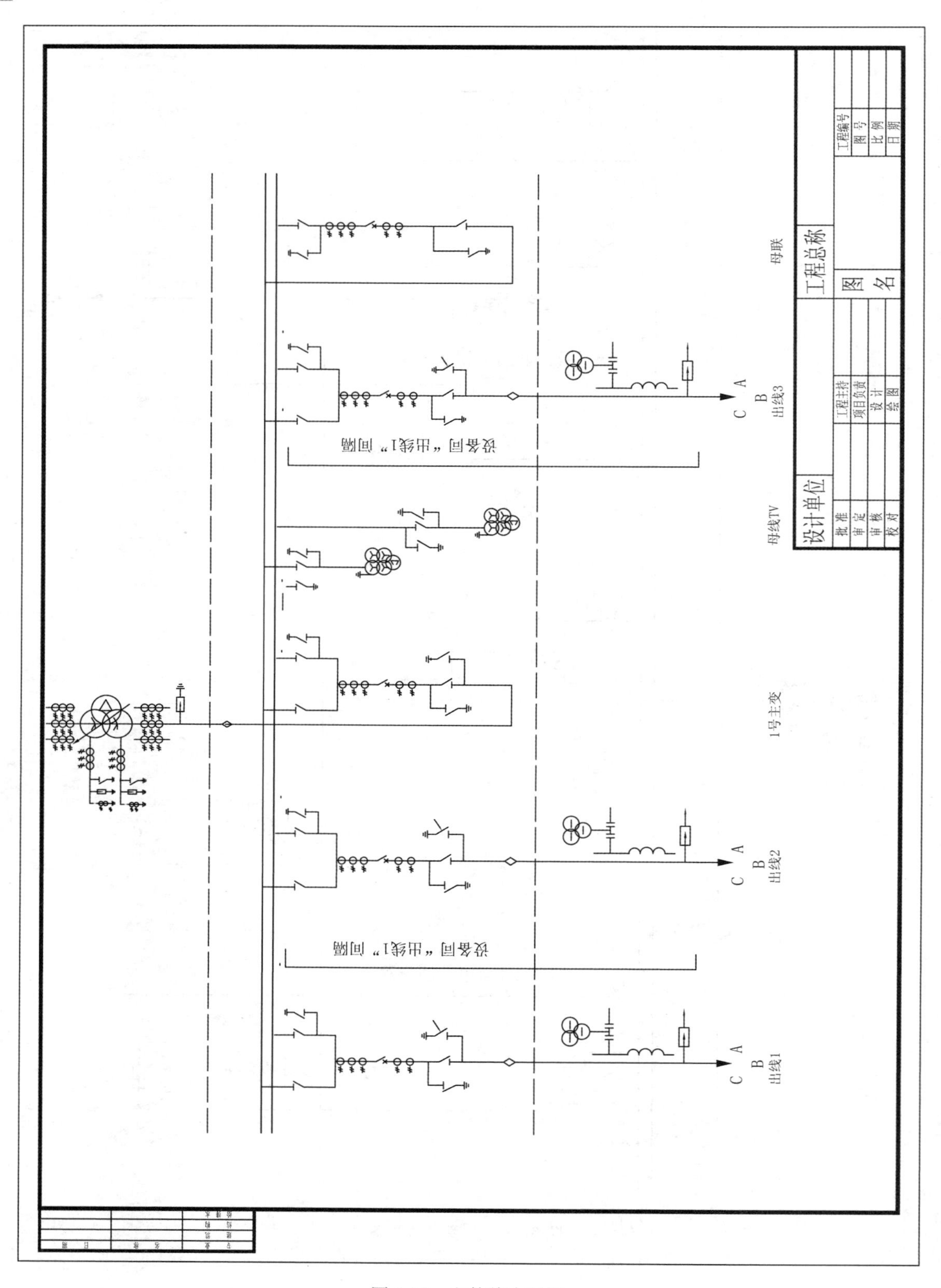

母联
母线TV
1号主变
出线1
出线2
出线3
A
B
C
设计单位
工程总称
图 名
批 准
审 定
审 核
校 对
工程主持
项目负责
设 计
绘 图
工程编号
图 号
比 例
日 期


图 3-74 主接线布局图

# 工作任务3.2　110kV电气总平面布置图的绘制

## 一、工作任务分析

如何减少变电站的占地面积，充分利用有限的土地资源，合理布置总平面布置图，是电力设计长期研究的一个重要课题。这里以110kV电气总平面布置图为例，学习电气总平面布置图的绘制。全图基本上由图形符号、连接线及文字注释组成，不涉及绘图比例。这类图的图形符号比较简单，因此绘制这类图的关键在于合理布置各图形符号的位置，并正确连接相关线路，还要求图形画面美观。要求通过分析图形，了解图形的功能作用，并确定使用的绘制方法，完成图形的绘制。

## 二、学习目标

【能力目标】

- 能够了解电气总平面布置图的绘图思路；
- 能够正确使用电气符号、文字标注和定位线；
- 能够运用AutoCAD软件绘制图形。

【知识目标】

- 电气总平面布置图的功能概述；
- 图形符号、文字符号、标注方法及其使用。

【素质目标】

- 培养查阅资料、独立思考的能力；
- 培养团队合作精神；
- 培养与人交流能力；
- 培养认真负责的工作态度；
- 培养遵守标准的良好习惯。

## 三、知识准备

### 1　电气总平面设计概述

电气总平面布置是一项综合性的工作，在设计时应首先满足本专业的要求，还需考虑系统、线路甚至土建等各专业的多方面要求。但首先应从工艺专业的角度出发，而且从工艺专业角度出发应积极主动对各专业所遇到的矛盾及问题进行协调解决。电气总平面应从配电装置入手，全面了解各级电压各型配电装置的布置特点，并将其作为解决好各专业之间问题及矛盾的重点。

### 2　文字符号

一般在图形中汉字和字母所采用的字体、字形和大小，应按照实际制图需求进行标示，在本图形界面中标示的汉字用0.67-15 仿宋_GB2132_.ttf或0.67-25 仿宋_GB2132_.ttf，大小自定（按自己所绘图形大小进行定义）；英文和数字用isocup.ttf或isocpeur.ttf，大小自定。

## 四、工作过程导向

### 工作任务 3.2.1　电气总平面布置图电气符号的绘制

#### 1　变压器的绘制

（1）绘制一个长 62，高 72 的矩形，做为变压器基座。如图 3-75 所示。

（2）绘制一个长 29，高 25 的矩形；过该矩形高的两个端点，用两点方式绘制两圆，修剪后得图 3-76。

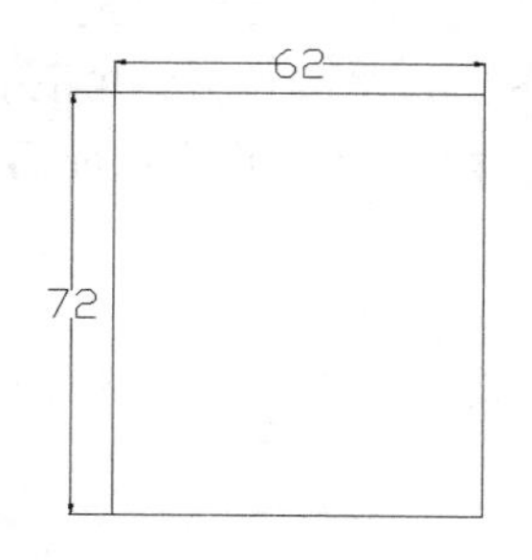


图 3-75　变压器绘制步骤图 1

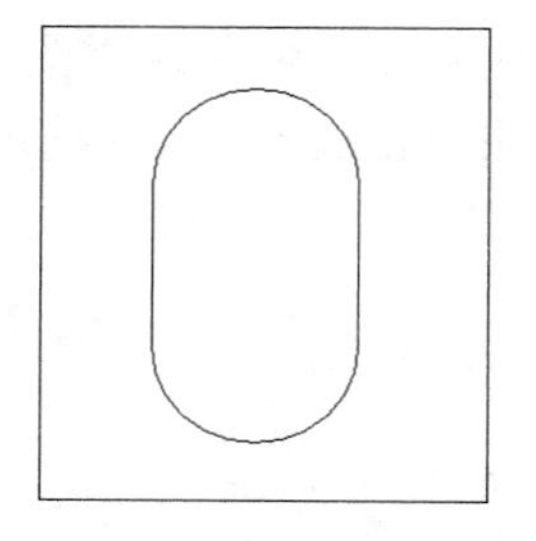

图 3-76　变压器绘制步骤图 2

（3）绘制接线端小圆，以半径为 2 的小圆作为高压侧接线点，半径为 1 的小圆作为低压侧接线点，如图 3-77 所示。

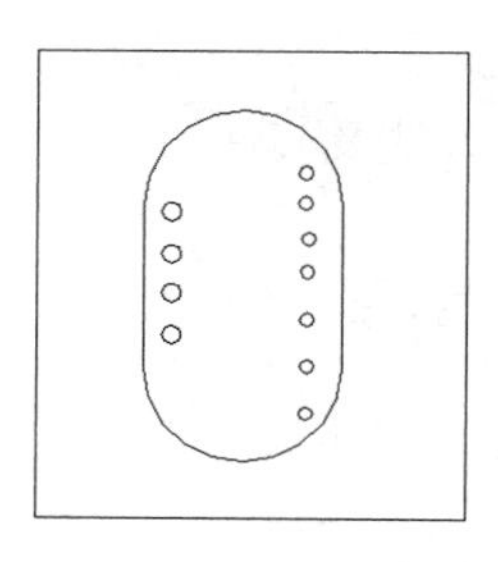

图 3-77　变压器绘制步骤图 3

#### 2　隔离开关的绘制

画隔离开关要用的的命令有矩形、圆、修剪、镜像、复制命令。尺寸可参照图 3-78 所示。

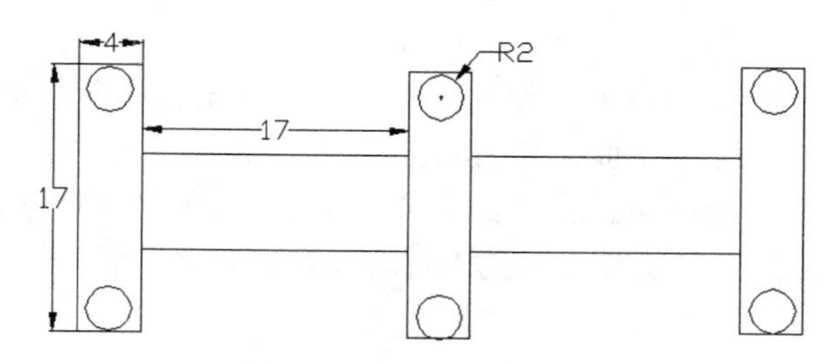


图 3-78　隔离开关绘制图

#### 3　断路器的绘制

绘制断路器部分用到的命令有矩形、圆、复制和镜像命令，绘图尺寸可参照图 3-79（运用适当的捕捉方式）。

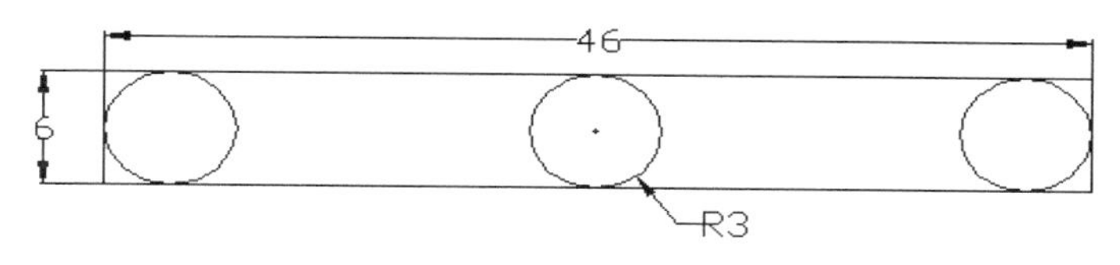


图 3-79　断路器的绘制

### 4　电流互感器（一相）的绘制

绘制避雷器需用到的命令有矩形、绘圆、复制、镜像、修剪命令，绘图尺寸可参照图 3-80（运用适当的捕捉方式）。

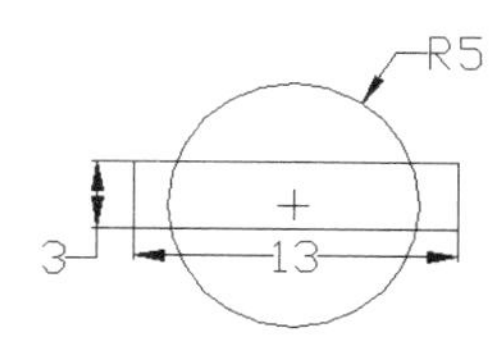


图 3-80　电流互感器的绘制

## 工作任务 3.2.2　电气总平面布置图电气符号的连接

将所有已绘好的电气符号按合适的大小比例缩放后添加到主图界面（添加的时候可使用插入块命令，因为用块命令可以较好地对器件进行总体缩放），电气总平面布置图的符号连接比较简单，关键在于各个图形符号的位置是否放置得当，因此建议使用定位线进行图形定位，在绘图时添加一图层"定位线层"，按定位线指定距离绘制好母线，根据母线位置定位好各器件，最后用直线将各器件进行连接。

（1）总体框架如图 3-81 所示。

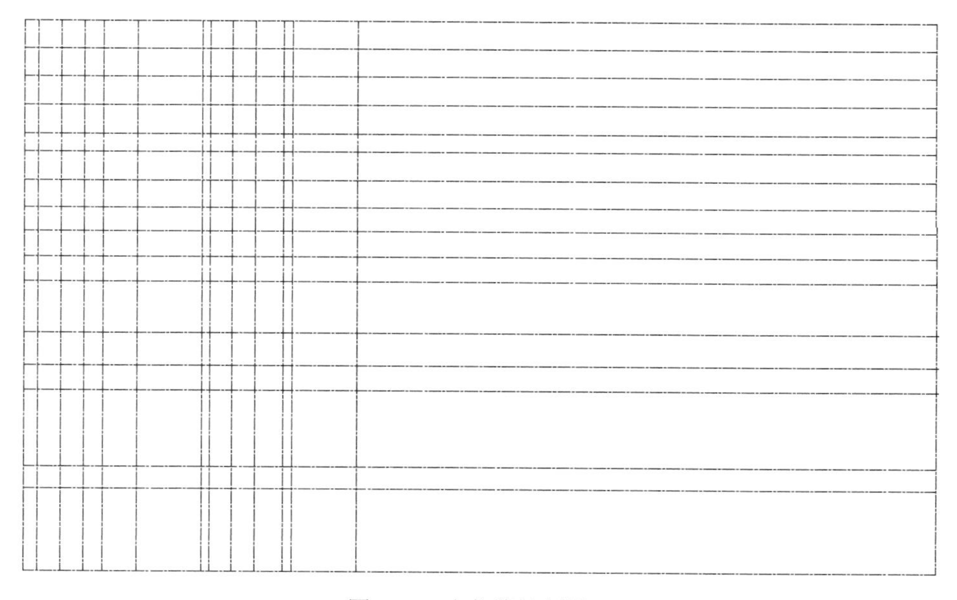

图 3-81　定位线绘制图 1

（2）左上部分水平线框及标注如图 3-82 所示。

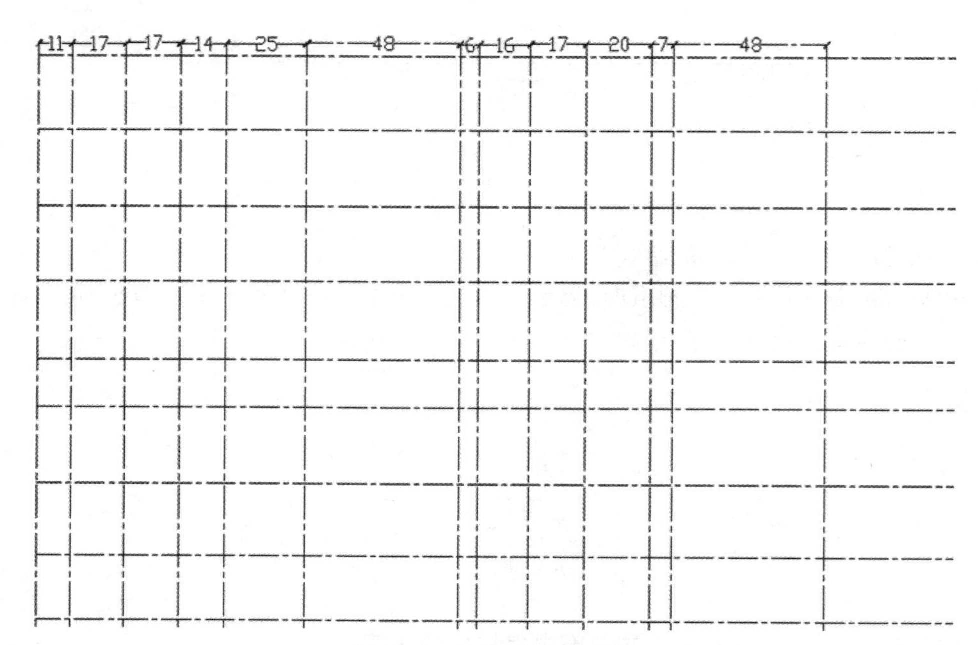


图 3-82　定位线绘制图 2

（3）左侧垂直线框（上半部分）及标注如图 3-83 所示。

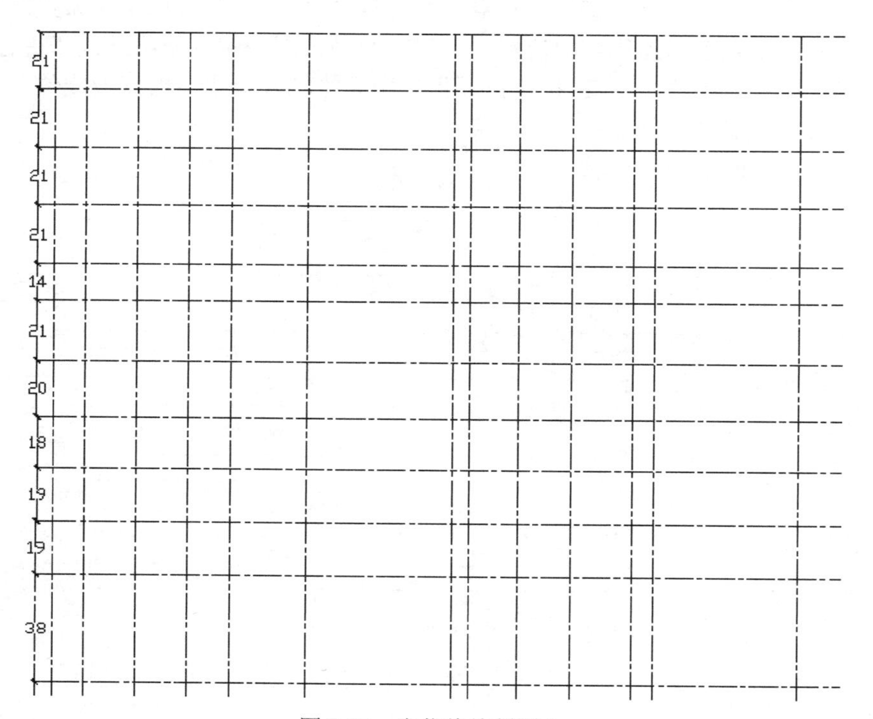


图 3-83　定位线绘制图 3

（4）左侧垂直线框（下半部分）及标注如图 3-84 所示。

（5）母线（架构）的绘制如图 3-85 所示。

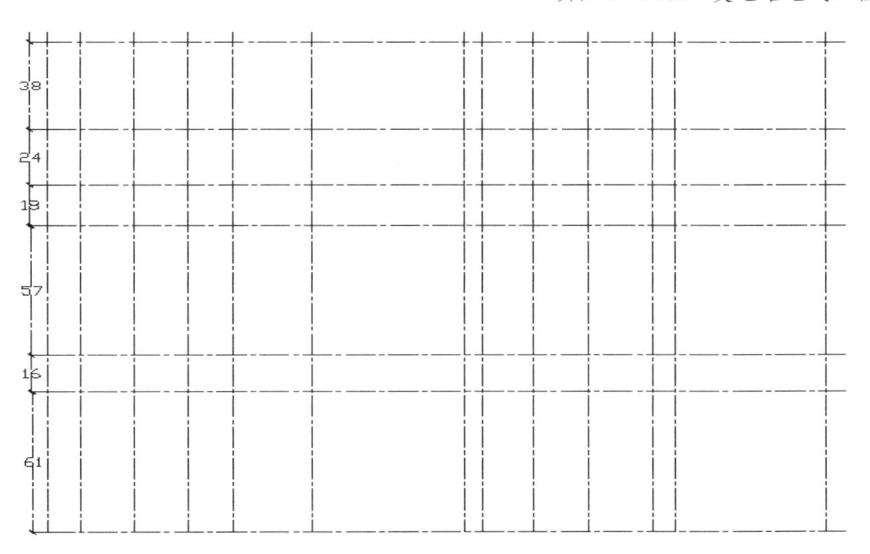


图 3-84　定位线绘制图 4

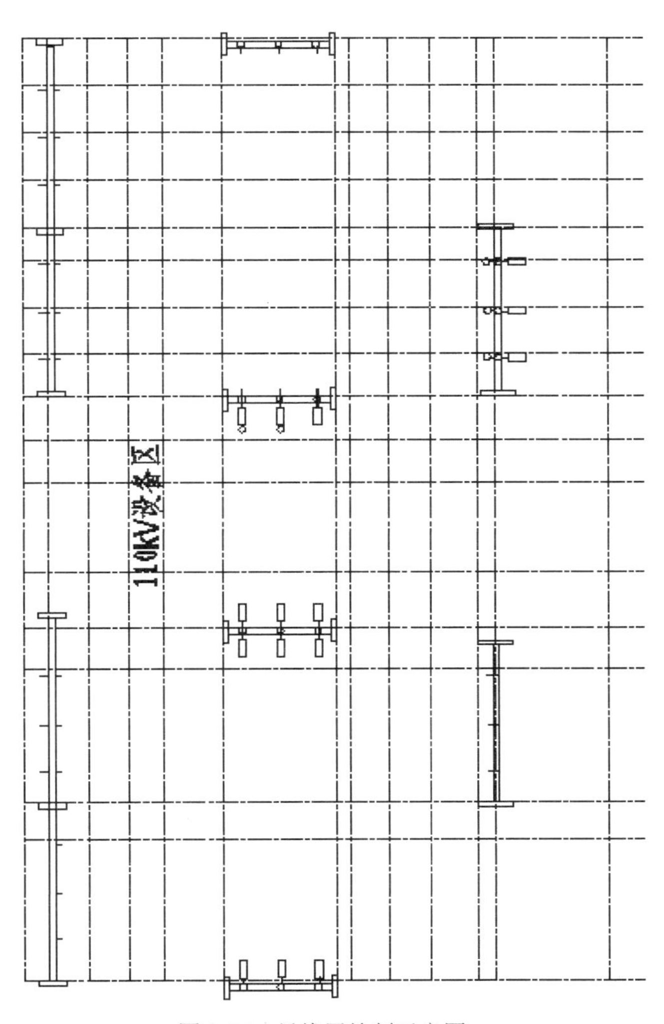


图 3-85　母线层绘制示意图

**注意**：绘制母线的时候，注意切换图层，使母线和各元器件在一个图层上，一定要避免母线和元器件及定位线层在一个图层上，这样会影响最终图形布局的完成。

### 工作任务 3.2.3　电气总平面布置图电气符号的标注

变电站电气总平面布置图的标注较简单，只需用“多行文字”命令做适当的文字标注，在此不做详细描述。

### 工作任务 3.2.4　电气总平面布置图的布局

将各元器件按照图 3-86 的布局连接好后，将定位线层关闭（因此要求在图形连接的时候，一定注意将定位线和母线、元器件层分开），即可得到最终的总平面布置图，如图 3-86 所示。

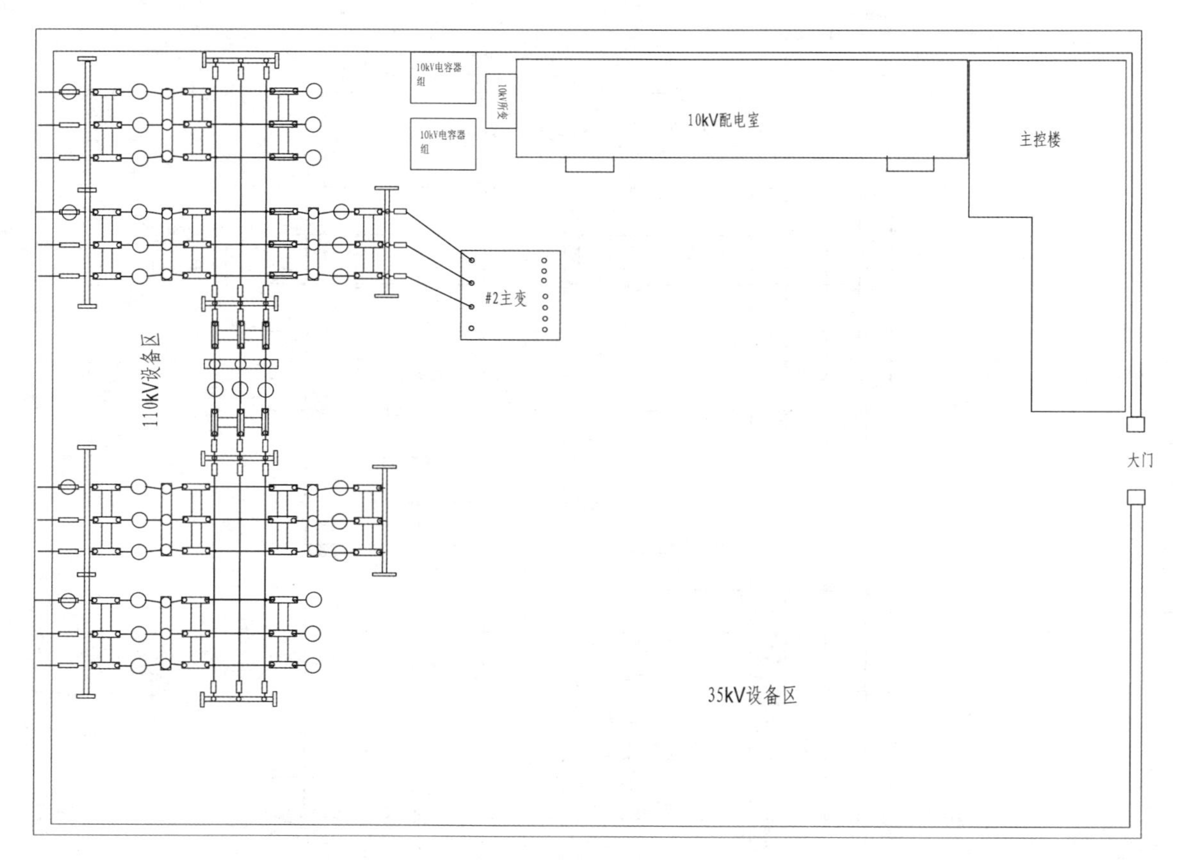


图 3-86　电气总平面布置图

## 工作任务 3.3　变电所断面图的绘制

### 一、工作任务分析

断面图主要用于表达形体或构件的断面形状，本节以变电所断面图为例，学习断面图的绘制。全图基本上由图形符号、连接线及文字注释组成。绘制这类图的要点：一是按要求绘制各器件的简化图形；二是要按实际需求的布局安置器件并连接（按实际距离安置、连接各器件）。要求通过分析图形，了解图形的功能作用，并确定使用的绘制方法，完成图形的绘制。

## 二、学习目标

【能力目标】

- 能够了解断面图的绘图思路；
- 能够正确使用电气符号和标注电气符号；
- 能够运用 AutoCAD 软件绘制图形。

【知识目标】

- 断面图的功能概述；
- 图形符号、文字符号、标注方法及其使用。

【素质目标】

- 培养查阅资料、独立思考的能力；
- 培养团队合作精神；
- 培养与人交流能力；
- 培养认真负责的工作态度；
- 培养遵守标准的良好习惯。

## 三、知识准备

### 1　断面图的功能概述

断面图主要用来表明所取断面的间隔中各种设备的具体空间位置、安装和相互连接的结构图。断面图也应按比例绘制。

### 2　文字符号

一般在图形中汉字和字母所采用的字体、字形和大小，应按照实际制图需求进行标示，在本图形界面中标示的汉字用 0.67-15 仿宋_GB2132_.ttf 或 0.67-25 仿宋_GB2132_.ttf，大小自定（按自己所绘图形大小进行定义）；英文和数字用 isocup.ttf 或 isocpeur.ttf，大小自定。

## 四、工作过程导向

### 工作任务 3.3.1　断面图电气符号的绘制

#### 1　隔离开关相关操作机构的绘制

（1）先绘制一高为 80 的杆塔底部设备（如图 3-87 所示）。

（2）以杆塔最底部直线为基准，画一条水平方向的直线，称为直线 1。将直线 1 向上偏移，偏移距离为 20。偏移后得到的直线称为直线 2。

绘制一个宽 1，高 2 的矩形，称为矩形 1。移动矩形 1，基点为其上边的中点，目标点为直线 2 和直线 3 的交点。

绘制一个宽 8，高 10 的矩形，称为矩形 2。移动矩形 2，基点为其上边的中点，目标点为矩形 1 下边的中点。

在矩形 2 的正下方绘制一个梯形。以一直线与水平方向成一定角度先画一条直线，然后可用镜像命令，绘制出与其对称的另一条直线，并用直线命令将两条直线闭合。

画操作手柄。绘制宽 10，高 0.5 的矩形，可用图案填充中的填充单色命令将其填充，并将其移动到合适位置，如图 3-88 所示。

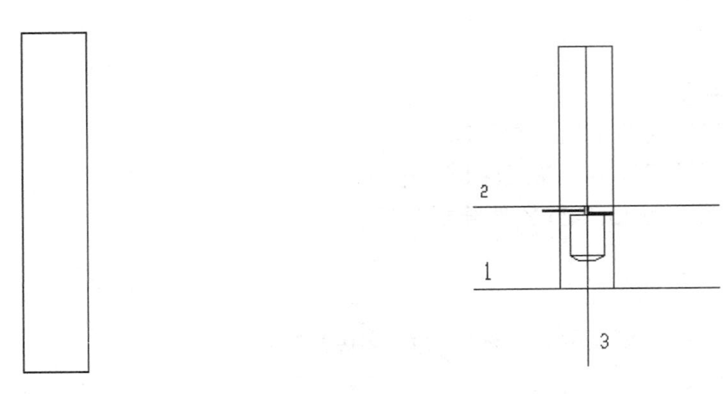


图 3-87　隔离开关相关操作机构绘制图 1　　　　图 3-88　隔离开关相关操作机构绘制图 2

（3）添加相关五金件后最终绘图结果如图 3-89 所示。其中杆塔顶部放大后如图 3-90 所示。

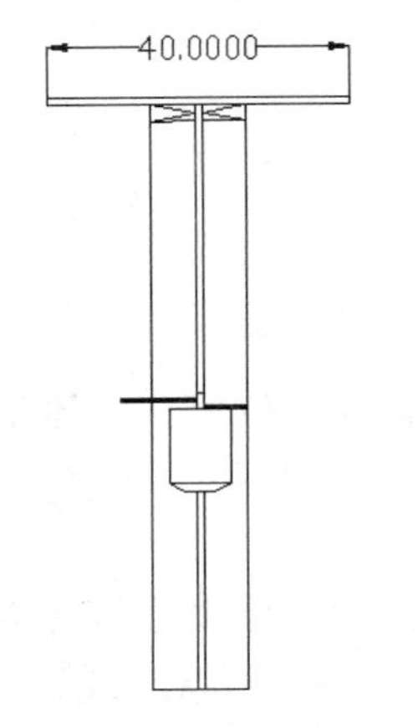


图 3-89　隔离开关相关操作机构绘制图 3

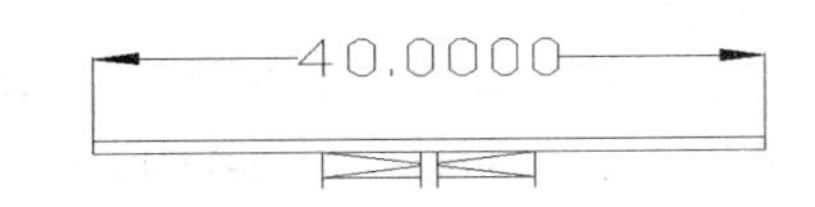


图 3-90　隔离开关相关操作机构绘制图 4

## 2　隔离开关外形示意图的绘制

（1）绘制一宽 6，高 13 的矩形，称为矩形 1，如图 3-91 所示。

（2）绘制一宽 2，高 3 的矩形，并将其移动到矩形 1 内适当位置，称为矩形 2，如图 3-92（b）所示。

图 3-91　隔离开关外形示意图 1　　　　图 3-92　隔离开关外形示意图 2

（3）复制矩形 2，称为矩形 3，如图 3-93 所示。

（4）用分解、延伸、剪切命令，将第三步图形修整为最终图形，如图3-94所示。

图3-93　隔离开关外形示意图3　　　　图3-94　隔离开关外形示意图4

（5）用复制命令，复制出两个相同的绝缘子，各绝缘子间距离大概为20，用矩形、复制、修剪命令，绘制出隔离开关的刀闸部分，如图3-95所示。在最后拼合图形的时候，将三个绝缘子放置于杆塔顶部。

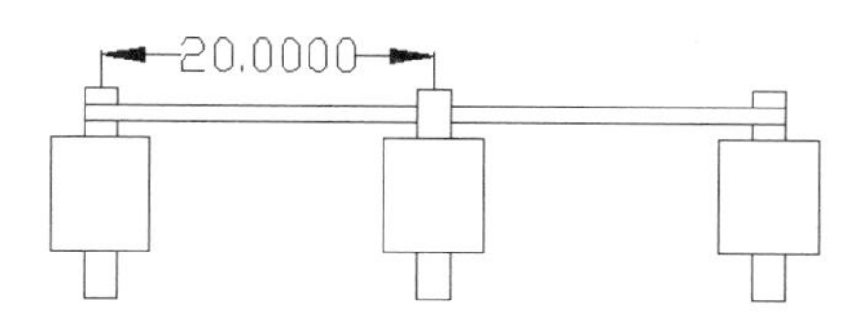


图3-95　隔离开关外形示意图5

3　断路器的绘制

（1）绘制一宽18，高50的矩形，如图3-96所示。

（2）用分解命令将所绘制的矩形炸开，将其两条垂直边分别向里偏移3和5，如图3-97所示。

图3-96　断路器绘制图1　　　　图3-97　断路器绘制图2

（3）执行“格式”→“点样式”命令，设置点样式为⊠，点大小设置为5%。用定数等分命令将矩形的长边等分为16，如图3-98所示。

（4）用直线命令，开启捕捉节点及垂足（或交点）画出一条直线。用多重复制命令（或数组）得到其余直线，如图3-99所示。

（5）将点样式设置为“空白”样式（即命令对话框中第一行第二列选项）。将图3-99修剪如图3-100所示的图形。

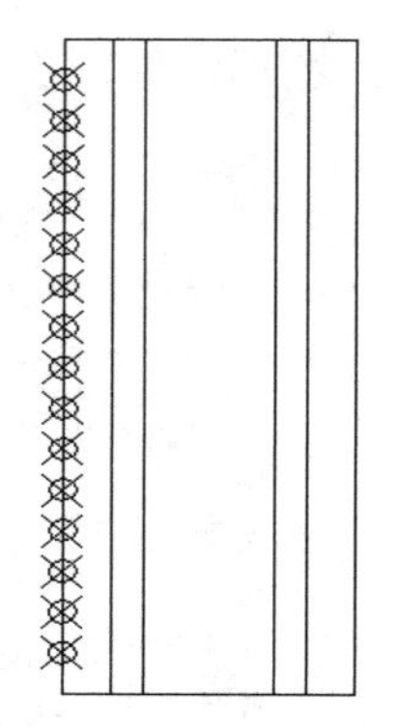
图 3-98　断路器绘制图 3

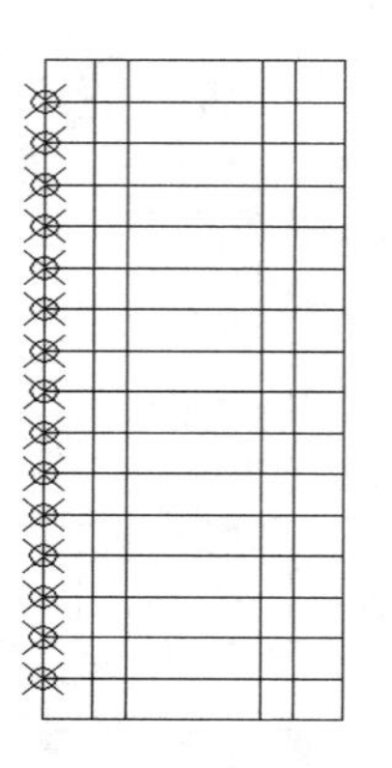
图 3-99　断路器绘制图 4

（6）对最上面两矩形进行圆角操作。矩形上边的两个角圆角半径可取为 1.5，下边两个角的圆角半径可取为 1。圆角后得到图 3-101。

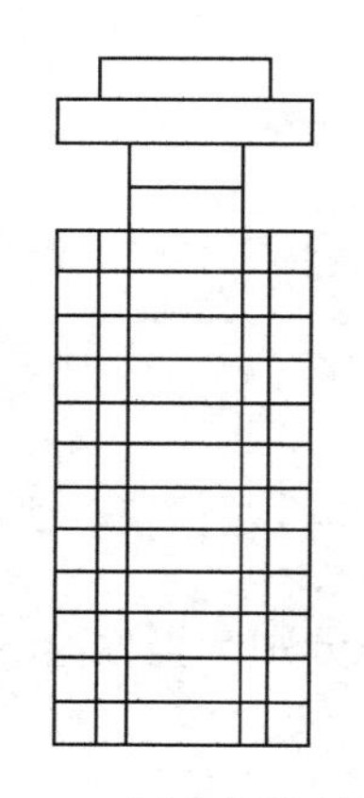
图 3-100　断路器绘制图 5

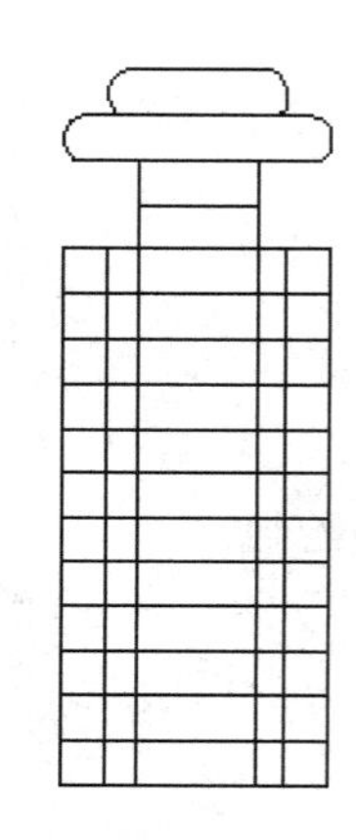
图 3-101　断路器绘制图 6

（7）可用适当方法将图 3-101 调整得到图 3-102。

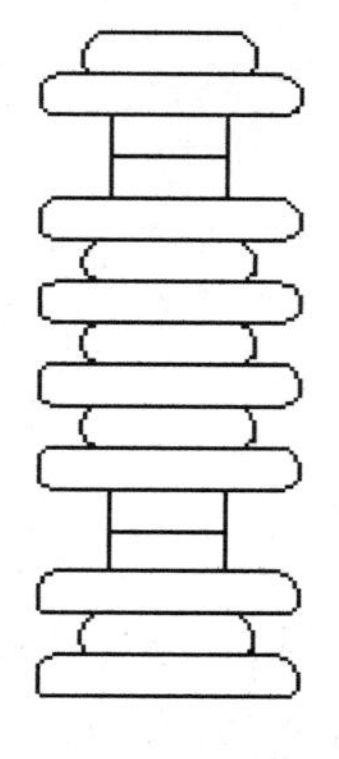
图 3-102　断路器绘制图 7

### 4　变压器简易符号的绘制

（1）绘制一长 120，高 3 的矩形，并在其底部适当位置绘制两半径为 2 的小圆，得到变压器底座，如图 3-103 所示。

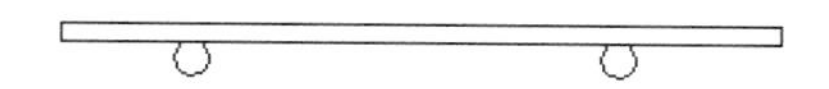

图 3-103　变压器简易符号绘制图 1

（2）绘制一长 118，高 73 的矩形，将其分解开。最上边线向下分别偏移 1 和 15，得到如图 3-104 所示的效果。

（3）绘制一长为 12，高为 69 的矩形，再绘制两个长为 7，高为 5 的矩形。将三个矩形拼合得到图 3-105。

图 3-104　变压器简易符号绘制图 2

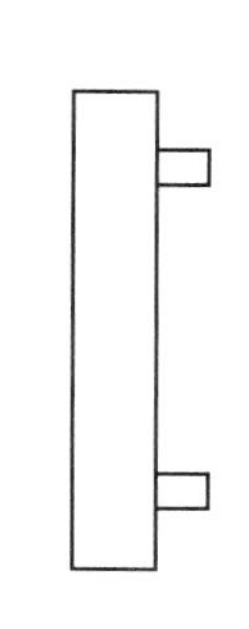

图 3-105　变压器简易符号绘制图 3

（4）同样用绘制矩形的方法，绘制得到变压器上部，如图 3-106 所示（按标注长度进行绘制）。

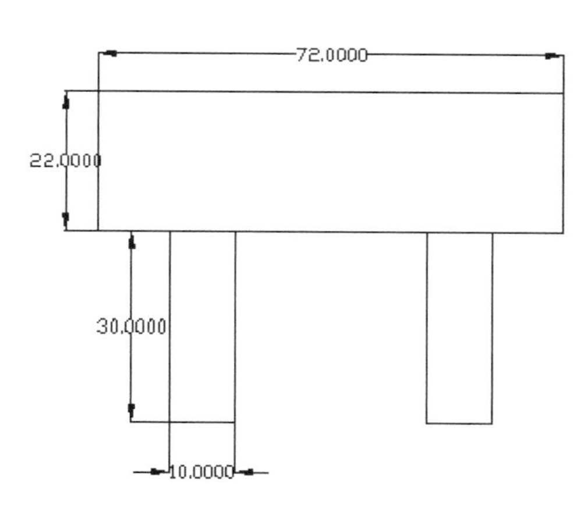


图 3-106　变压器简易符号绘制图 4

（5）绘制长为 12，高 28 的矩形。将所有图形拼合，可得变压器简易符号形状，如图 3-107 所示。

### 5　电流互感器简易符号的绘制

底座同隔离开关的底座一样，在此就不作详细讲解。

（1）绘制一长为 12，高为 13 的矩形作为电流互感器的底部，在底部矩形的正上方，距离为 21 处绘制一长为 11，高为 8 的矩形作为顶部，如图 3-108 所示。

（2）将上下两矩形用斜线连接，如图 3-109 所示。

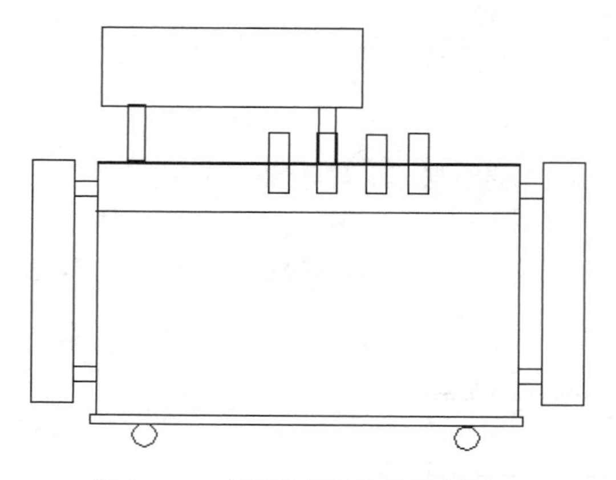

图 3-107　变压器简易符号绘制图 5

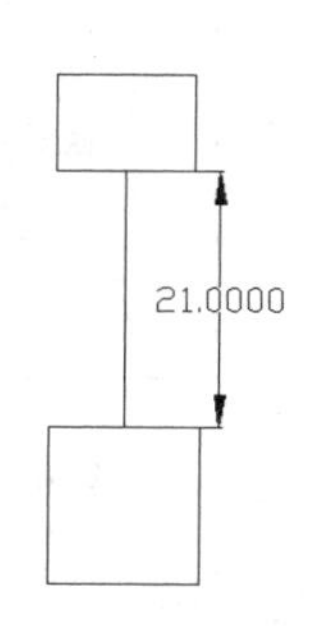


图 3-108　电流互感器简易符号示意图 1

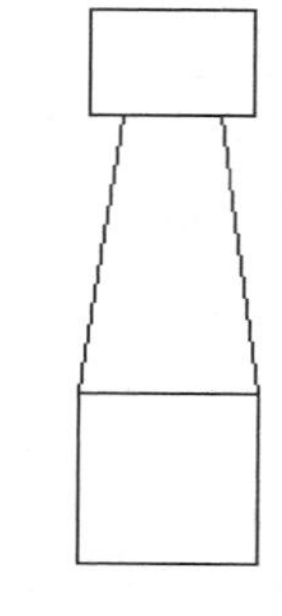

图 3-109　电流互感器简易符号示意图 2

### 工作任务 3.3.2　断面图电气符号的连接

将绘制的各器件图形符号按实际距离安置于图形中的合适位置，断面图的连接线比较简单，只需要将各器件的位置确定后，将图形布局中各器件符号的接头用“样条曲线”进行连接，即可完成图形符号的连接。注意：可考虑先绘制定位线层，再绘制基本框架，最后对各元器件进行连接。

定位线层如图 3-110 所示。

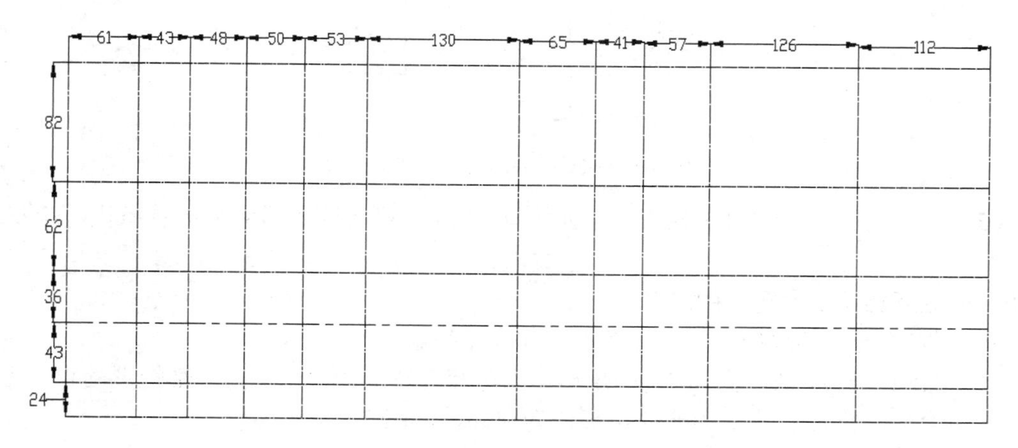


图 3-110　定位线的绘制图

基本框架示意图如图 3-111 所示。

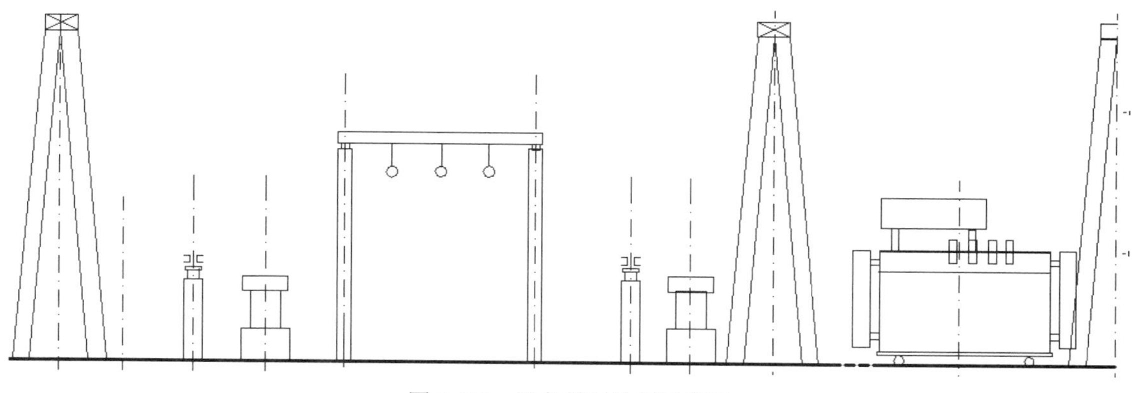

图 3-111　设备符号放置示意图

最终连接图形如图 3-112 所示。

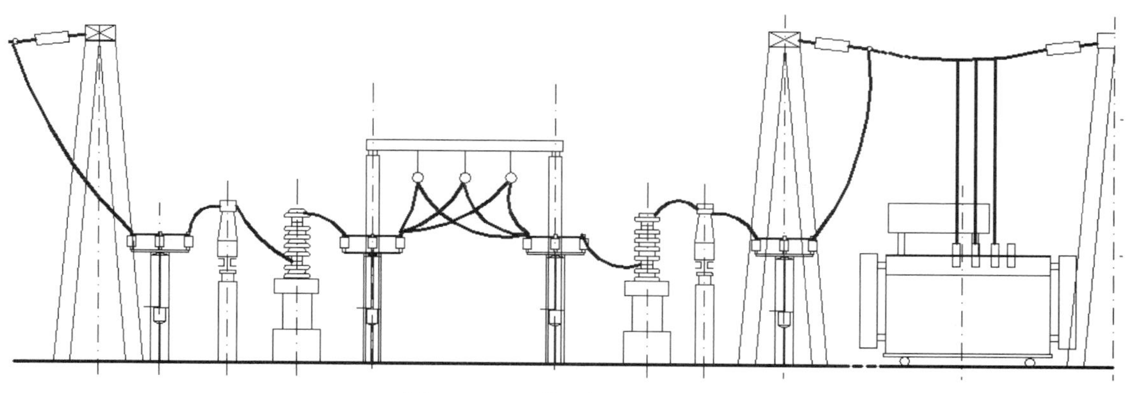

图 3-112　元件连接放置示意图

### 工作任务 3.3.3　断面图电气符号的标注

断面图的标注只需在图下方将各器件安置的距离标注清楚即可（用“线性”标注命令），比较简单，在此不做详细叙述。具体标注如图 3-113 所示。

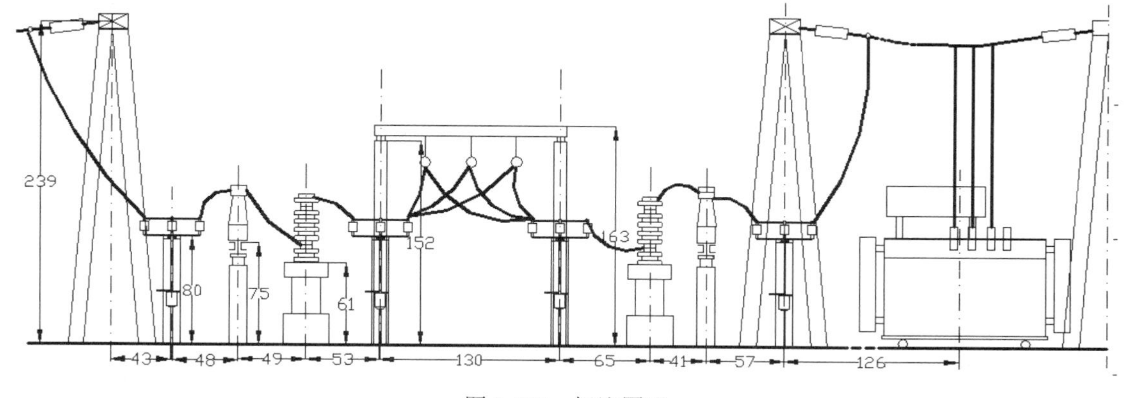


图 3-113　标注图形

### 工作任务 3.3.4　断面图电气符号的布局

最终绘制的变电所断面图布局如图 3-114 所示。

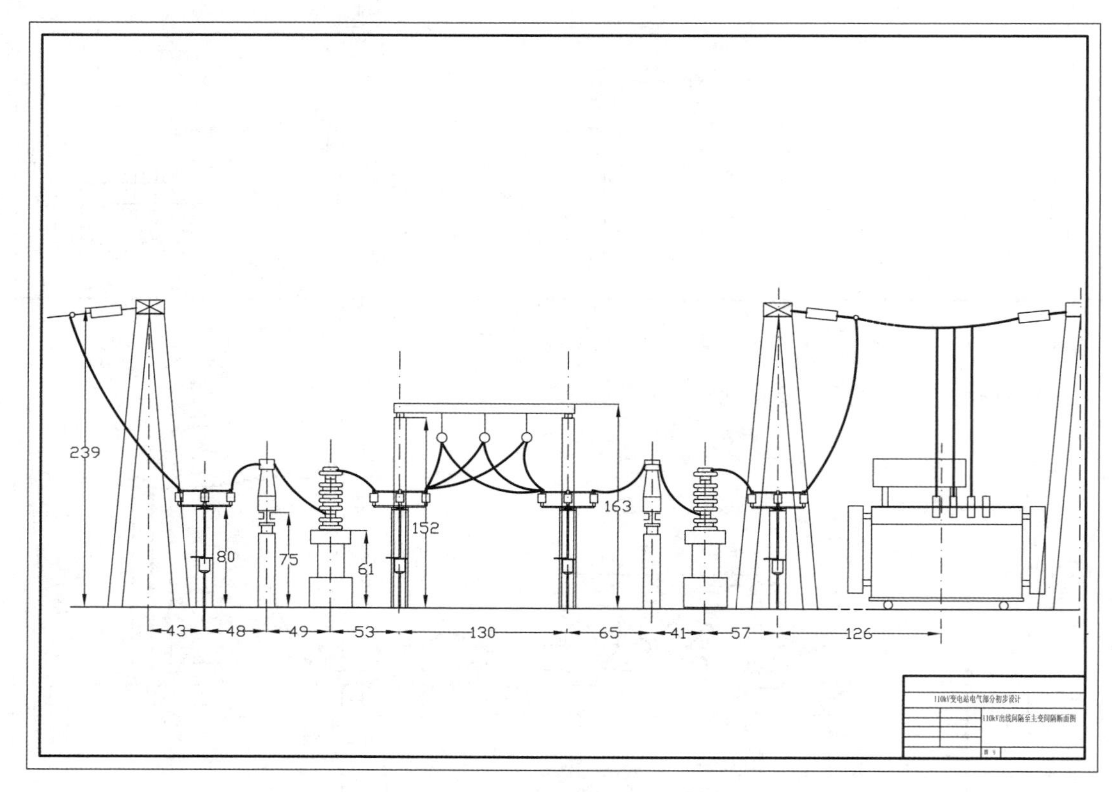


图 3-114　断面图最终布局示意图

## 工作任务 3.4　配电房配电装置图的绘制

### 一、工作任务分析

配电装置是发电厂和变电站的重要组成部分，在电力系统中起着接受和分配电能的作用。为了满足配电装置运行和检修的需要，各带电设备之间应相隔一定的距离。配电装置的整个结构尺寸，是综合考虑设备外形尺寸、检修、维护和运输的安全电气距离等因素而决定的。这里以配电装置图为例，学习配电装置图的绘制。全图基本上由线框、色块及文字注释组成，有相关的绘图比例。绘制这类图关键在于按实际需求合理安排线框格局，在线框尺寸较大时，注意运用合理的缩放。要求通过分析图形，了解图形的功能作用，并确定使用的绘制方法，完成图形的绘制。

### 二、学习目标

**【能力目标】**

- 能够了解配电装置图的绘图思路；

- 能够正确使用电气符号和标注电气符号；
- 能够运用 autocad 软件绘制图形。

【知识目标】

- 配电装置图的功能概述；
- 图形符号、文字符号、标注方法及其使用。

【素质目标】

- 培养查阅资料、独立思考的能力；
- 培养团队合作精神；
- 培养与人交流能力；
- 培养认真负责的工作态度；
- 培养遵守标准的良好习惯。

## 三、知识准备

### 1　配电装置图的功能概述

配电装置是根据电气主接线的连接方式，由开关电器、保护和测量电器，母线和必要的辅助设备组建而成的总体装置。作用是在正常运行情况下，用来接受和分配电压，而在系统发生故障时，迅速切断故障部分，维持系统正常运行。

### 2　文字符号

一般在图形中汉字和字母所采用的字体、字形和大小，应按照实际制图需求进行标示，在本图形界面中标示的汉字用 0.67-15 仿宋_GB2132_.ttf 或 0.67-25 仿宋_GB2132_.ttf，大小自定（按自己所绘图形大小进行定义）；英文和数字用 isocup.ttf 或 isocpeur.ttf，大小自定。

## 四、工作过程导向

### 工作任务 3.4.1　配电装置图定位线的绘制

在此绘图步骤中，使用频率较高的命令有“直线”、“偏移”，根据实际图形设计的需求，对有确定距离要求的直线按距离将主要的线框先用定位线进行准确定位，对没有具体距离要求的直线，根据图中的比例自行进行定位，定位线层的绘制具体如图 3-115 所示。

**注意：**该图各直线的距离比较大，在绘制的初始界面中，会出现线条过长查看不到直线另一个端点的情况，此时可先单击“实时缩放”命令，在黑色绘图工作区中单击鼠标右键，在弹出的对话框中选择“范围缩放”，然后进行适当缩小操作后即可调节好绘图界面，最后用“偏移”命令对其他定位线进行绘制。

### 工作任务 3.4.2　配电装置图的文字标注

配电装置图的标注主要是图中各线框长度标注和各器件名的标注，用“线性”标注命令和“多行文字”命令进行标注即可。

### 工作任务 3.4.3　配电装置图的布局

最终绘制完毕的配电装置图如图 3-116 所示。

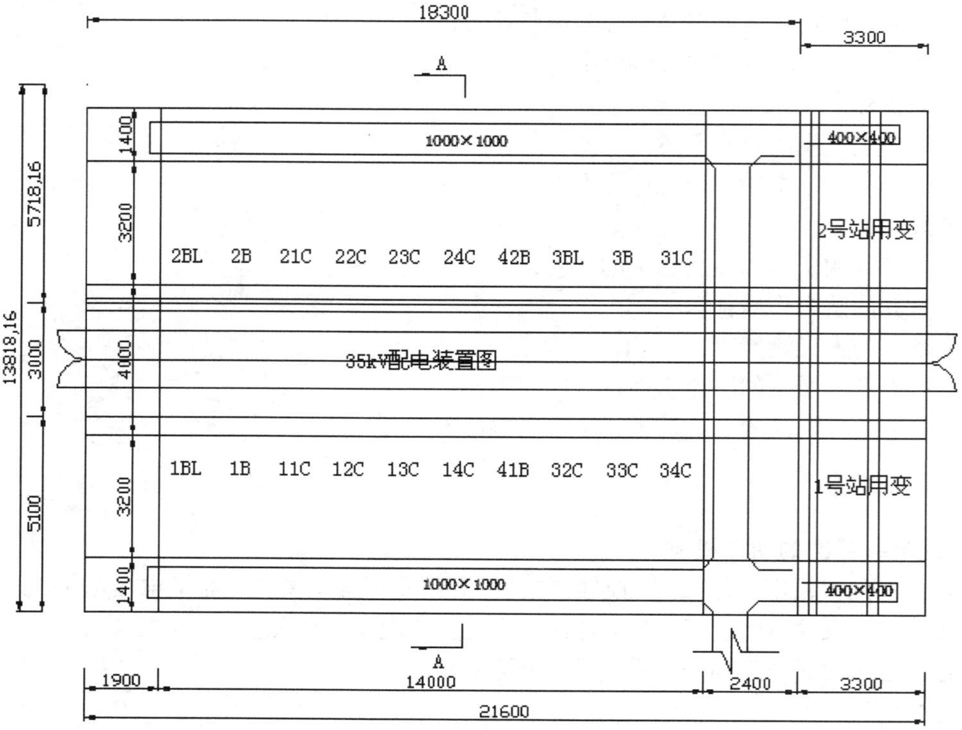

图 3-115　定位线的绘制示意图

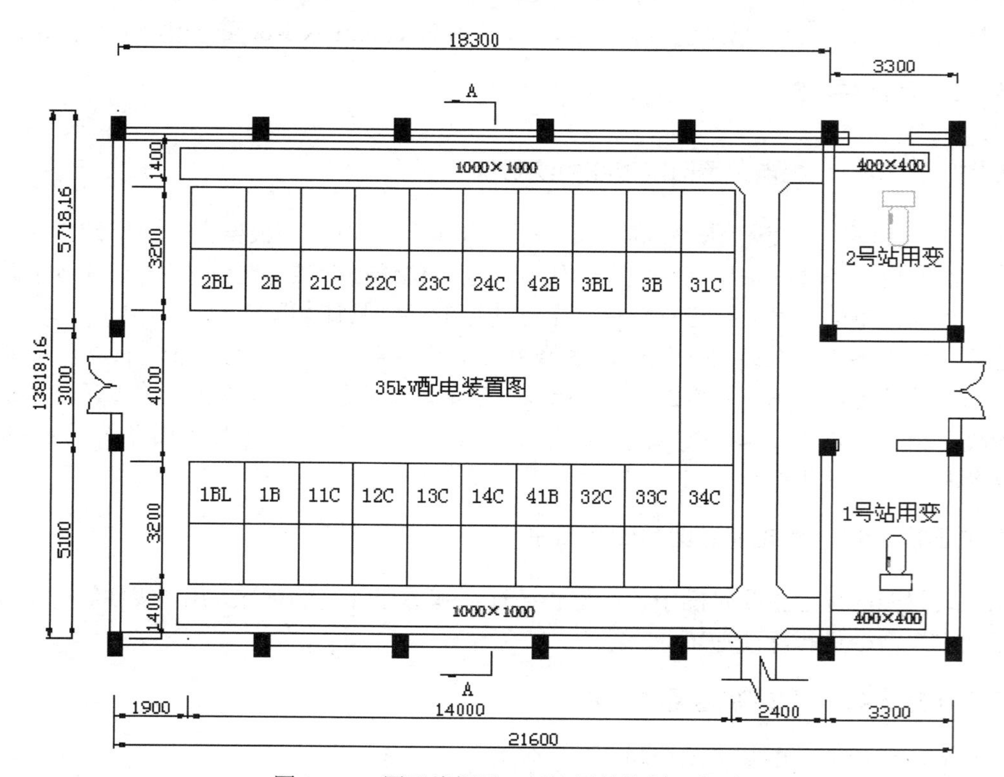


图 3-116　图形线框层、标注层的绘制示意图

注意：该图形中，黑色块状图形，先用“矩形”命令绘制好图框，然后用“图案填充”命令中的图案选项SOLID进行填充即可。

# 工作任务3.5　主变压器保护测控屏屏面布置图

## 一、工作任务分析

图3-117为某变电站综合自动化系统中的主变压器保护测控屏屏面布置图，简便起见，本例仅画出了前视图，同时其材料表中也仅列出了屏前能看到的设备。

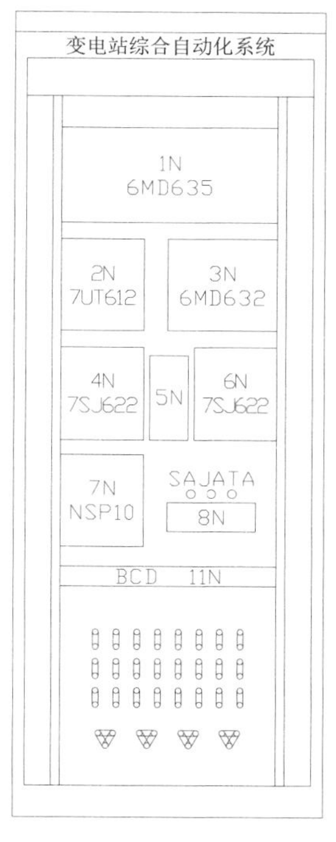


安装在屏上材料表

| 序号 | 代　号 | 名　称 | 型　号 | 数量 |
|---|---|---|---|---|
| 1 | 1N | 主变压器高压侧监控单元 | 6MD635 | 1 |
| 2 | 2N | 差动保护单元 | 7UT612 | 1 |
| 3 | 3N | 主变压器低压侧监控单元 | 6MD632 | 1 |
| 4 | 4N | 主变压器高压侧过流后备保护 | 7SJ622 | 1 |
| 5 | 5N | 中性点零序过压保护 | 7RE411 | 1 |
| 6 | 6N | 主变压器低压保护单元 | 7SJ622 | 1 |
| 7 | 7N | 非电量保护单元 | NSP10 | 1 |
| 8 | 8N | 档位控制器 |  | 1 |
| 9 | 9N,10N | 主变压器高压侧操作箱 | NSP30C | 1 |
| 10 | 11N | BCD编码器 |  | 2 |
| 11 | SA,JA,TA | 按钮 |  | 3 |
| 12 | 1~24LP | 连接片 |  | 24 |
| 13 | 1~4QP | 切换片 |  | 4 |

图3-117　主变压器保护测控屏屏面布置图

## 二、学习目标

【能力目标】

- 能够了解主变压器保护测控屏屏面的设计理念及绘图思路；
- 能够正确使用电气符号和标注电气符号；
- 能够运用AutoCAD软件绘制图形。

【知识目标】

- 变电站综合自动化系统的功能概述；
- 图形符号、文字符号、标注方法及其使用。

【素质目标】

- 培养查阅资料、独立思考的能力；
- 培养团队合作精神；

- 培养与人交流能力；
- 培养认真负责的工作态度；
- 培养遵守标准的良好习惯。

## 三、知识准备

### 1 变电站综合自动化系统的功能概述

变电站综合自动化系统是利用先进的计算机技术、现代电子技术、通信技术和信息处理技术等实现对变电站二次设备（包括继电保护、控制、测量、信号、故障录波、自动装置及远动装置等）的功能进行重新组合、优化设计，对变电站全部设备的运行情况执行监视、测量、控制和协调的一种综合性的自动化系统。

通过变电站综合自动化系统内各设备间相互交换信息、数据共享，完成变电站运行监视和控制任务。变电站综合自动化替代了变电站常规的二次设备，简化了变电站二次接线。变电站综合自动化是提高变电站安全稳定运行水平、降低运行维护成本、提高经济效益、向用户提供高质量电能的一项重要技术措施。

### 2 图形符号、文字符号、标注方法及其使用

（1）图形符号，如表 3-3 所示。

表 3-3 主变压器保护测控屏屏面符号表

| 序号 | 图形 | 图形名称 | 序号 | 图形 | 图形名称 |
|---|---|---|---|---|---|
| 1 | 28<br>32 | 2N、4N、6N、7N 测控 | 4 | 30<br>10 | 8N 测控 |
| 2 | 37<br>32 | 3N 测控 | 5 | R1<br>5 | 连接片 |
| 3 | 13<br>29 | 5N 测控 | 6 | 60° | 切换片 |

（2）文字符号。文字标注采用“仿宋”样式，字高为 5。

### 3 绘图思路

测控屏前视图轮廓线→测控及保护单元的矩形→连接片及切换片→补充绘制 8N 上方的 3 个按钮→绘制材料表并标注文字。

## 四、工作过程导向

### 1　画测控屏前视图轮廓线和测控及保护单元的矩形

（1）画一条长 105 的水平直线。

（2）向下偏移复制直线，偏移距离为 7。

（3）重复执行偏移复制命令 7 次，向下偏移复制直线，偏移距离依次为 9、13、11、33、120、7、80，如图 3-118（a）所示。

（4）画连接最上面及最下面水平直线左端点的竖线。

（5）执行偏移复制命令 3 次，向右偏移复制直线，偏移距离依次为 4、9、3，如图 3-118（b）所示。

（6）将 4 条竖线镜像复制至右侧，如图 3-118（c）所示。

（7）执行修剪命令，得到如图 3-118（d）所示的图形。

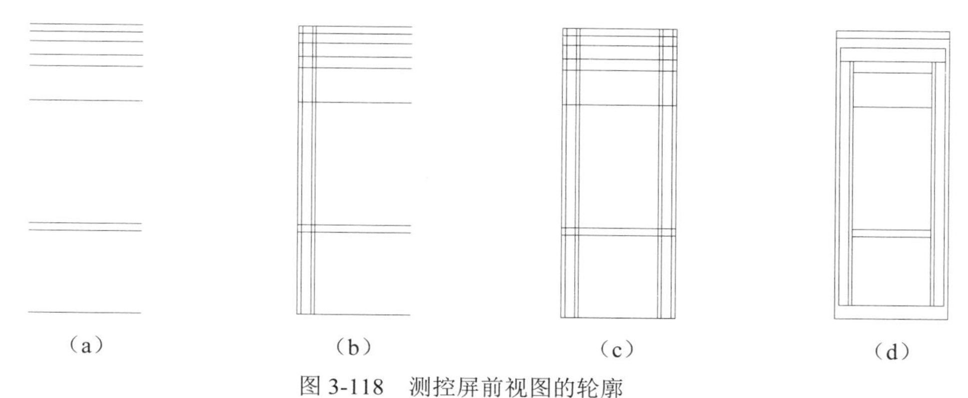


图 3-118　测控屏前视图的轮廓

（8）2N～8N 测控及保护单元均可用矩形表示，尺寸参见图 3-119。

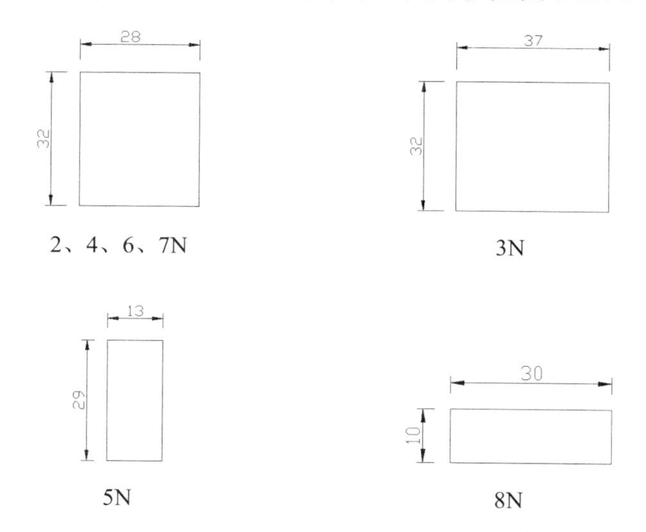


图 3-119　各功能单元的尺寸

（9）执行移动及复制命令，将表示 2N→8N 测控及保护单元的矩形放置到合适位置，如图 3-120 所示。

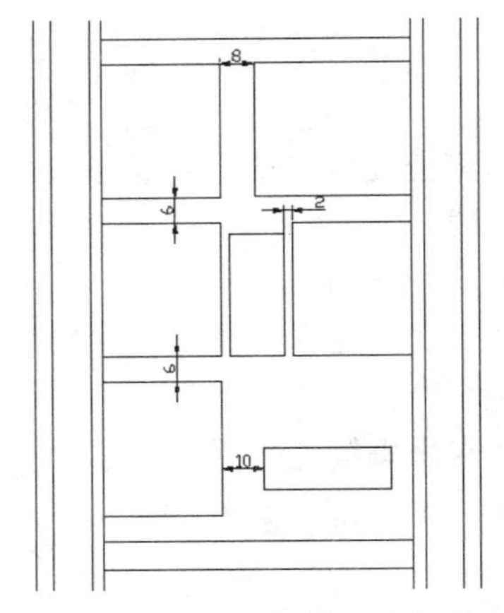

图 3-120 矩形框的相对位置

## 2 画连接片及切换片

（1）画一个宽 2，高 5 的矩形，如图 3-121（a）所示。

（2）画两个以矩形的宽为直径的圆，如图 3-121（b）所示。

（3）修剪掉矩形的上、下边，如图 3-121（c）所示。

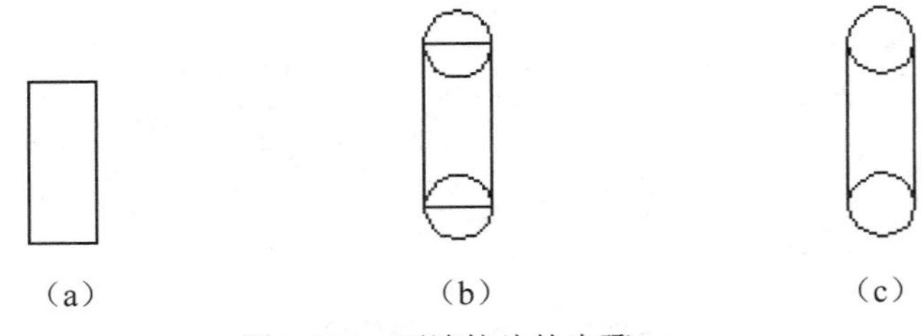

图 3-121 画连接片的步骤

（4）将图 3-121（c）所示的连接片移动到图 3-122（a）所示的位置。

（5）将连接片图形进行矩形阵列：3 行、8 列、行间距 10、列间距 7，如图 3-122（b）所示。

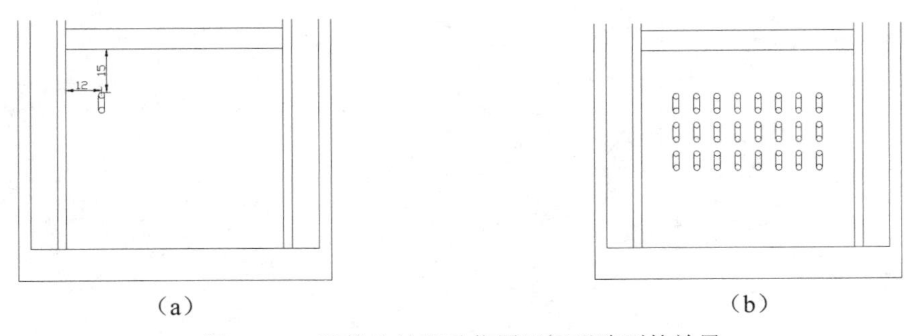

图 3-122 连接片的移动位置及矩形阵列的效果

（6）复制一个连接片图形至下方合适位置，见图 3-123（a）。

（7）将复制得到的连接片旋转 90 度，放置基点为该连接片上面圆的圆心，见图 3-123（b）。

（8）再复制一个连接片图形至图 3-123（c）所示的位置。

（9）将第（8）步复制得到的连接片图形旋转 30 度，旋转基点为该连接片上面圆的圆心，见图 3-123（d）。

（10）镜像复制旋转后的连接片，得到一组切换片的图形，如图 3-123（e）所示。

（11）将切换片图形进行矩形阵列：1 行、4 列、行间距 14，效果如图 3-123（f）所示。

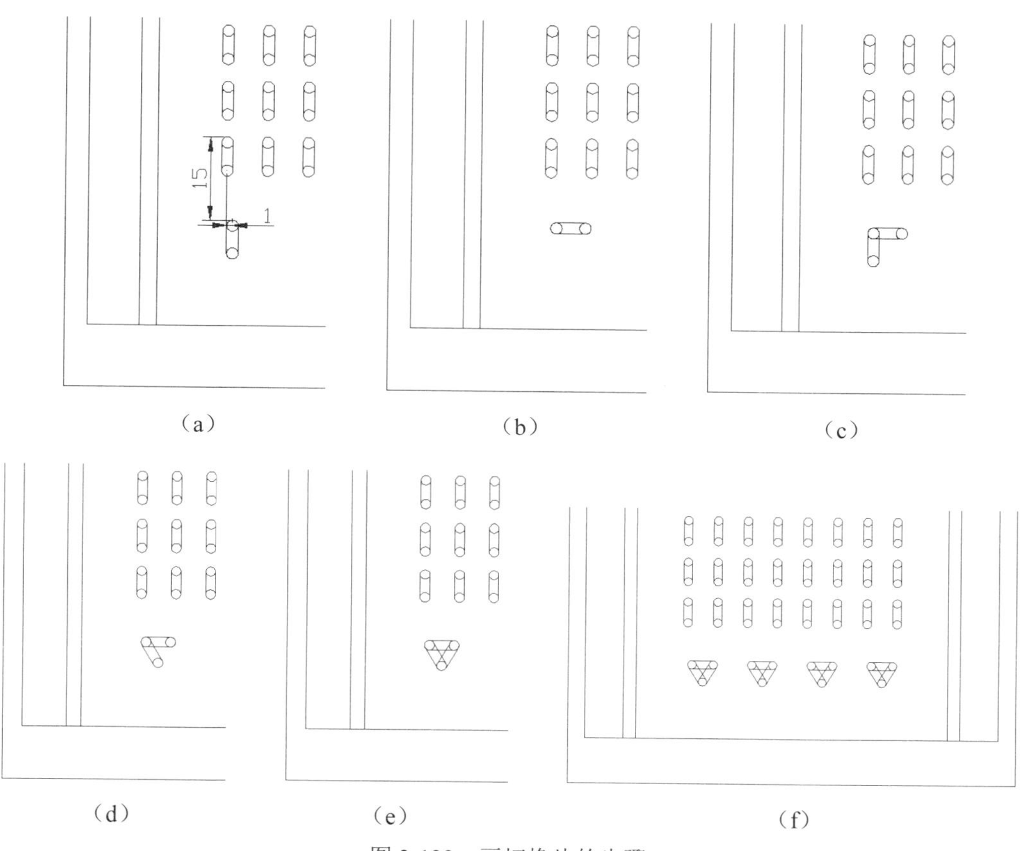


图 3-123　画切换片的步骤

## 3　补充绘制 8N 上方的 3 个按钮

绘制时取圆的半径为 1.5，相邻圆心距离为 8。

## 4　绘制材料表并标注文字

（1）绘制材料表，内容如表 3-4 所示，线条间的尺寸如图 3-124 所示。

表 3-4　安装屏上的材料表

| 序号 | 代号 | 名称 | 型号 | 数量 |
|---|---|---|---|---|
| 1 | 1N | 主变压器高压侧监控单元 | 6MD635 | 1 |
| 2 | 2N | 差动保护单元 | 7UT612 | 1 |
| 3 | 3N | 主变压器低压侧监控单元 | 6MD632 | 1 |
| 4 | 4N | 主变压器高压侧过流后备保护 | 7SJ622 | 1 |
| 5 | 5N | 中性点零序过压保护 | 7RE411 | 1 |
| 6 | 6N | 主变压器低压保护单元 | 7SJ622 | 1 |
| 7 | 7N | 非电量保护单元 | NSP10 | 1 |
| 8 | 8N | 档位控制器 |  | 1 |

续表

| 序号 | 代号 | 名称 | 型号 | 数量 |
|---|---|---|---|---|
| 9 | 9N，10N | 主变压器高压侧操作箱 | NSP30C | 1 |
| 10 | 11N | BCD 编码器 | | 2 |
| 11 | SA，JA，TA | 按钮 | | 3 |
| 12 | 1～24LP | 连接片 | | 24 |
| 13 | 1～4QP | 切换片 | | 4 |

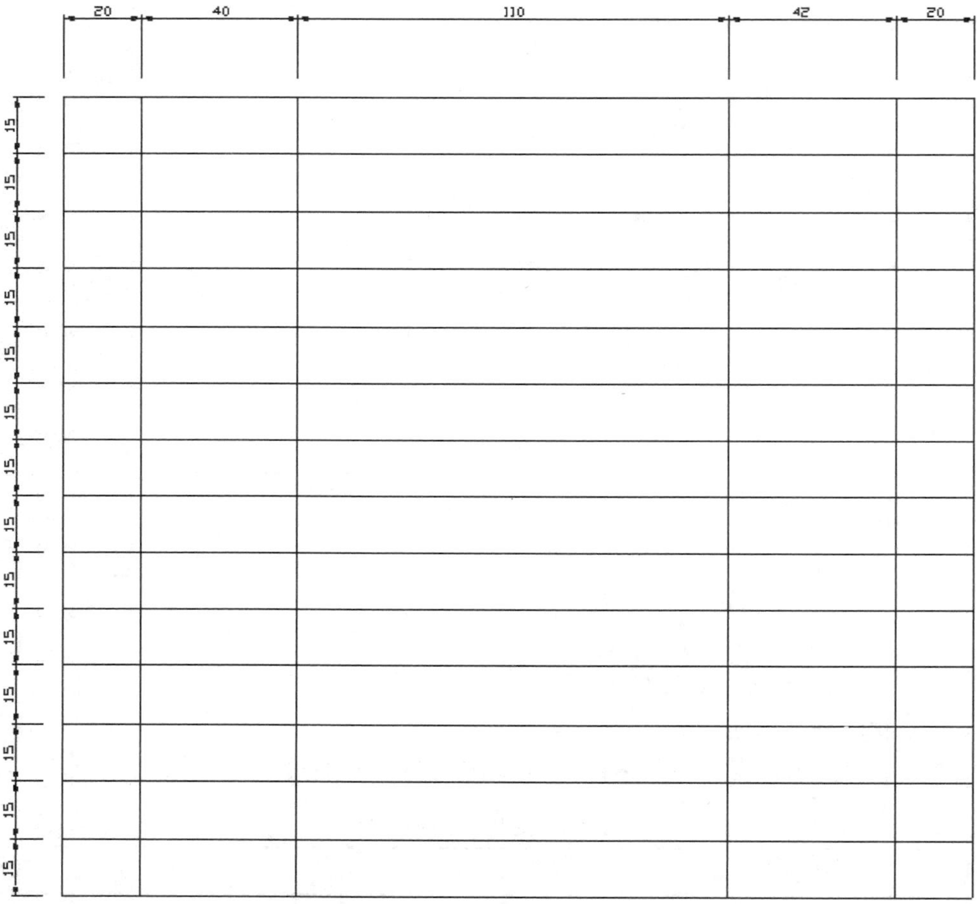

图 3-124　绘制的材料表

（2）标注文字。文字标注采用“仿宋”样式，字高为 5。

# 工作任务 3.6　35kV 配电装置图的绘制

## 一、工作任务分析

图 3-125 配电装置图主要由基本框架线组成，这里主要介绍配电房装置图的绘制方法。

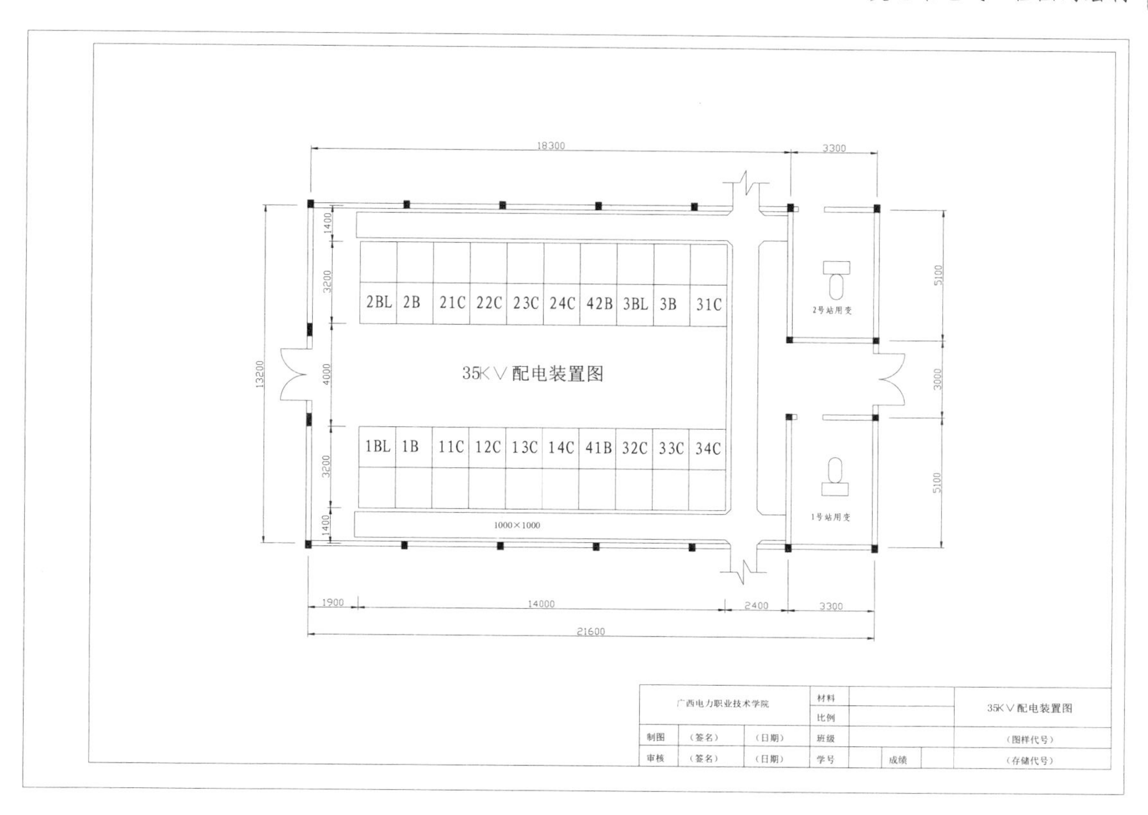


图 3-125　35kV 配电装置图

## 二、学习目标

【能力目标】

- 能够了解 35kV 配电装置图的设计理念及绘图思路；
- 能够正确使用电气符号和标注电气符号；
- 能够运用 AutoCAD 软件绘制图形。

【知识目标】

- 35kV 配电装置图的功能概述；
- 图形符号、文字符号、标注方法及其使用。

【素质目标】

- 培养查阅资料、独立思考的能力；
- 培养团队合作精神；
- 培养与人交流能力；
- 培养认真负责的工作态度；
- 培养遵守标准的良好习惯。

## 三、知识准备

### 1　配电装置的功能概述

配电室（配电柜、配电箱）是用来计量和控制电能的分配装置，由母线、开关设备、保护电器、测量仪表和其他附件等组成。其布置应满足电力系统正常运行的要求，便于检修，不危及人身及周围设备的安全。通常设在发电厂、变配电所等处。

### 2　设计理念与绘图思路

本节图形绘制比较简单，主要训练学生绘制综合框架的能力，使学生的绘图技能得到更好的提高。

## 四、工作过程导向

### 1　图纸布局

（1）绘图空间图形界限的设置。通常绘图界限的左下角点为默认值，右上角点的设置可根据用户绘制图形的大小设定，本图的右上角点设置为“右上角点 <25000.0000,15000.0000>”。

（2）图层的设置。本图包括定位线层、图形线框层、标注层三层，还可根据各图纸的不同情况进行灵活设置。

### 2　定位线层的绘制

根据标注距离在定位线层画构造线，以偏移方式确定各部分图形线框。为减小构造线对绘制图形线框的影响，利用修剪命令对构造线进行初步修剪，结果如图 3-126 所示。

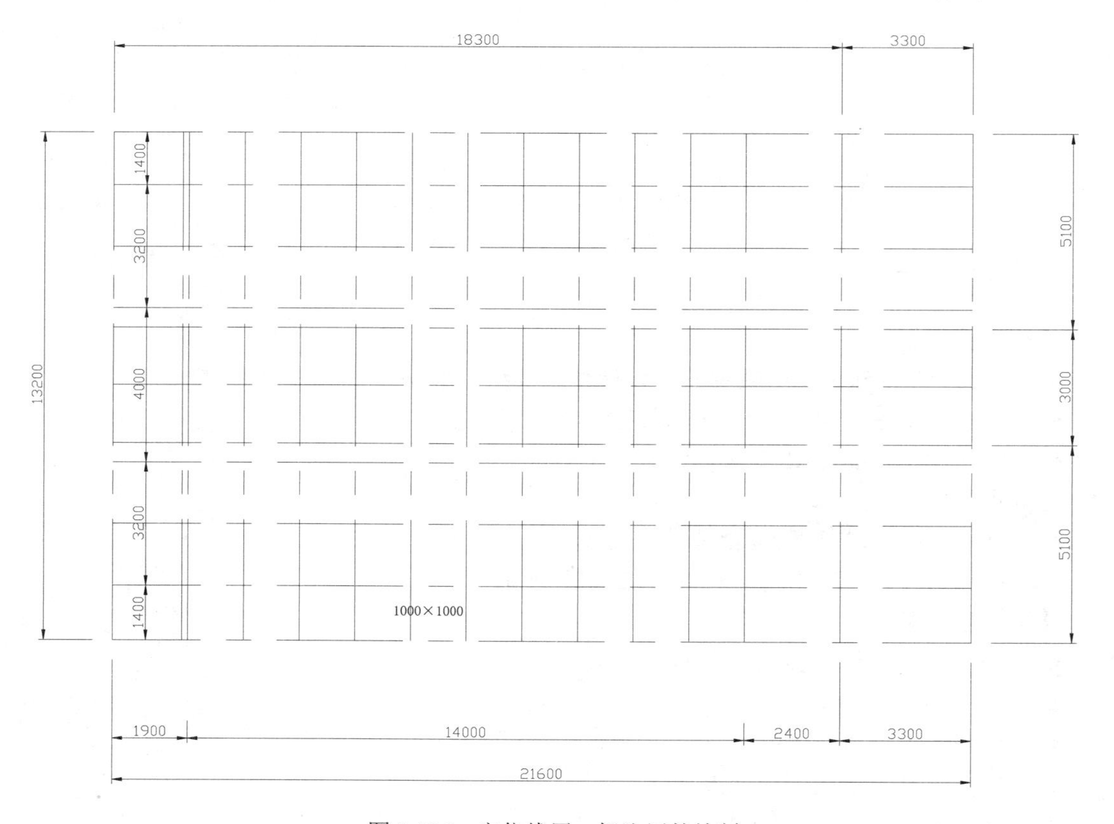


图 3-126　定位线层、标注层的绘制

### 3　图形线框层、标注层的绘制

根据定位线所标示的位置，用直线、圆、偏移命令绘制出各图形线框，再切换至标注层对各线框部分进行标注，如图 3-127 所示。

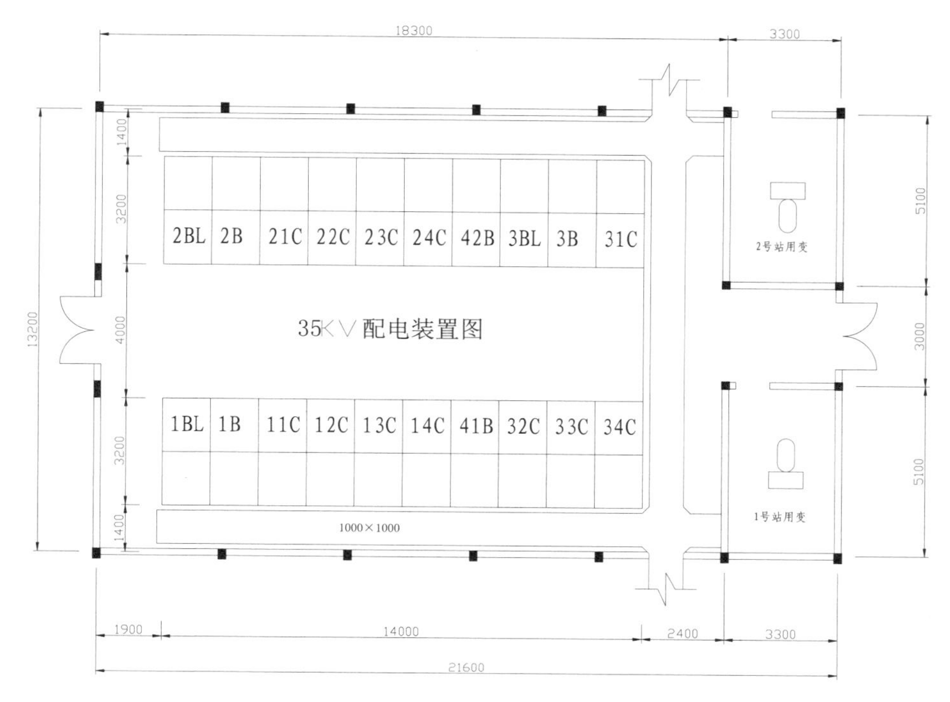


图 3-127　图形线框层、标注层的绘制

# 工作任务 3.7　高压侧保护交流回路图

## 一、工作任务分析

主变压器保护监控的工程图纸实例是变电站自动化系统中的一个重要部分。一个比较常用的、配置比较简单的 110kV/10kV 双绕组变压器包括保护配置图、远动配置图、保护监控原理图、保护监控屏配屏图等。保护监控原理图包括高压侧保护交流回路、高压侧信号回路、差动保护交流回路、低压侧保护交流回路、测量交流回路等，其中高压侧保护交流回路由交流电流输入、零序电流输入、交流电压输入组成。本节主要介绍高压侧保护交流回路图的绘制方法。

## 二、学习目标

【能力目标】

- 能够了解高压侧保护交流回路图的设计理念及绘图思路；
- 能够正确使用电气符号和标注电气符号；
- 能够运用 AutoCAD 软件绘制图形。

【知识目标】

- 二次回路的概念、识图知识的应用技巧；
- 图形符号、文字符号、标注方法及其使用。

【素质目标】

- 培养查阅资料、独立思考的能力；
- 培养团队合作精神；

- 培养与人交流能力；
- 培养认真负责的工作态度；
- 培养遵守标准的良好习惯。

## 三、知识准备

### 1 理论知识

（1）二次回路的概念。

测量回路、继电保护回路、开关控制及信号回路、操作电源回路、断路器和隔离开关的电气闭锁回路等全部是低压回路。由二次设备互相连接，构成对一次设备进行监测、控制、调节和保护的电气回路称为二次回路。二次回路是在电气系统中由互感器的次级绕组、测量监视仪器、继电器、自动装置等通过控制电缆连成的电路，用以控制、保护、调节、测量和监视一次回路中各参数和各元件的工作状况。用于监视测量表（计）、控制操作信号、继电保护和自动装置等所组成电气连接的回路均称为二次回路或称为二次接线。

（2）识图。

常用的继电保护接线图包括继电保护的原理接线圈、二次回路原理展开图、施工图（又称背面接线图）、盘面布置图。

（3）看图。

①“先看一次，后看二次”。这里“一次”指：断路器、隔离开关、电流、电压互感器、变压器等，了解这些设备的功能及常用的保护方式，如变压器一般需要装过电流保护、电流速断保护、过负荷保护等，掌握各种保护的基本原理；再查找一次、二次设备的转换、传递元件，一次变化对二次变化的影响等。

②“看完交流，看直流”。指先看二次接线图的交流回路，以及电气量变化的特点，再由交流量的“因”查找出直流回路的“果”。一般交流回路较简单。

③“交流看电源、直流找线圈”。指交流回路一般从电源入手，包含交流电流、交流电压回路两部分；先找出由哪个电流互感器或哪一组电压互感器供电（电流源、电压源），变换的电流、电压量所起的作用，它们与直流回路的关系、相应的电气量由哪些继电器反映出来。

④“线圈对应查触头，触头连成一条线”。指找出继电器的线圈后，再找出与其相应的触头所在的回路，一般由触头再连成另一回路；此回路中又可能串接有其他的继电器线圈，由其他继电器的线圈又引起它的触头接通另一回路，直至完成二次回路预先设置的逻辑功能。

⑤“上下左右顺序看，屏外设备接着连”。主要针对展开图、端子排图及屏后设备安装图，原则是由上向下、由左向右看，同时结合屏外的设备一起看。

### 2 图形符号、文字符号、标注方法及其使用

本案例共有 5 个元件符号，为了方便调用，将其定义为块，详见表 3-5。

表 3-5 高压侧保护交流回路图的元件符号表

| 元件名称 | 元件符号 | 元件符号尺寸 | 块的操作 |
|---|---|---|---|
| 电流互感器符号 | | R2<br>10 | 名称：1-电流互感器符号<br>拾取中心点：两圆相交点 |

续表

| 元件名称 | 元件符号 | 元件符号尺寸 | 块的操作 |
|---|---|---|---|
| 接线端符号 | | R1<br>4 | 名称：2-接线端符号<br>拾取中心点：圆心 |
| 接入端符号 | | R1，5 | 名称：3-接入端符号<br>拾取中心点：圆心 |
| 接地符号 | | 1<br>2 | 名称：4-接地符号<br>拾取中心点：第一条直线中心 |
| 电压线圈符号 | | R2<br>10 | 名称：5-电压线圈符号<br>拾取中心点：两圆相交点 |

## 3　设计理念与绘图思路

本小节通过绘制高压侧保护交流回路图，了解主变压器保护交流回路的组成，通过绘图，熟悉 AutoCAD 常用绘图命令中的矩形、圆、直线，修改命令中的复制、移动、镜像、修剪、偏移以及文字标注的使用。

## 四、工作过程导向

绘制如图 3-128 所示的高压侧保护交流回路图。

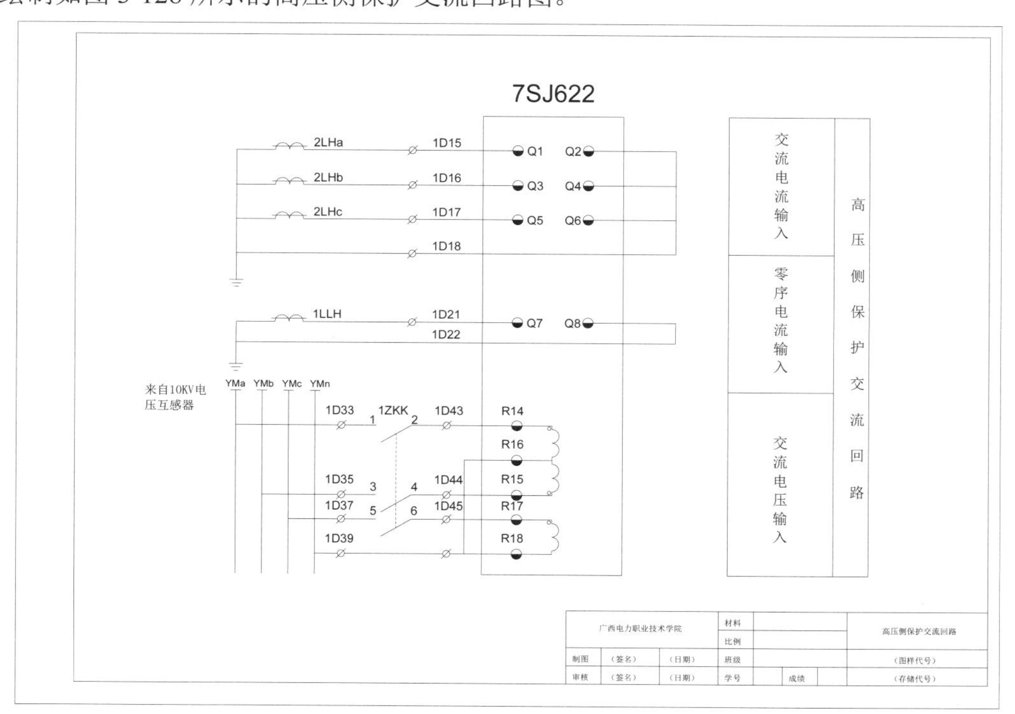


图 3-128　高压侧保护交流回路图

### 1 图纸布局

（1）绘图空间图形界限的设置。

使用“A3 样板”新建文件，并切换到模型空间。设置图形界限为：左下角点为（0,0），右上角点为（420,297）。执行“视图”→“缩放”→“全部”命令。

（2）图层的设置，该图中包括定位线、电气符号、连接线、标注图层，各图层的具体设置如表 3-6 所示。

表 3-6 各图层具体设置表

| 名称 | 颜色 | 线型 | 线宽 |
| --- | --- | --- | --- |
| 定位线 | 8 | CENTER2 | 默认 |
| 电气符号 | 白色 | Continuous | 0.3 |
| 连接线 | 白色 | Continuous | 默认 |
| 标　注 | 绿色 | Continuous | 默认 |

### 2 定位线层的绘制

在定位线层画构造线，以“偏移”工具确定各部分图形要素的位置。为减少构造线对绘制图形元素的影响，利用“修剪”工具对构造线进行初步修剪。水平、垂直构造线的偏移距离参见图 3-129。

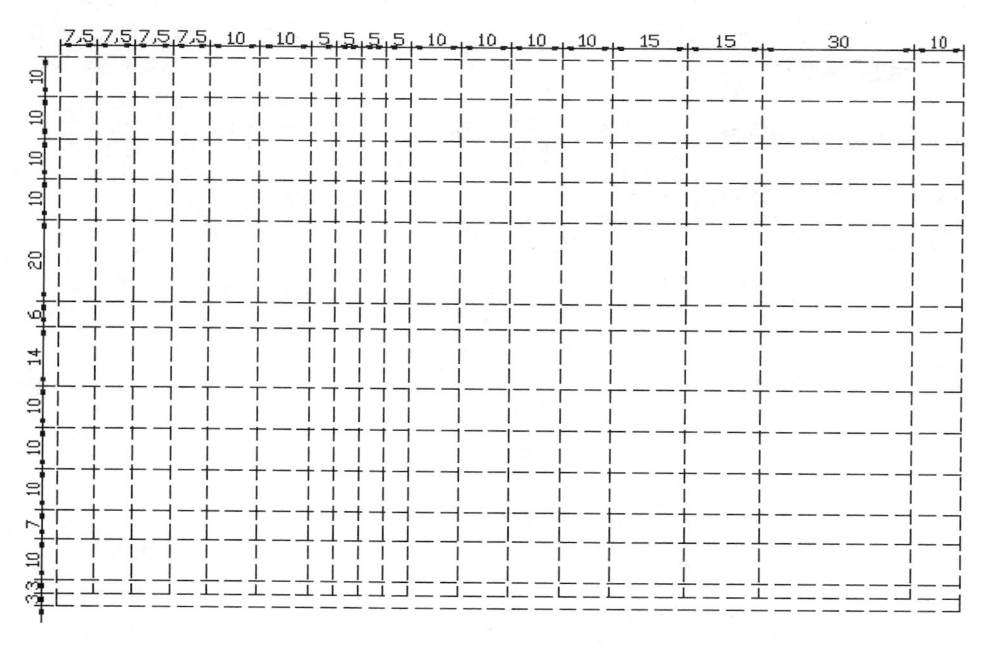


图 3-129 修剪后形成的图纸分区

从左到右，定位线偏移距离依次为 7.5，7.5，7.5，7.5，10，10，5，5，5，5，10，10，10，10，15，15，30，10；由上至下，定位线的偏移距离依次为 10，10，10，10，20，6，14，10，10，10，7，10，3，3。

### 3 电气符号层的绘制

在电气符号层进行以下绘制。

（1）绘制电流互感器符号。

①使用“圆形”工具，绘制一个半径为2的圆形。

②使用“复制”工具，以圆形左象限点为复制基点，捕捉圆形右象限点，见图3-130（a）。

③使用“直线”工具，分别以左圆的左象限点向左1个单位和右圆的右象限点向右1个单位为起点、端点绘制一条直线，见图3-130（b）。

④使用“修剪”工具，利用直线作修剪边，修剪两个下半圆，见图3-130（c）。

⑤用“偏移”工具，将直线向上偏移1个单位，见图3-130（d）。

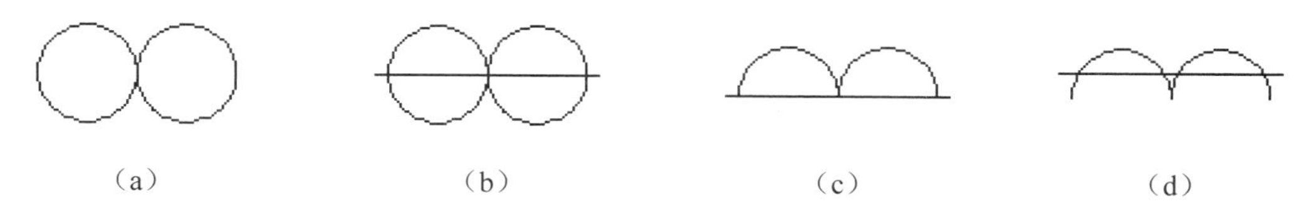


图3-130　绘制电流互感器符号

（2）绘制接线端符号。

①使用“圆形”工具，绘制一个半径为1的圆形。

②使用“直线”工具，分别以该圆的上象限点向上1个单位和下象限点向下1个单位为起点、端点绘制一条直线，见图3-131（a）。

③使用“旋转”工具，以圆心为旋转基点，旋转角度为-45度，顺时针旋转，见图3-131（b）。

（3）绘制保护装置的接入端符号。

①使用“圆形”工具，绘制一个半径为1.5的圆形。

②使用“直线”工具，分别以该圆的左象限点和右象限点为起点、端点绘制一条直线，见图3-132（a）。

③使用“填充”工具，选择下半圆填充黑色，删除直线，见图3-132（b）。

图3-131　绘制接线端符号　　　图3-132　绘制保护装置的接入端符号

（4）绘制接地符号。

①使用“直线”工具，绘制一条长度为4的直线。

②使用“偏移”工具，将该直线向下偏移3条直线，偏移值分别为1、2、3，见图3-133（a）。

③使用“直线”工具，以最上方直线的左端点和最下方直线的中点为起点、端点绘制一条直线，见图3-133（b）。

④使用“镜像”工具，以最上方直线中点和最下方直线中点的连线作为镜像线，镜像该直线，见图3-133（c）。

⑤使用“修剪”工具，以左右倾斜直线作为修剪边，修剪靠外的直线部分，删除最下方

直线和两条倾斜直线，见图 3-133（d）。

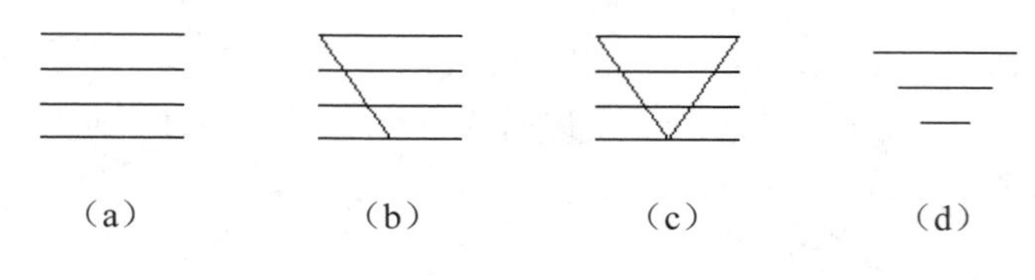


图 3-133　绘制接地符号

（5）绘制电压线圈符号。

①使用“圆形”工具，绘制一个半径为 2 的圆形。

②使用“复制”工具，以圆形上象限点为复制基点， 捕捉圆形下象限点，见图 3-134（a）。

③使用“直线”工具，分别以上圆的上象限点向上 1 个单位和下圆的下象限点向下 1 个单位为起点、端点绘制一条直线，见图 3-134（b）。

④使用“修剪”工具，利用直线作修剪边，修剪两个左半圆以及圆内直线，见图 3-134（c）。

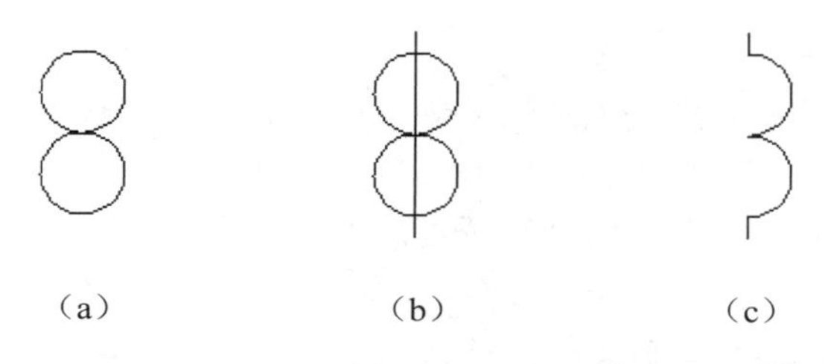


图 3-134　绘制电压线圈符号

### 4　连接线层的绘制

在连接线层进行以下绘制。

（1）绘制支路 1。使用“移动”工具将各组件移至支路的适合位置，并通过“修剪”工具完成支路的绘制，见图 3-135。

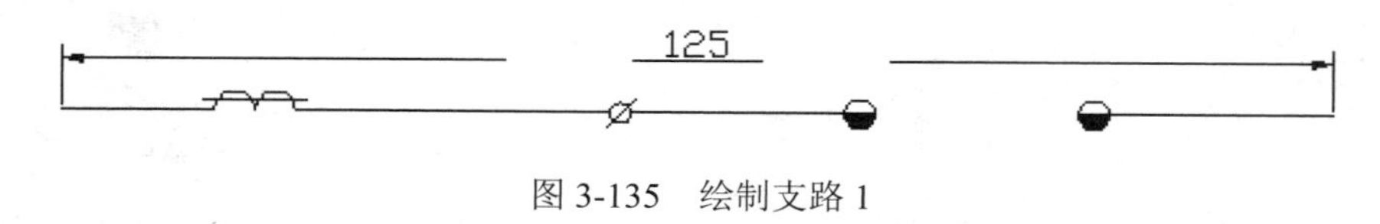


图 3-135　绘制支路 1

（2）绘制支路 2。使用“移动”工具将各组件移至支路的适合位置，并通过“修剪”工具完成支路的绘制，见图 3-136。

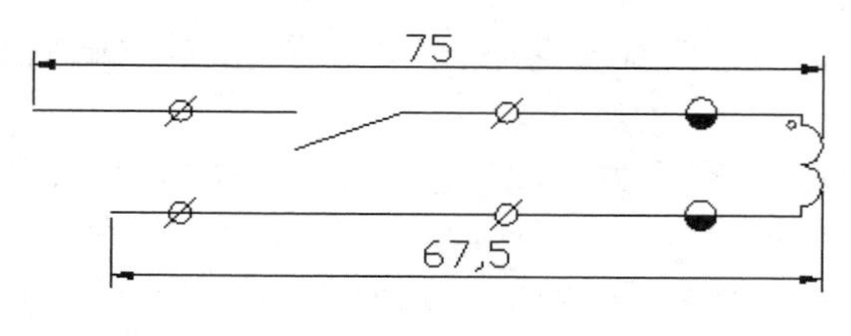


图 3-136　绘制支路 2

（3）绘制所有支路及框架。使用“移动”工具将绘制好的支路移至合适位置，并通过“删除”工具、“修剪”工具等完成所有支路及框架的绘制，见图 3-137。

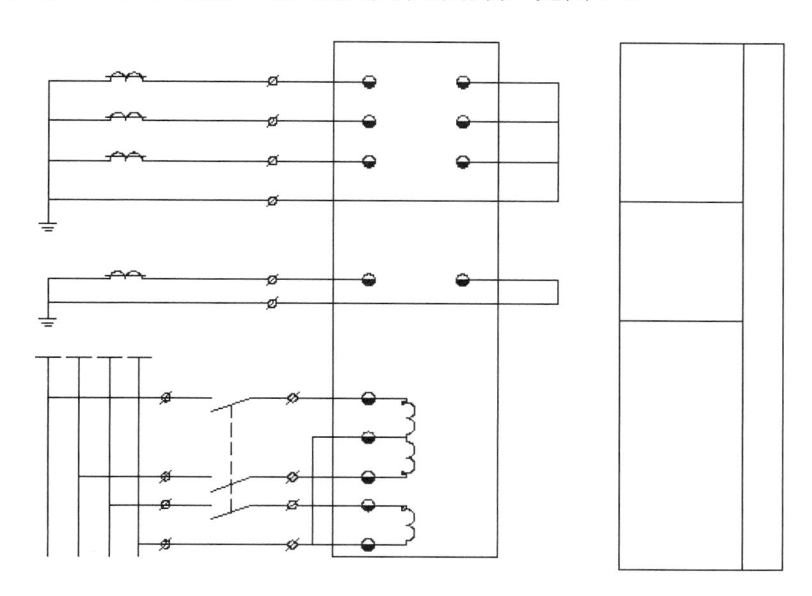

图 3-137　绘制所有支路及其框架

### 5　标注层的绘制

（1）设置文字样式。在“格式”菜单中新建两个文字样式，其中一个命名为“文字标注”，字体为“宋体”，字高为“4”，用于标注文字；另一个命名为“字母标注”，字体为“宋体”，字高为“3”，用于数字字母标注。

（2）添加标注。在标注层对图形添加标注，完成后如图 3-128 所示。

## 【拓展项目】

1．完成如图 3-138 所示的 KYN1-12 开关柜盘面布置图。

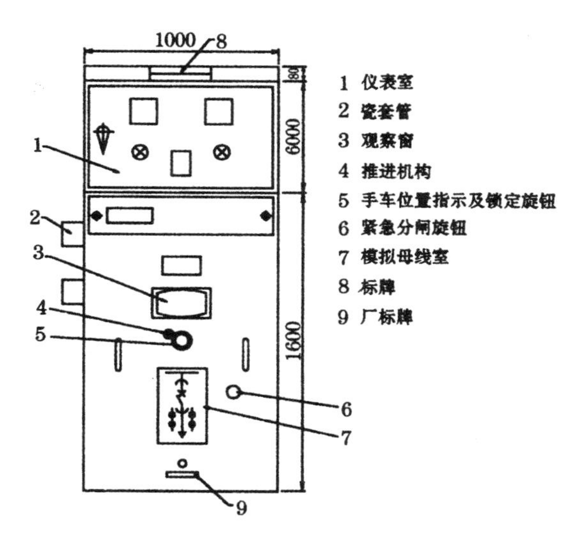


图 3-138　KYN1-12 开关柜盘面布置图

2．完成如图 3-139 所示的配电变压器台区图。

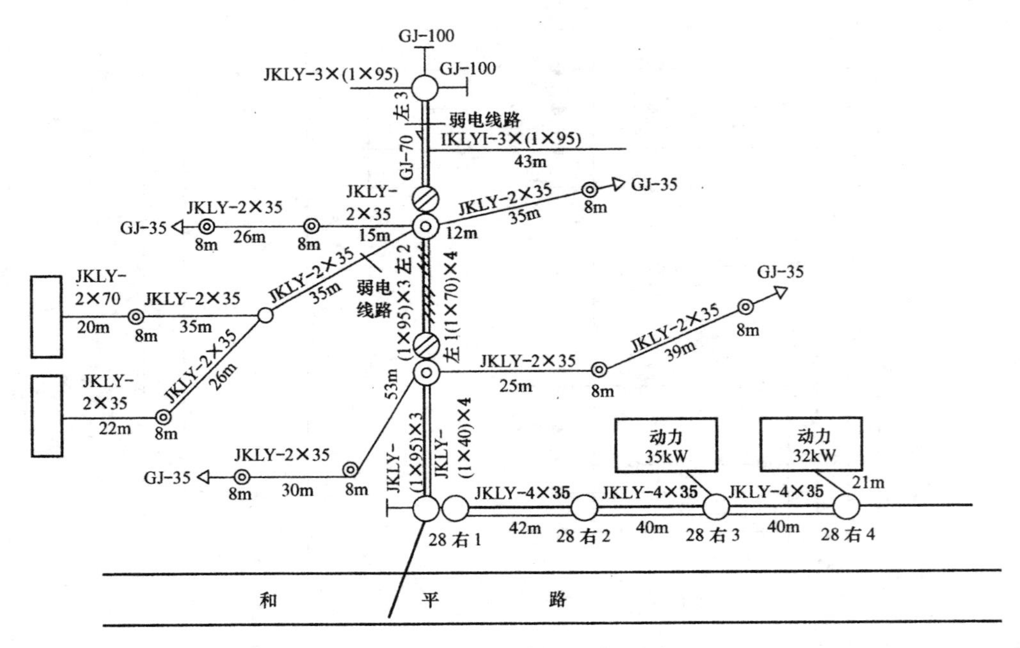

图 3-139　配电变压器台区图

3．完成如图 3-140 所示的主变压器保护直流回路图。

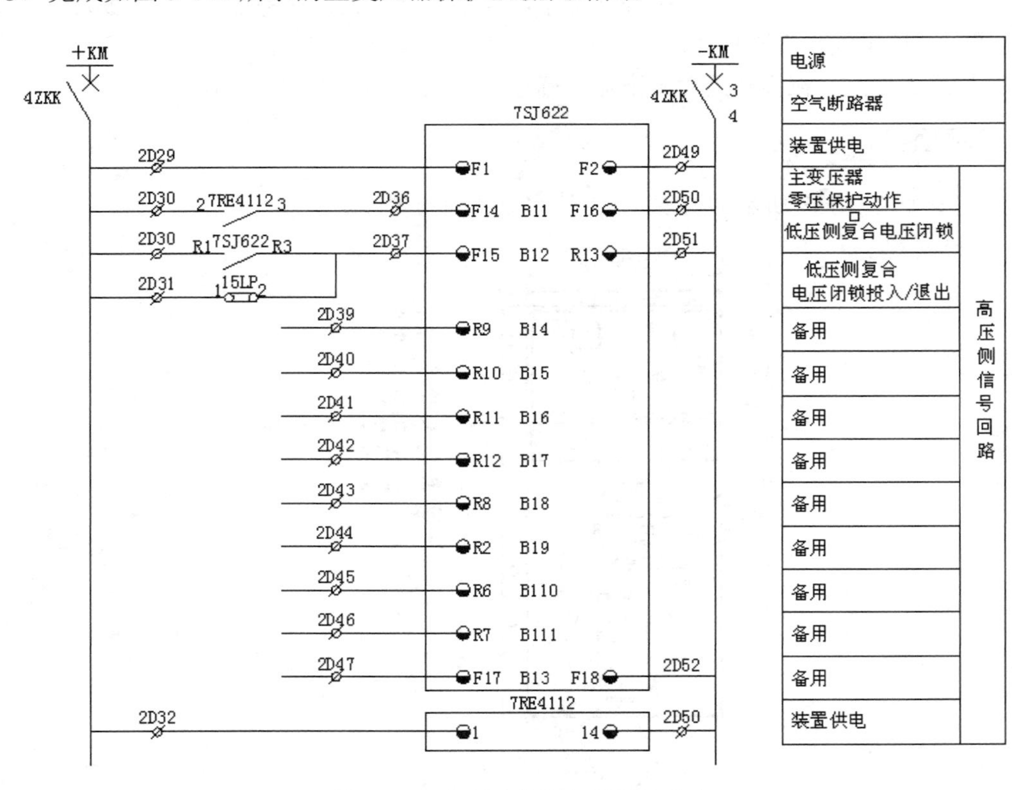

图 3-140　主变压器保护直流回路图

4．完成如图 3-141 所示的变电所主接线图。

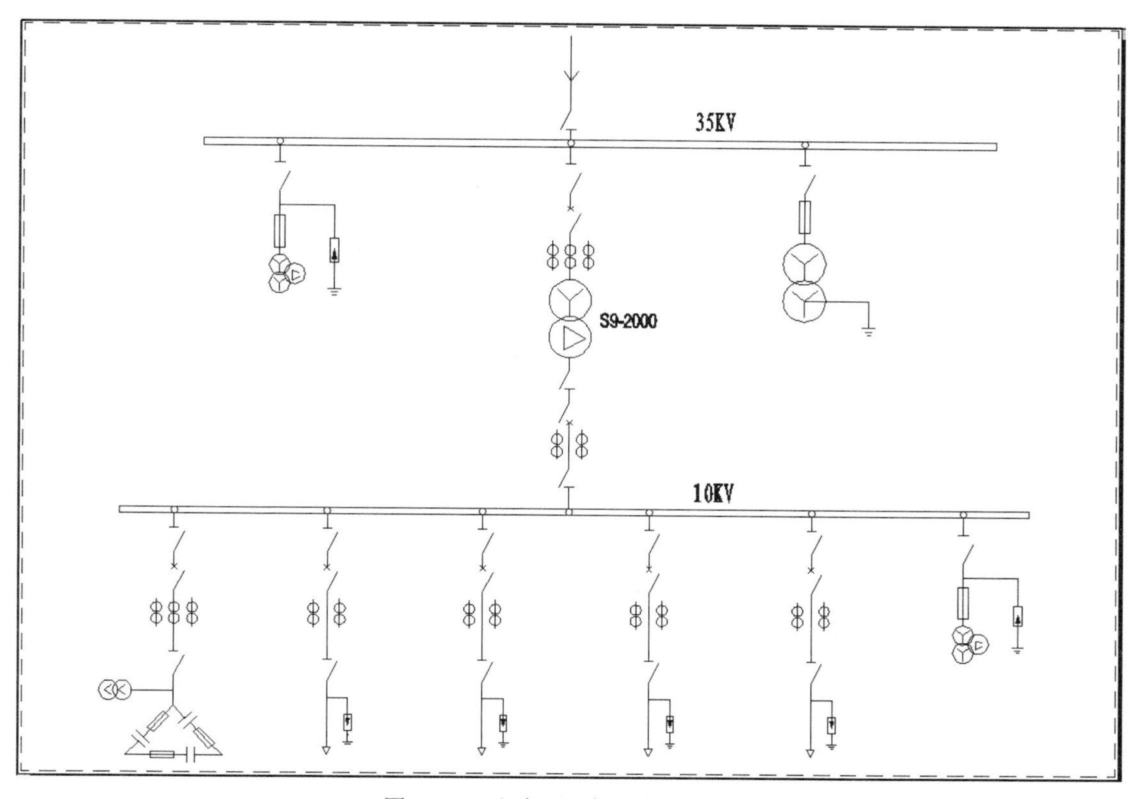


图 3-141　主变压器保护直流回路图

# 项目 4　某学生宿舍楼建筑施工图的绘制

## 工作任务 4.1　某学生宿舍楼建筑平面图的绘制

### 一、工作任务分析

建筑平面图，即水平剖面图，它是假想用一水平的剖切平面，沿着房屋的门窗洞口位置将房屋剖开，移去剖切平面以上的部分，将余下的部分以水平投影方法得到的投影图。

建筑平面图的主要内容有：轴线与编号、内部结构和朝向、门窗型号、内部尺寸、外部尺寸、标高尺寸、文本注释、剖切位置、详图的位置及编号、图名及比例等。

建筑平面图基本绘图基本步骤如下：

（1）设置绘图环境；

（2）绘制施工图定位轴线；

（3）定位门、窗、阳台等构件的位置；

（4）绘制墙体；

（5）在平面图上创建出门、窗、柱、楼梯、阳台等建筑细部构件；

（6）在平面图上标注必要的文字注释；

（7）在平面图上标注尺寸；

（8）为平面图标注必要的符号，如轴标号、标高、剖切符号等。

整体建筑平面图是通过 CAD 常用绘图命令、CAD 常用编辑命令来完成图形的绘制。

### 二、学习目标

【能力目标】

- 能够了解平面图绘图思路及平面图设计理念；
- 能够了解平面图绘图过程；
- 能够运用 AutoCAD 软件绘制楼房建筑平面图。

【知识目标】

- 建筑平面图的功能概述；
- 墙体的绘制、建筑细部构件的绘制、标注方法。

【素质目标】

- 培养查阅资料、独立思考的能力；
- 培养与人交流能力；
- 培养认真负责的学习态度；
- 培养遵守标准的良好习惯。

## 三、知识准备

### 1　建筑平面图的功能概述

建筑平面图是建筑设计、施工图纸中的重要组成部分，它反映建筑物的功能需要、平面布局及其平面的构成关系，是决定建筑立面及内部结构的关键环节。其主要反映建筑的平面形状、大小、内部布局、地面、门窗的具体位置和占地面积等情况。建筑平面图是新建建筑物的施工及施工现场布置的重要依据，也是设计及规划给排水、强弱电、暖通设备等专业工程平面图和绘制管线综合图的依据。

### 2　绘图平面图的常用命令

AutoCAD 常用绘图命令：Layer（图层）、Attdef（属性定义）、Mline（多线）、Xline（构造线）、Arc（弧）、Pline（多段线）、Dimstyle（标注样式）、Dimlinear（线性标注）、Dimcontinue（连续标注）等。

AutoCAD 常用编辑命令：Array（阵列）、Offset（偏移）、Trim（修剪）、Fillet（圆角）、Chamfer（倒角）、Rotate（旋转）、Move（移动）等。

## 四、工作过程导向

### 工作任务 4.1.1　设置绘制平面图的样板文件

### 1　了解绘图样板

样板文件就是包含一定绘图环境和专业参数的设置，但并未绘制图形对象的空白文件，当将此空白文件保存为.dwt 格式后就成了样板图文件。

### 2　绘图环境的设置

（1）新建文件，如图 4-1 所示。

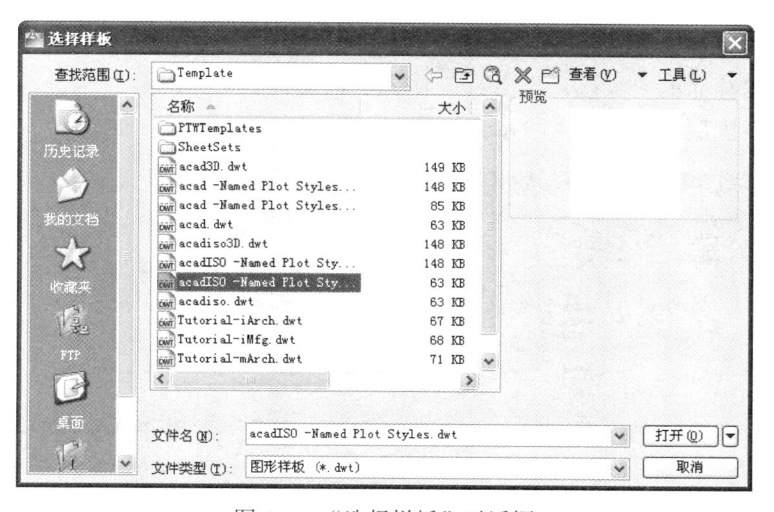


图 4-1　“选择样板”对话框

（2）设置绘图单位为毫米，如图 4-2 所示。

（3）设置作图区域。采用 A1 图纸打印出图，选择菜单栏中的“格式”→“图形界限”命令，设置默认作图区域为 84100×59400。

④执行菜单栏中的“视图”→“缩放”→“全部”命令，将设置的图形界限最大化显示。

### 3 常用捕捉的设置

常用捕捉的设置，如图 4-3 所示。

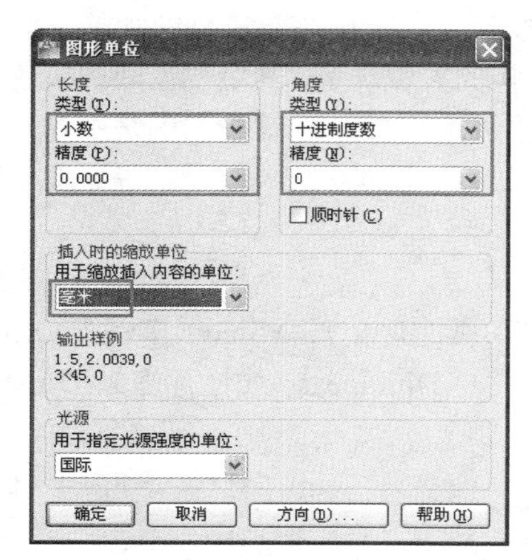


图 4-2 设置长度、角度等参数

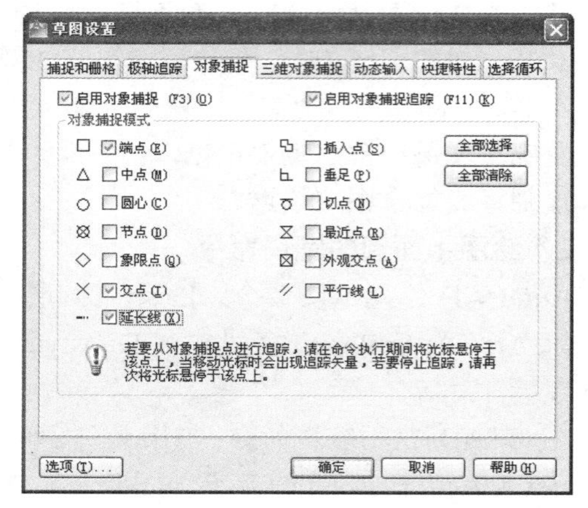


图 4-3 设置捕捉参数

### 4 常用变量的设置

（1）设置线型比例。由于线型比例的原因，有些线型可能显示不出自身的特点，此时可以使用系统变量 LTSCALE 调整线型的显示比例。

命令：LTSCALE　　　　　//激活此系统变量

输入 LTSCALE 的新值<1>: 0　　//将变量值设置为 0

（2）设置文字的可读性。使用系统变量 MIRRTEXT 可以设置镜像文字的可读性。

命令：MIRRTEXT　　　　　//激活此系统变量

输入 MIRRTEXT 的新值<1>: 0　//将变量值设置为 0

（3）最后执行菜单栏中的“文件”→“保存”命令，将文件命名存储为“绘图环境.dwg”。

### 5 图层及特性的设置

（1）以上面存储的“绘图环境.dwg”作为当前文件。

（2）设置新图层，如图 4-4 所示创建图层并设置参数。

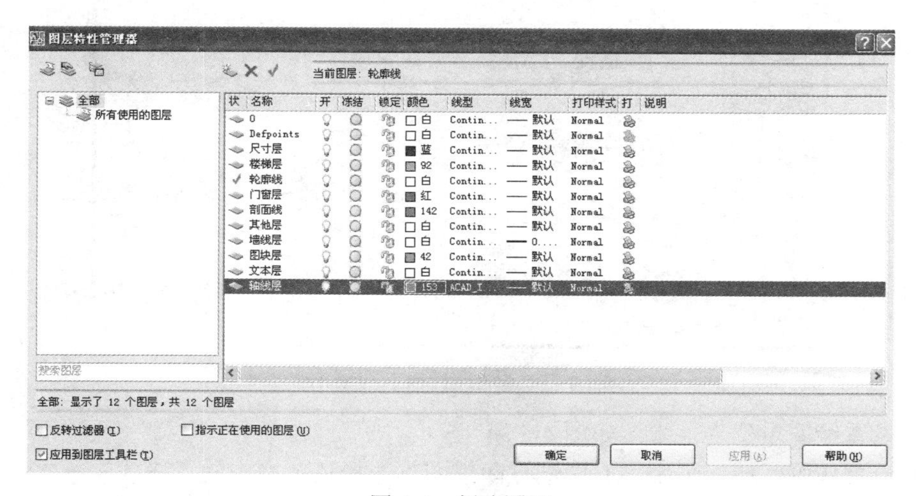


图 4-4 创建图层

## 6　常用样式的设置

（1）设置文字样式，如图 4-5 至图 4-8 所示。

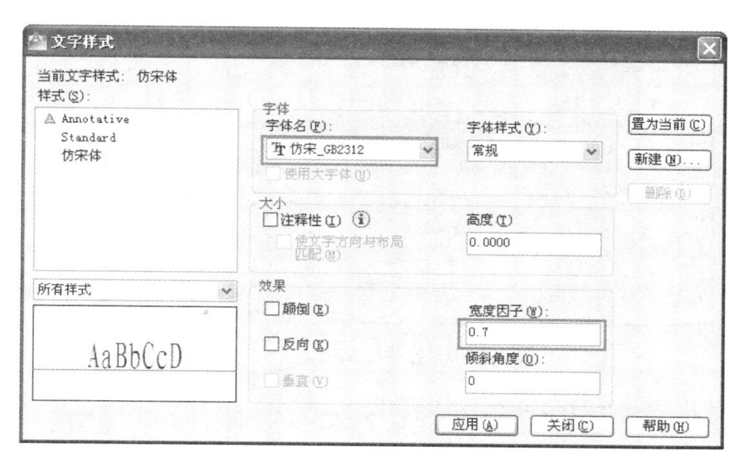


图 4-5　设置“仿宋体”样式

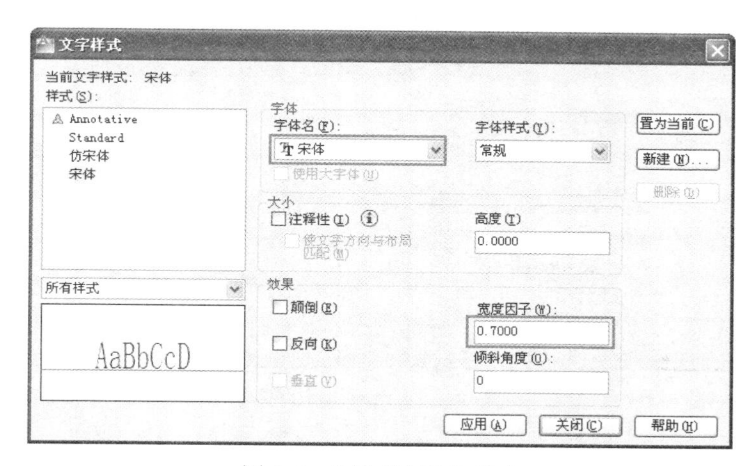


图 4-6　设置“宋体”样式

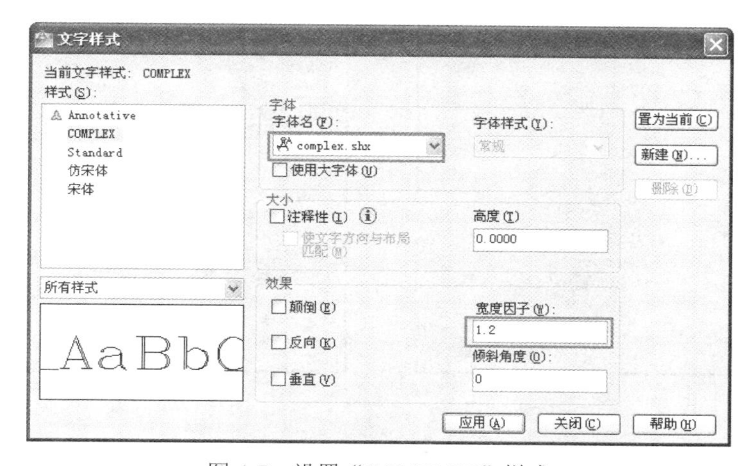


图 4-7　设置“COMPLEX”样式

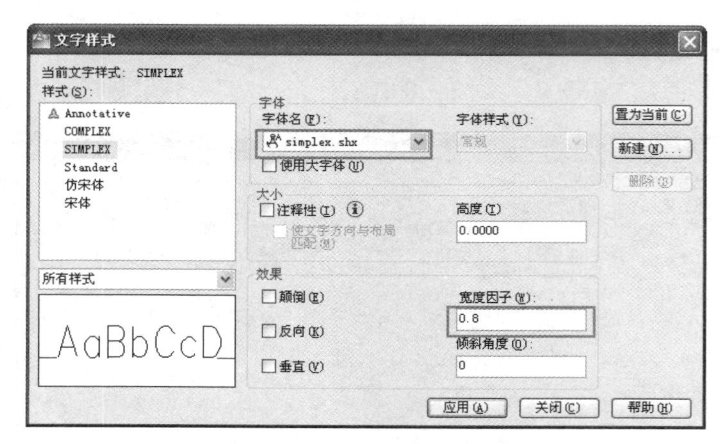


图 4-8　设置“SIMPLEX”样式

（2）设置尺寸样式，如图 4-9 至图 4-13 所示。

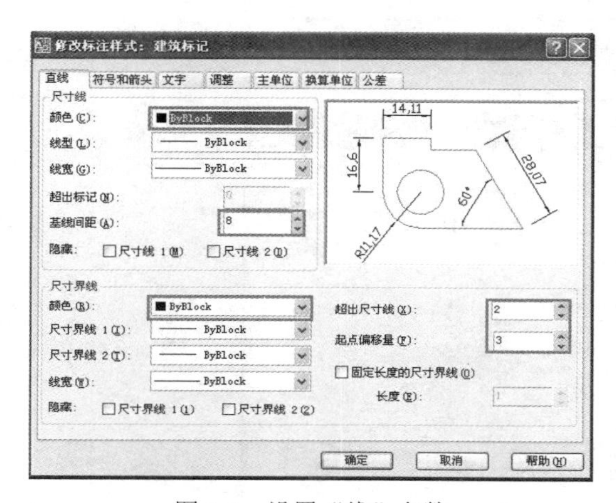


图 4-9　设置“线”参数

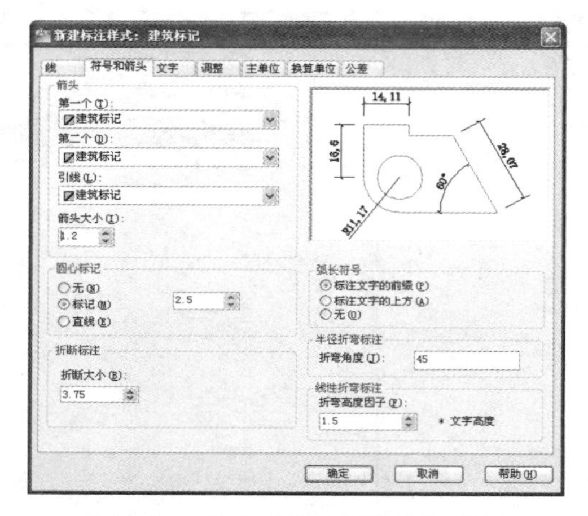


图 4-10　设置“符号和箭头”参数

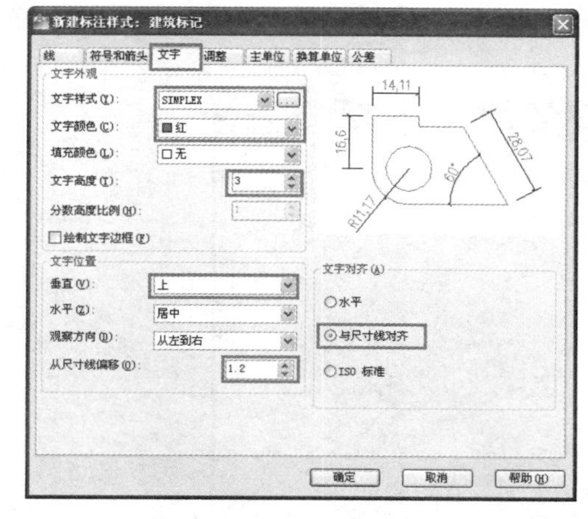


图 4-11　设置“文字”参数

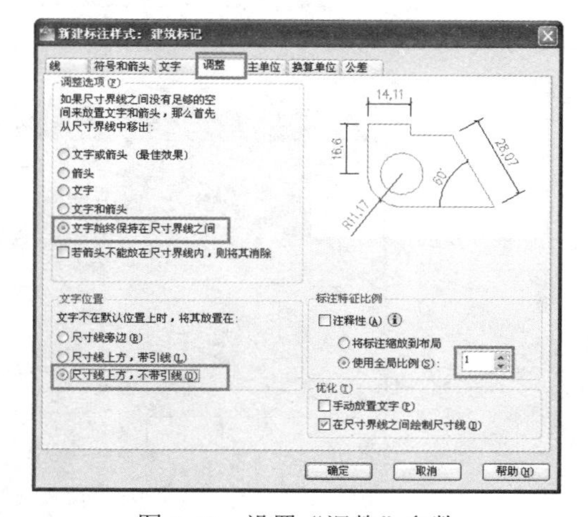


图 4-12　设置“调整”参数

（3）设置多线样式，执行菜单栏中的“格式”→“多线样式”命令，打开“创建新的多线样式”对话框，并命名新样式，名称为窗线样式、墙线样式和台阶，如图 4-14 至图 4-15 所示。

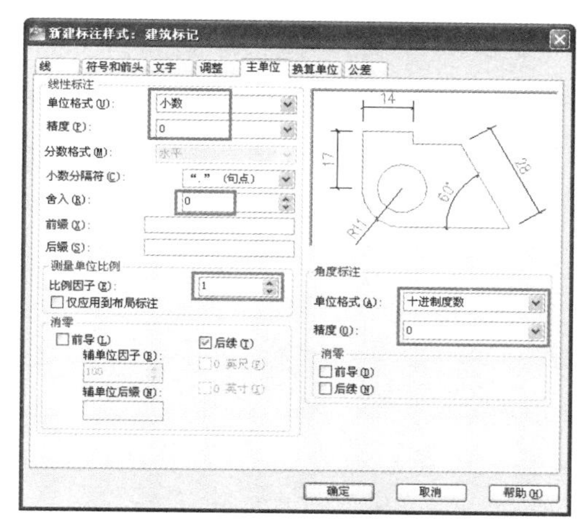


图 4-13　设置“主单位”参数

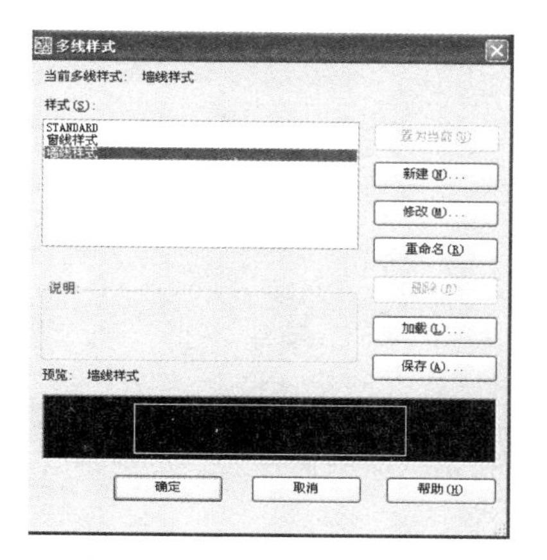


图 4-14　设置“墙线”样式

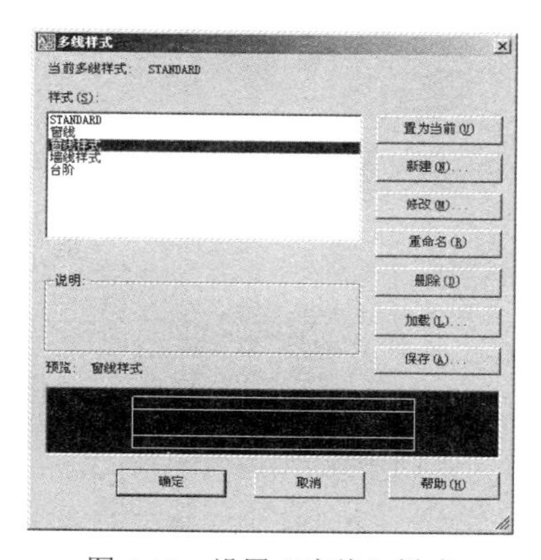


图 4-15　设置“窗线”样式

（4）打开“文件”→“另存为”对话框，将当前文件另存为“环境设置.dwg”。

### 工作任务 4.1.2　绘制墙体轴线

轴线是墙体定位的主要依据，是控制建筑物尺寸的基本手段。作为平面图的基本框架，它是由建筑中墙柱中心线或根据需要偏离中心线的定位线组成的。构造柱、墙体、门窗等主要建筑构件都是由轴线确定其方位的。

绘图步骤如下：

（1）打开“环境设置.dwg”文件。

（2）在命令行中输入“Ltscale”，将线型比例适当修改。

（3）单击“图层”工具栏中的图层设置按钮，在打开的“图层特性管理器”选项板中双击“轴线层”，将其设置为当前图层。

（4）单击“绘图”工具栏中的矩形按钮，绘制长度为 50440、宽度为 33840 的矩形，作为定位基准线。

（5）将绘制的矩形分解为 4 条独立的线段，然后单击“修改”工具栏中的按钮，根据图示尺寸，对垂直轴线进行偏移。

（6）重复执行“偏移”命令，根据图示尺寸，偏移出水平轴线。

（7）使用“TR”修剪命令和“F”倒圆角命令，完成轴线图的绘制，如图 4-16 所示。

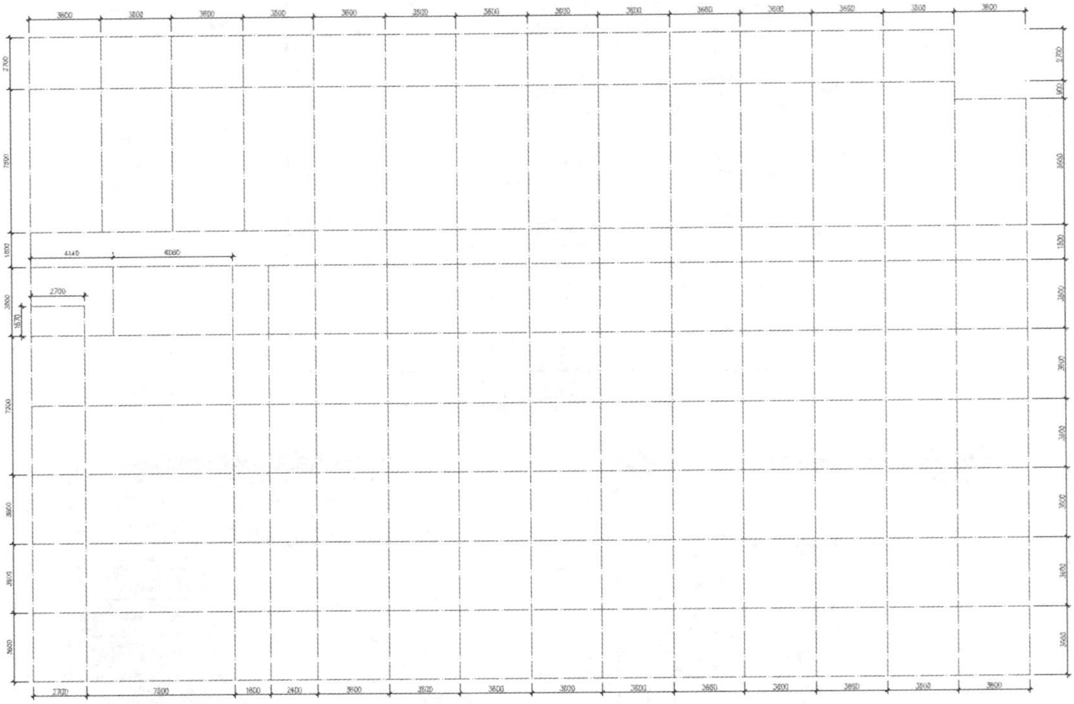

图 4-16　绘制轴线

（8）执行菜单栏中的“文件”→“保存”命令，将轴线命名保存为“定位轴线.dwg”。

### 工作任务 4.1.3　绘制建筑平面墙体

建筑施工图墙线、窗线、阳台等轮廓线的绘制是在定位轴线的基础上完成的。

绘图步骤如下：

#### 1　绘制墙线

（1）打开文件“定位轴线.dwg”。

（2）单击“图层”工具栏中的“图层控制”列表，在展开的下拉列表中选择“墙线层”，将其设为当前图层。

（3）执行菜单栏中的“绘图”→“多线”命令，配合“端点捕捉”功能绘制水平位置线。命令行操作为：

```
命令：_mline
当前设置：对正=上，比例=20，样式=墙线
指定起点或[对正(J)/比例(S)/样式(ST)]：J ↙
输入对正类型[上(T)/无(Z)/下(B)]：Z ↙
当前设置：对正=无 ，比例=20，样式=墙线
指定起点或[对正(J)/比例(S)/样式(ST)]：S ↙
输入多线比例<20>：240 ↙
当前设置：对正=无，比例=240，样式=墙线
指定起点或[对正(J)/比例(S)/样式(ST)]：          //  捕捉端点
指定下一点：                                    //  捕捉端点
指定下一点或[放弃(U)]：                         //  捕捉轴线端点
```

指定下一点或[闭合(C)/放弃(U)]：↙

（4）重复执行“多线”命令，设置多线样式、对正方式和多线比例不变，配合捕捉功能绘制垂直位置线。墙线效果如图4-17所示。

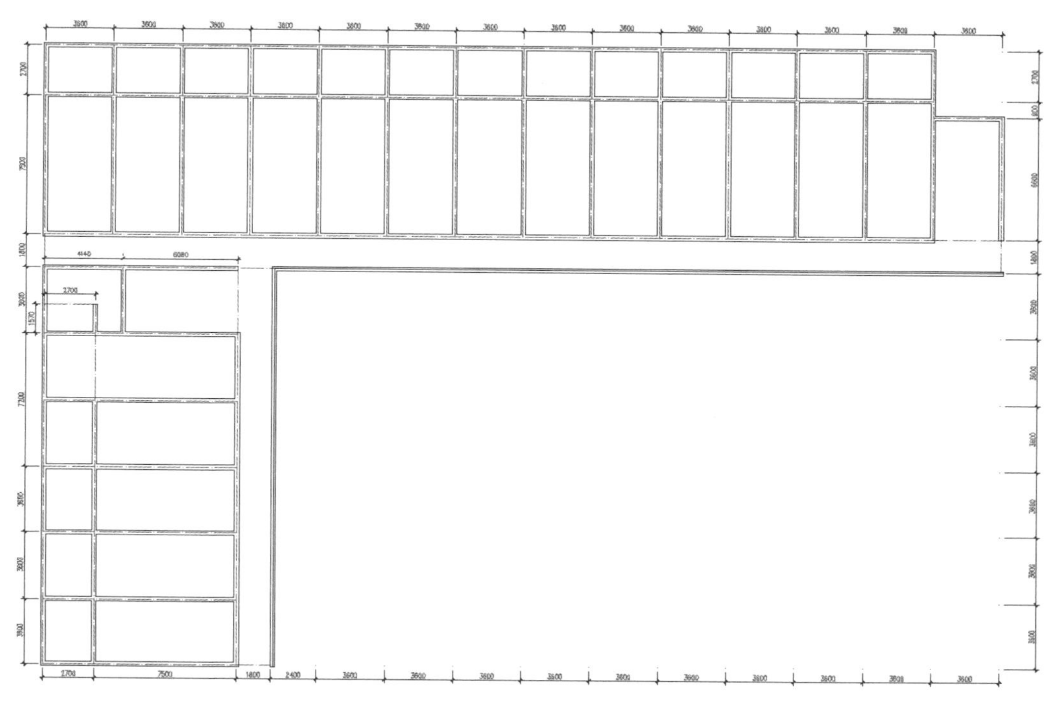

图4-17　绘制墙线

## 2　平面开门窗洞

（1）在平面图上开门窗，需先开门窗洞。展开“图层控制”列表，关闭“轴线层”。

（2）执行菜单栏中的“修改”→“对象”→“多线”命令，打开“多线编辑工具”对话框，如图4-18所示。单击“T形合并”按钮，对图中T形墙线进行合并；单击“十字合并”按钮，对图中“十”形墙线进行合并；单击“角点结合”按钮，对图中墙线进行角点编辑。

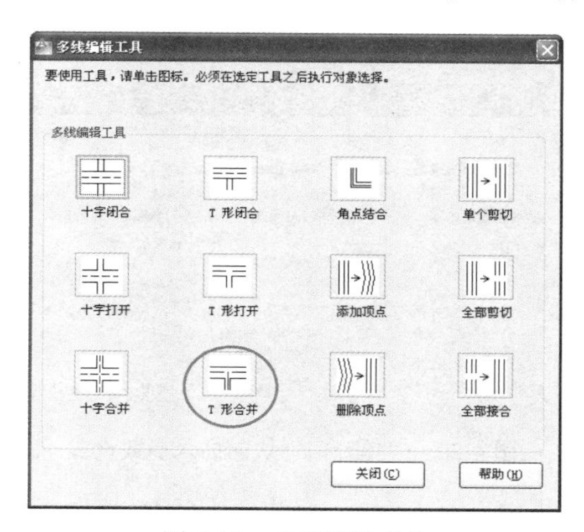


图4-18　多线编辑工具

（3）使用偏移命令、修剪命令及倒角圆命令，按照图 4-19 所示尺寸完成开门窗洞操作。

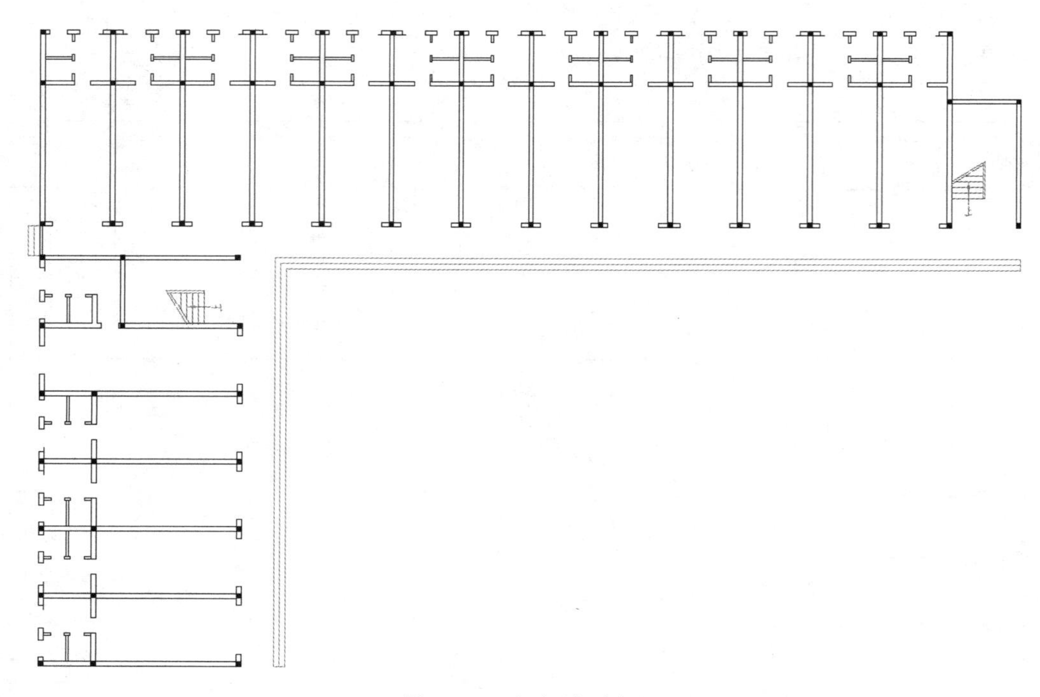

图 4-19　平面开门窗洞

### 3　绘制建筑平面窗

（1）将“门窗层”设置为当前图层。单击“格式→多线样式”菜单命令，选择“窗线样式”，在命令行中输入“ML”激活“多线”命令，绘制窗线。

（2）重复执行“多线”命令，配合“中点捕捉”功能绘制其他位置的窗线。

（3）单击“格式→多线样式”菜单命令，选择“台阶”，在命令行中输入“ML”，激活“多线”命令，绘制台阶线。

### 4　绘制建筑平面门

（1）单击“绘图”工具栏中的插入图块按钮，在打开的“插入”对话框中单击 浏览(B)... 按钮，打开素材中的“\图块\单开门.dwg”文件，参数设置如图 4-20 所示。

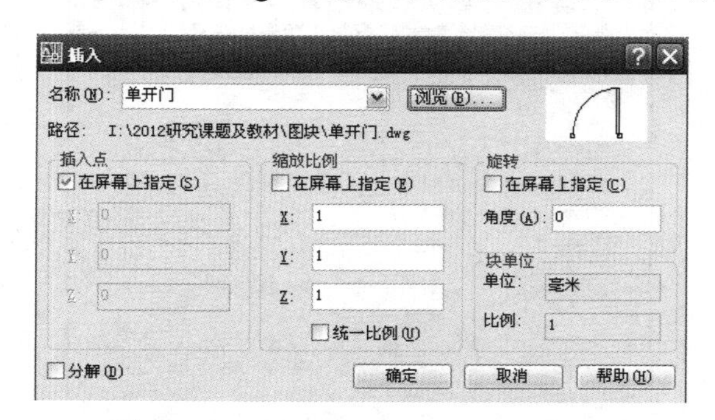


图 4-20　“单开门”块的插入参数设置

（2）单击“确定”按钮，在“指定插入点或 [基点(B)/比例(S)/X/Y/Z/旋转(R)]:”提示下，捕捉门洞墙线中点作为插入点。

（3）重复执行“插入块”命令，设置块参数，插入所有的单开门。

（4）最后执行“另存为”命令，将图形另存为“墙体.dwg”，结果如图 4-21 所示。

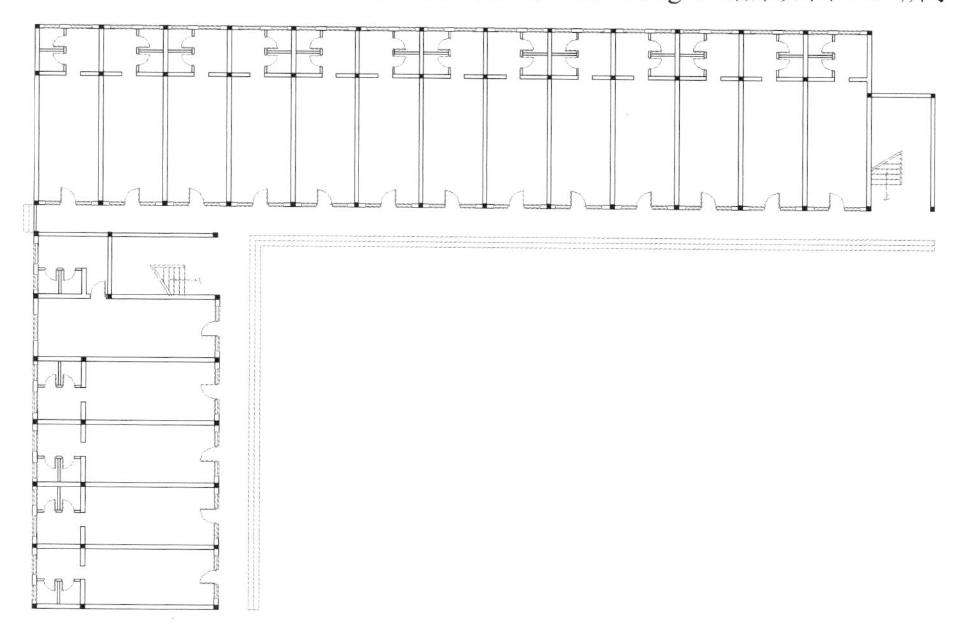

图 4-21　绘制门窗

### 5　插入建筑构件

（1）将“图块层”设置为当前图层，单击“标准”工具栏中的▦按钮，打开设计中心资源管理器窗口。

（2）把光标定位在素材中的“图块”文件夹上单击，此文件夹下所有图块文件都显示在右侧列表框中。

（3）在右侧列表框中选择“淋浴器.dwg”。

（4）按下鼠标左键将其拖拽至绘图区，采用默认设置，将此图形插入到平面图中。采用上述同样的方法插入其他建筑构件。将图形另存为“室内设施的绘制.dwg”，结果如图 4-22 所示。

## 工作任务 4.1.4　平面图文字标注

为建筑平面图标注各房间的功能性文字注释。

绘图步骤如下：

（1）以“室内设施的绘制.dwg”作为当前文件。

（2）将“图层控制”列表的“文本层”作为当前图层。

（3）单击“样式”工具栏中的“文字样式控制”列表框，在展开的“文字样式”下拉列表内选择“仿宋体”为当前样式。

（4）执行菜单栏中的“绘图”→“文字”→“单行文字”命令，在命令行“指定文字的起点或[对正(J)/样式(S)]：”提示下，在平面图左上角房间内单击拾取一点，作为文字的起点。

（5）在“指定高度 <2.5000>：”提示下输入“500”，表示文字高度为 500 个绘图单位。

（6）在“指定文字的旋转角度 <0>：”提示下输入“0”。

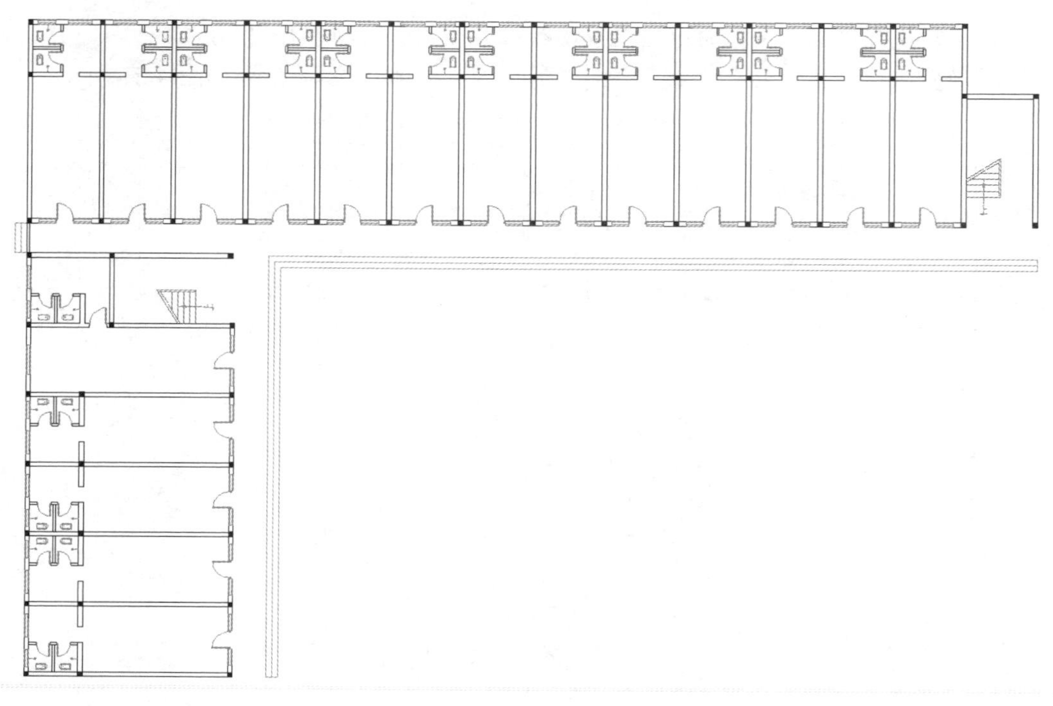

图 4-22　插入建筑构件

（7）在“输入文字:”提示下，输入“寝室”。

（8）参照上述操作步骤，分别移动光标至平面图其他房间，标注各房间内的文字对象。执行“另存为”命令，将图形另存为“标注文字.dwg”，结果如图 4-23 所示。

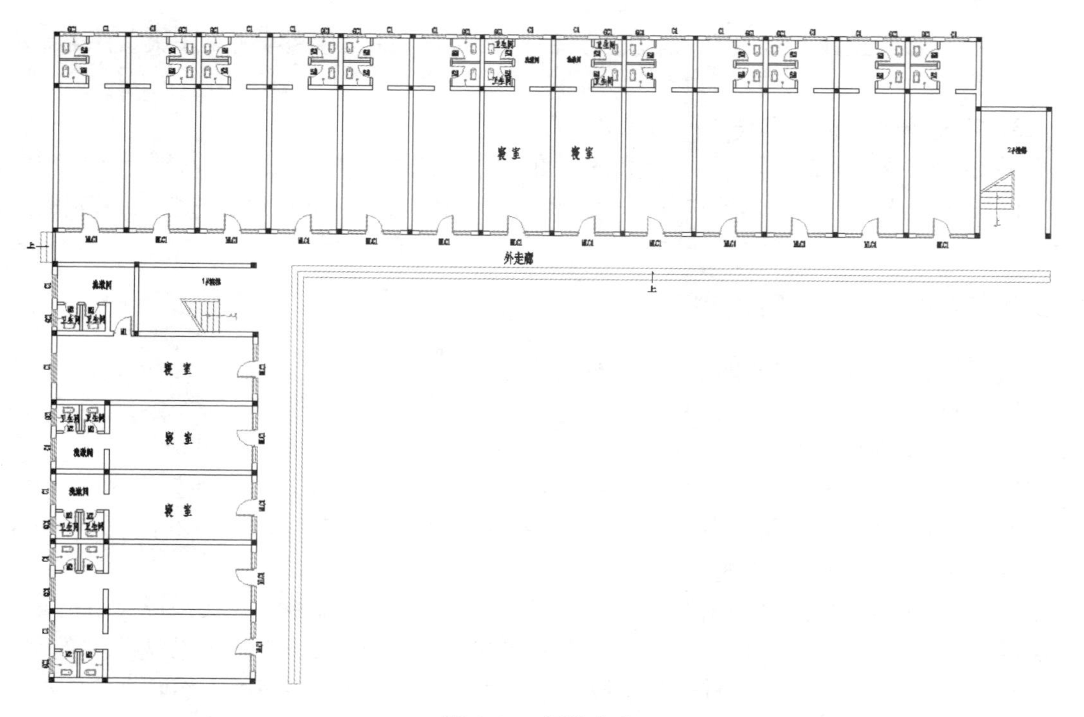


图 4-23　标注文字

### 工作任务 4.1.5　平面图尺寸标注

通过为平面图标注外部尺寸，学习建筑平面图尺寸的快速标注方法和技巧。

绘图步骤如下：

（1）打开文件“标注文字.dwg”。

（2）执行菜单栏中的“绘图”→“构造线”命令，分别通过平面图最外侧端点，绘制 4 条构造线作为标注辅助线。

（3）执行菜单栏中的“修改”→“偏移”命令，将 4 条构造线向外偏移 850 个单位，并删除原构造线。

（4）在命令行中输入“F”，激活“圆角”命令，将圆角半径设置为 0，对偏移出的 4 条构造线进行圆角处理，结果如图 4-24 所示。

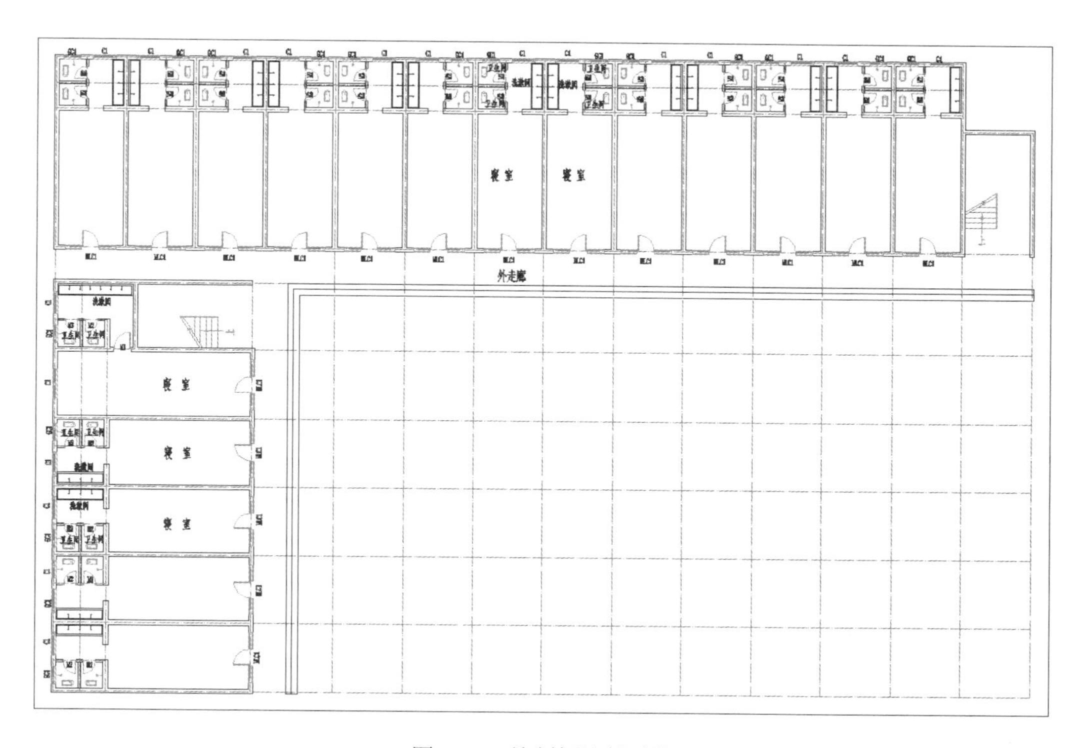


图 4-24　绘制标注辅助线

（5）将“尺寸层”设置为当前图层，同时打开“轴线层”。

（6）单击“样式”工具栏中的“标注样式管理器”按钮，在打开的“标注样式管理器”对话框中修改标注比例，如图 4-25 所示。

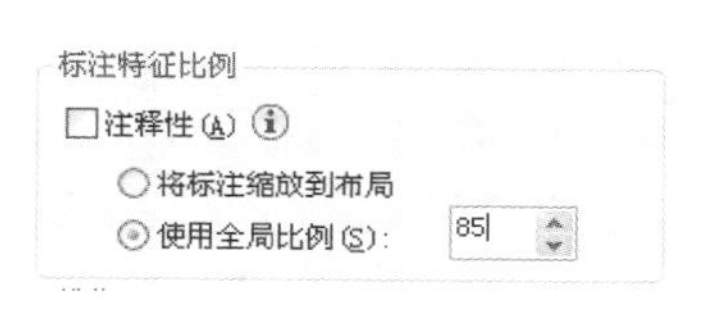


图 4-25　设置标注比例

（7）执行菜单栏中的“标注”→“线性”命令，在“指定第一条延伸线起点或<选择对

象>：”提示下，以 A 点作为对象追踪点，向下引出垂直追踪虚线，捕捉追踪虚线与辅助线的交点作为线性标注的第一条标注界线的起点。

（8）在“指定第二条延伸线的起点：”提示下，以图 4-26 所示的 B 点作为追踪点，捕捉垂直追踪虚线与辅助线的交点作为第二条标注界线的起点。

（9）在命令行“指定尺寸线位置或 [多行文字(M)/文字(T)/角度(A)/水平(H)/垂直(V)/旋转(R)]：”提示下，向下移动光标，输入“1000”并按 Enter 键，表示尺寸线距离标注辅助线 1000 个绘图单位，结果如图 4-26 所示。

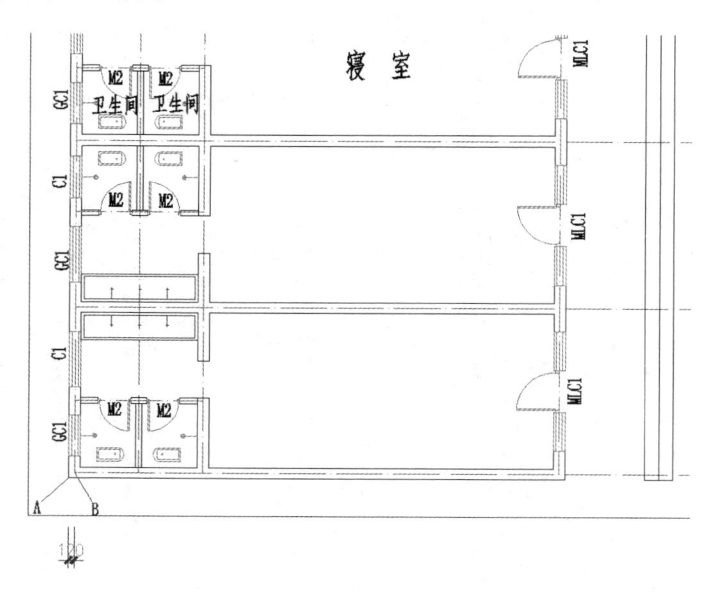


图 4-26 设置标注比例

（10）执行菜单栏中的“标注”→“连续”命令，水平向右移动光标，进行连续标注。操作结果如图 4-27 所示。

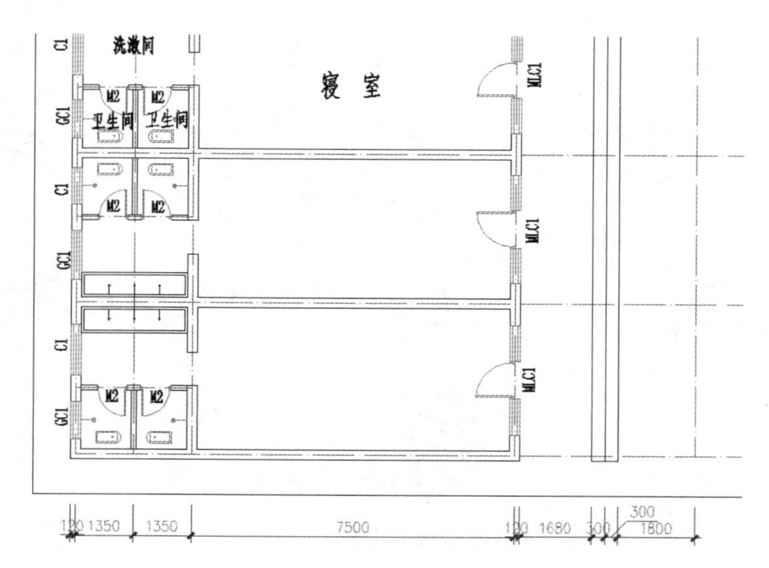


图 4-27 标注内侧连续尺寸

（11）按以上方法标注图 4-24 中内侧尺寸。

（12）执行菜单栏中的“标注”→“快速标注”命令，在“选择要标注的几何图形”提示下，用光标依次点取图 4-24 中的垂直轴线。

（13）按 Enter 键结束选择，在“指定尺寸线位置或[连续(C)/并列(S)/基线(B)/坐标(O)/半径(R)/直径(D)/基准点(P)/编辑(E)]<连续>”提示下，以辅助线左下角点作为追踪点，垂直向下引出追踪虚线。

（14）在命令行输入“900”并按 Enter 键，以确定轴线尺寸的位置。

（15）按以上方法标注图 4-24 中第二层尺寸，标注结果如图 4-28 所示。

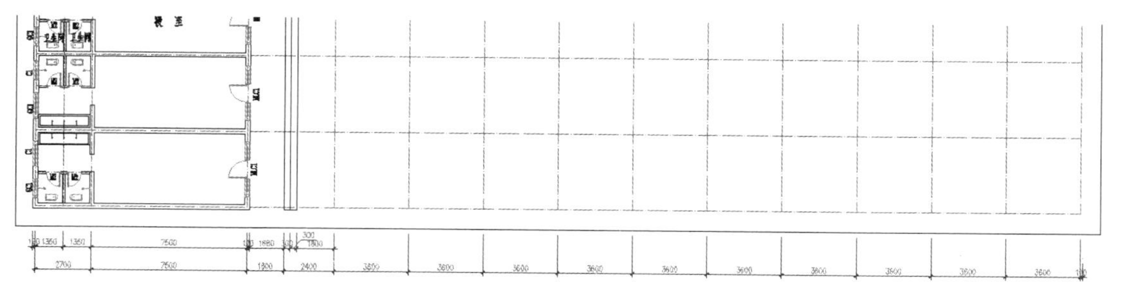

图 4-28　快速标注第二层尺寸

（16）执行菜单栏中的“标注”→“线性”命令，标注平面图总尺寸，标注结果如图 4-29 所示。

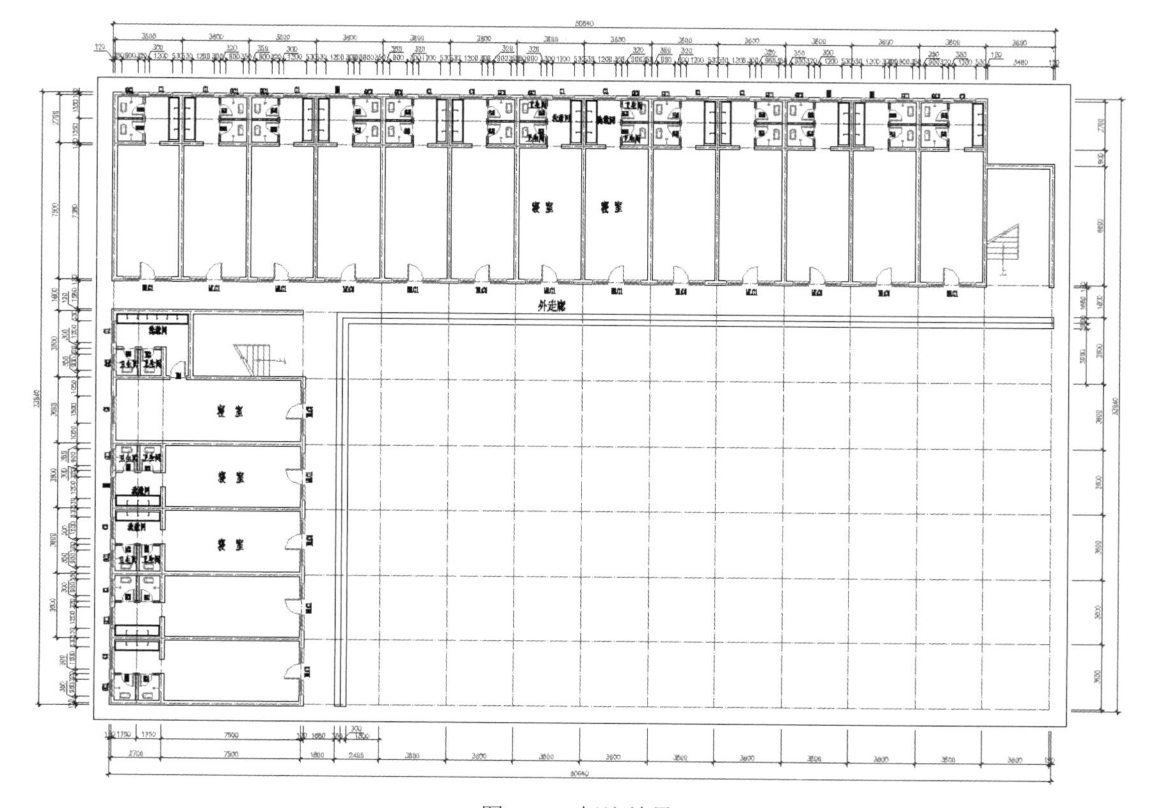


图 4-29　标注结果

（17）使用“另存为”命令，将图形另存为“尺寸标注.dwg”。

## 工作任务 4.1.6　编写墙体序号

通过为建筑平面图编写轴线序号来学习平面图轴线序号的快速标注方法和技巧。

绘图步骤如下：

（1）在命令行中输入“LA”激活“图层”命令，将“其他层”设置为当前图层。

（2）使用画圆命令绘制直径为 9 的圆，并使用窗口缩放功能将其放大显示。

（3）执行菜单栏中的“绘图”→“块”→“定义属性”命令，打开“属性定义”对话框，设置属性参数，如图 4-30 所示。

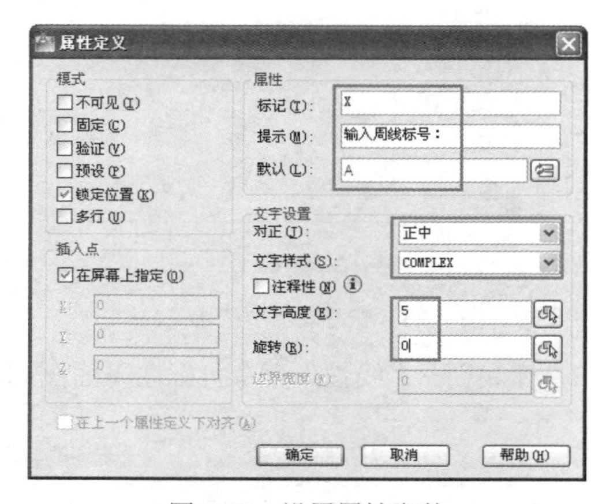


图 4-30　设置属性参数

（4）单击“确定”按钮返回绘图区，在命令行“指定起点：”的提示下，捕捉圆的圆心作为属性的插入点。

（5）单击“绘图”工具栏中的创建块按钮，设置参数，如图 4-31 所示，将圆及定义的属性一起创建为属性块，块的基点为圆的圆心。

（6）夹点显示平面图中的一个轴线尺寸，使其夹点显示。

（7）按 Ctrl+1 组合键，打开“特性”选项板，在“直线和箭头”选项组中修改延伸线超出尺寸线的长度，修改参数如图 4-32 所示。

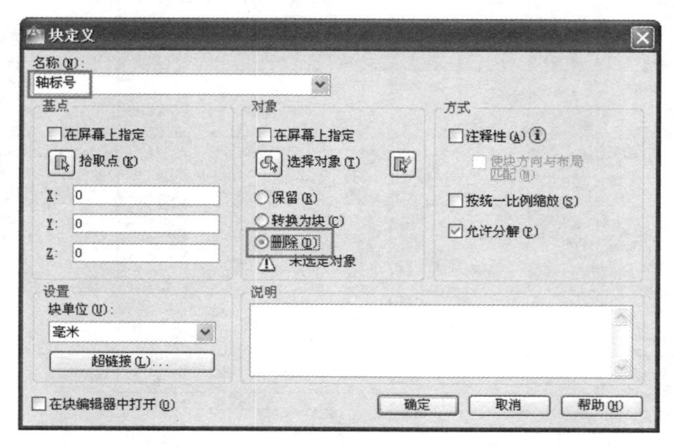


图 4-31　设置图块参数

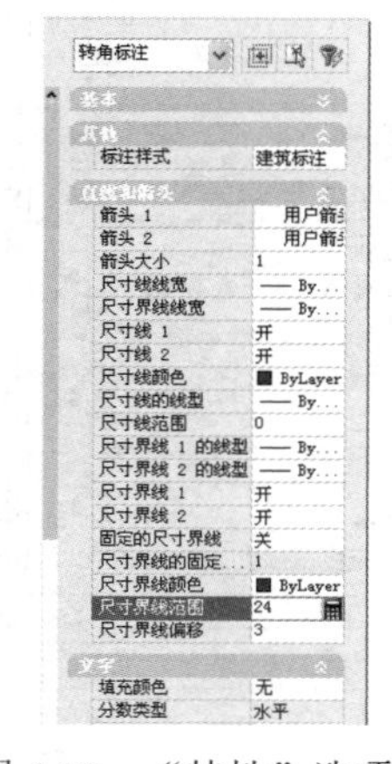


图 4-32　“特性”选项板

（8）关闭“特性”选项板，并按 Esc 键，取消对象的夹点显示，结果是所选择的轴线尺寸的延伸线被延长，如图 4-33 所示。

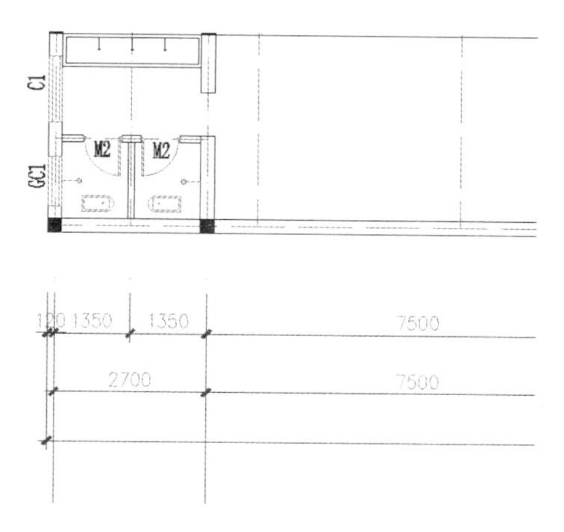


图 4-33　“特性”编辑

（9）单击“标准”工具栏中的“特性匹配”按钮，选择被延长的轴线尺寸作为源对象，将其延伸线的特性复制给其他位置的轴线尺寸。

（10）设置“其他层”作为当前图层。在命令行中输入“I”激活“插入块”命令，设置参数如图 4-34 所示；为轴线编号，如图 4-35 所示。

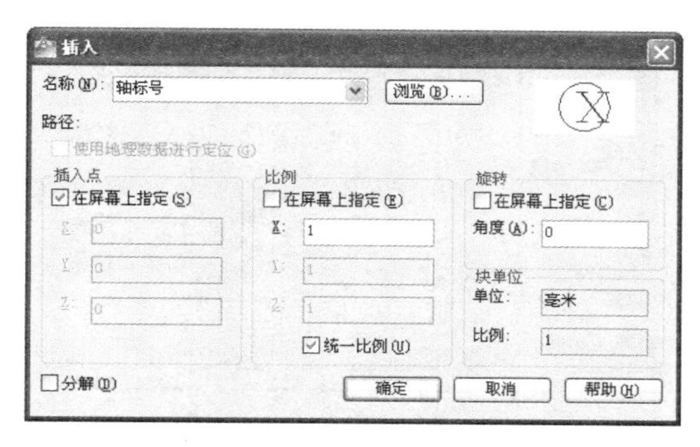


图 4-34　参数设置

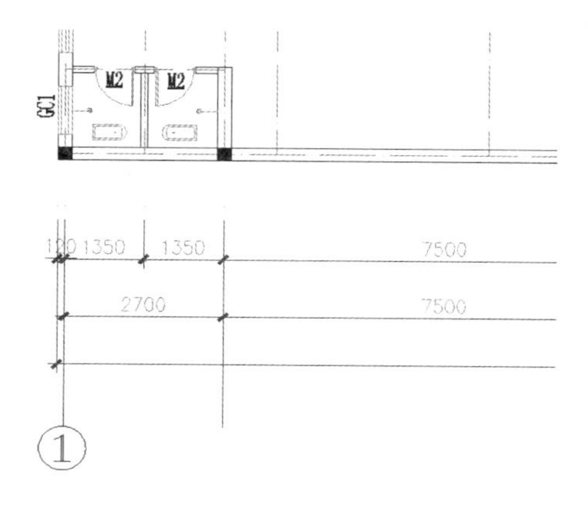


图 4-35　轴线编号

（11）执行菜单栏中的“修改”→“复制”命令，将轴线标号复制到其他位置，基点为圆心，目标点分别为各指示线的外端点。

（12）执行菜单栏中的“修改”→“对象”→“属性”→“单个”命令，在命令行“选择块:”提示下选择平面图左侧第二个轴标号，此时弹出“增强属性编辑器”对话框。

（13）在打开的“增强属性编辑器”对话框中，将此属性块的值修改为 2。

（14）利用同样的方法，修改其他序号，结果如图 4-36 所示。

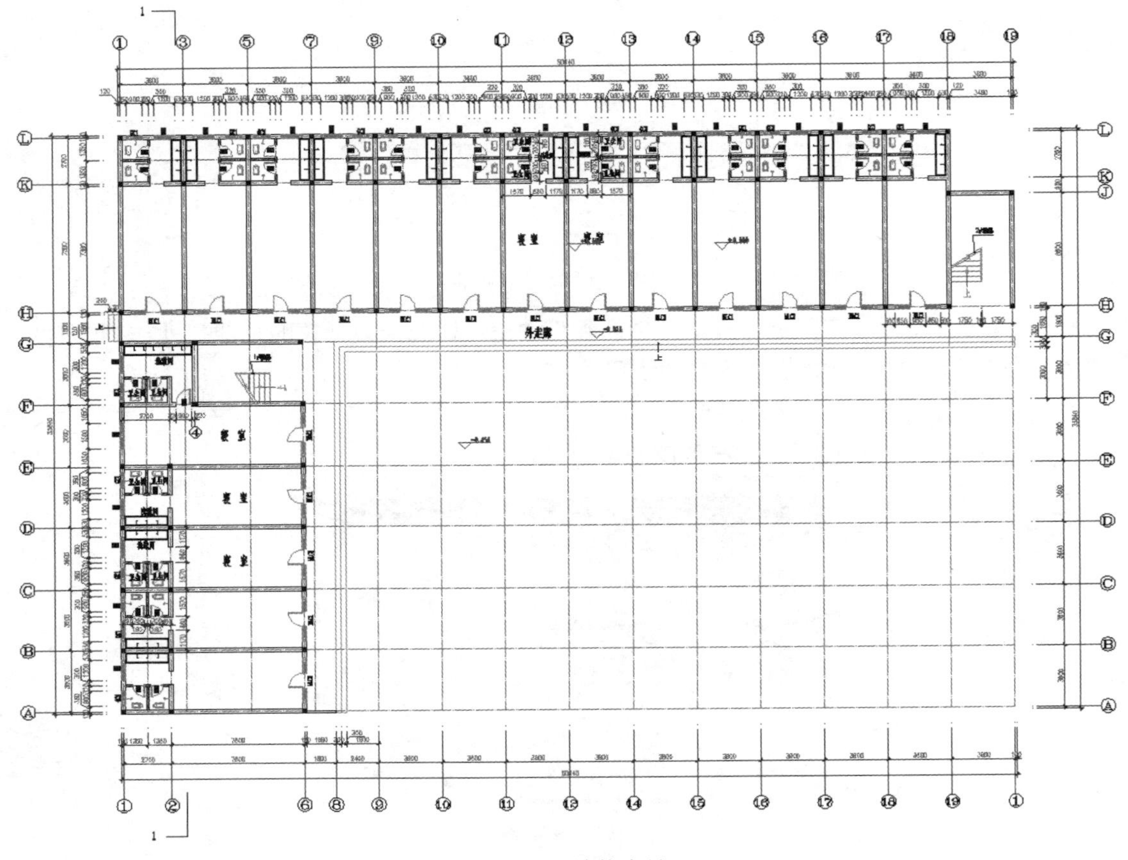

图 4-36　墙体序号

（15）使用“另存为”命令，将图形另存为“墙体序号.dwg”。

# 工作任务 4.2　某学生宿舍楼建筑立面图的绘制

## 一、工作任务分析

建筑立面图是使用直接正投影法，将建筑物各方向的外表面进行投影所得到的正投影图。建筑立面图的绘图比例要与建筑平面图的比例保持一致，本案例是在前一任务的平面设计基础上，对建筑的立面进行设计及绘制。

建筑立面图主要内容有：图名、编号、定位轴线、线宽、图例、文字、尺寸、标高、符号等。

建筑立面图的基本绘图步骤如下：

（1）根据立面图的纵横向定位线，绘制出立面图的主体框架和地坪线。

（2）根据纵横向定位线，绘制立面图的主体构件轮廓。

（3）对立面图内部细节进行填充和完善。比如绘制墙体、编辑轮廓线特性、填充图案、阳台等构件方格线等。

（4）进行文字注释，表达立面图部件材料及做法等。

（5）标注建筑立面图的细部尺寸、层高尺寸和总尺寸。

（6）标注立面图的标高。

（7）为立面图标注一些符号，如轴标号等。

建筑立面图的绘制通过CAD常用绘图命令、CAD常用编辑命令来完成图形。

## 二、学习目标

【能力目标】

- 能够了解立面图绘图思路及立面图设计理念；
- 能够了解立面图绘图过程；
- 能够运用AutoCAD软件绘制楼房建筑立面图。

【知识目标】

- 建筑立面图的功能概述；
- 墙体的绘制、建筑细部构件的绘制、标注方法。

【素质目标】

- 培养查阅资料、独立思考的能力；
- 培养与人交流能力；
- 培养认真负责的学习态度；
- 培养遵守标准的良好习惯。

## 三、知识准备

（1）建筑立面图的功能概述：建筑立面图是一种用于表达建筑物的体形和外观、表明建筑物外墙的装修要求的设计图纸，是建筑施工图中的基本图纸之一。它由许多部件构成，这些部件包括门窗、墙柱、阳台、遮阳板等。建筑立面在很大程度上要受到使用功能、材料、结构、施工技术、经济条件及周围环境的制约，建筑的内涵在一定程度上也需要通过建筑的立面设计来表达。

（2）立面图的设计内容、绘图基本步骤。

（3）AutoCAD常用绘图命令：Layer（图层）、Attdef（属性定义）、Mline（多线）、Xline（构造线）、Arc（弧）、Pline（多段线）、Dimstyle（标注样式）、Dimlinear（线性标注）、Dimcontinue（连续标注）等。

（4）AutoCAD常用编辑命令：Array（阵列）、Offset（偏移）、Trim（修剪）、Fillet（圆角）、Chamfer（倒角）、Rotate（旋转）、Move（移动）等。

## 四、工作过程导向

### 工作任务 4.2.1　绘制建筑的一层立面

这是一栋二层楼学生宿舍楼，本节通过绘制首层施工立面图来学习建筑物首层立面图的绘制方法和技巧。

绘图步骤如下：

（1）执行“打开”命令，打开素材“项目 4\任务 1\墙体序号.dwg”文件。

（2）展开“图层控制”下拉列表，将“轴线层”设为当前层。

（3）在命令行中输入“XL”激活“构造线”命令，分别通过平面图下侧墙线的墙、窗及门等位置，绘制垂直构造线作为纵向定位线。

（4）重复执行“构造线”命令，绘制水平构造线作为横向定位基准线。

（5）在命令行中输入“O”激活“偏移”命令，选择刚才绘制的水平构造线进行偏移复制，创建其他位置的水平定位辅助线。

（6）设置“轮廓线”层作为当前图层，然后单击“绘图”工具栏中的按钮，绘制宽度为 100 个绘图单位的多段线作为地坪线，绘制结果如图 4-37 所示。

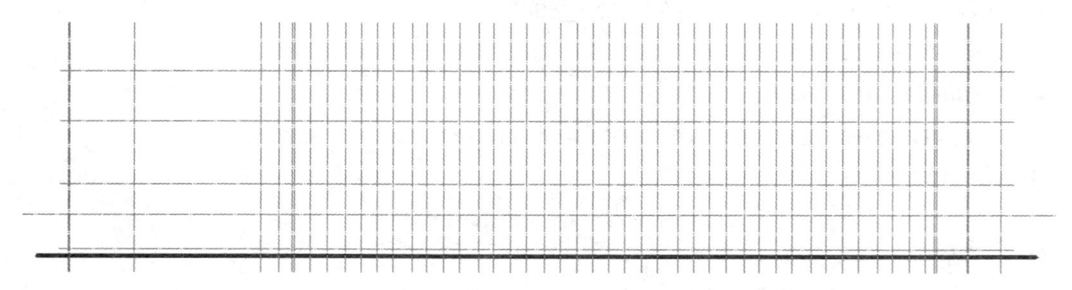

图 4-37　绘制地平线

（7）在命令行输入“Ltscale”，调整当前的线型比例为 10。

（8）执行菜单栏中的“绘图”→“直线”命令，绘制外走廊台阶线，向上偏移 150、300、450 个绘图单位，偏移结果如图 4-38 所示。

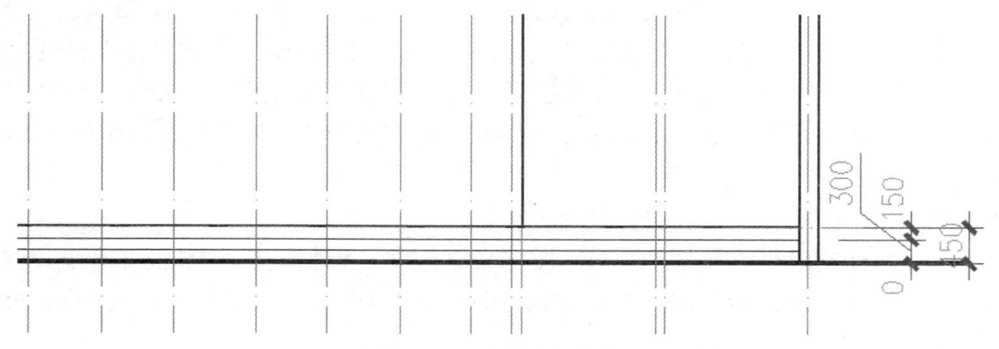


图 4-38　绘制外走廊台阶线

（9）绘制立面图的外轮廓。每层楼高 3400mm，女儿墙高度为 1500mm，楼顶为 10.4m 标高，绘制结果如图 4-39 所示。

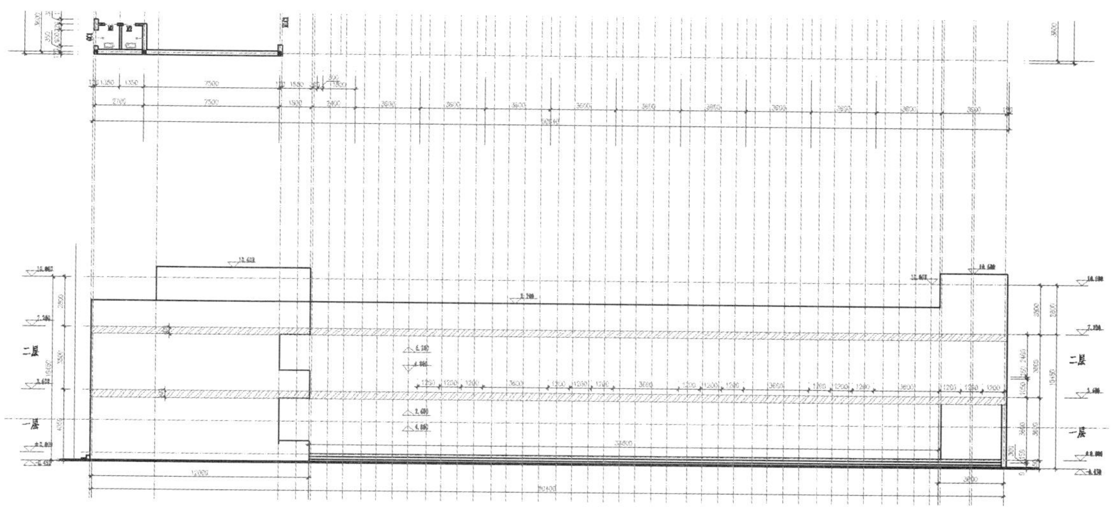

图 4-39　绘制立面图的外轮廓线

（10）根据给出的门窗标高值，绘制出一层门窗，绘制结果如图 4-40 所示。

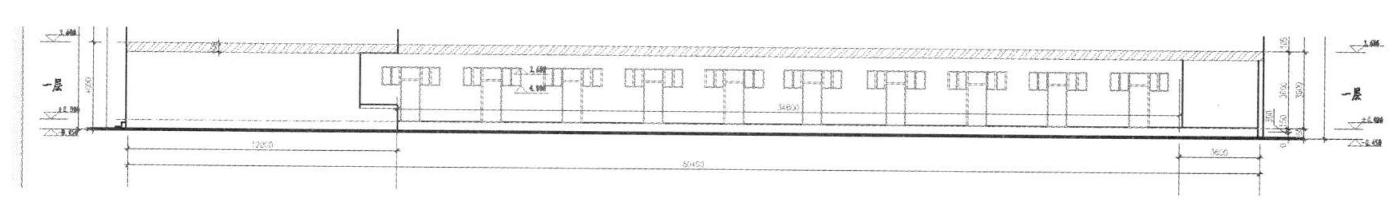

图 4-40　绘制一层门窗

## 工作任务 4.2.2　绘制建筑的二层立面

绘图步骤如下：

（1）根据给出的尺寸，应用常用绘图命令、常用编辑命令，如复制、修剪、偏移、直线等命令，绘制出二楼的阳台、门窗。绘制结果如图 4-41 所示。

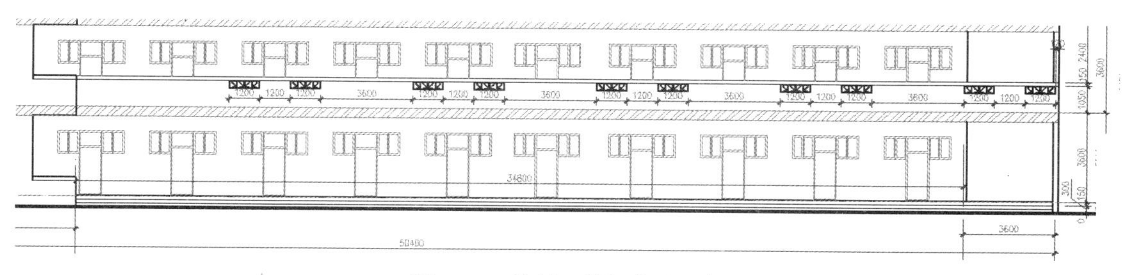

图 4-41　绘制二楼门窗及阳台

（2）根据给出的尺寸，绘制出窗洞大小为宽 1500mm，高 1800mm 的楼顶窗，绘制结果如图 4-42 所示。

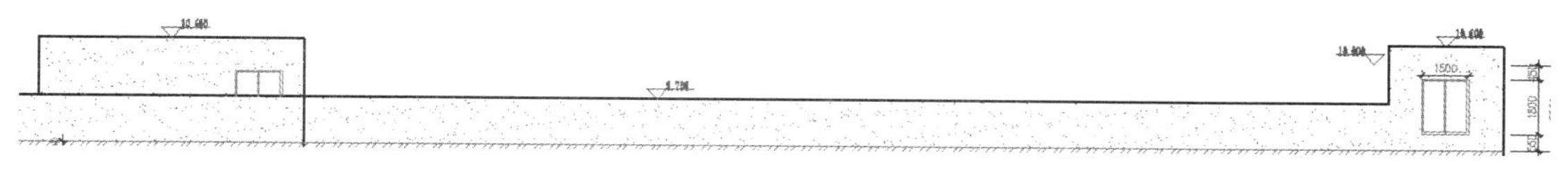

图 4-42　绘制楼顶窗

## 工作任务 4.2.3　绘制立面图楼梯及外墙图案填充

绘图步骤如下：

（1）绘制立面图楼梯，每台阶高 150mm，楼梯扶手宽 50mm。绘制结果如图 4-43 所示。

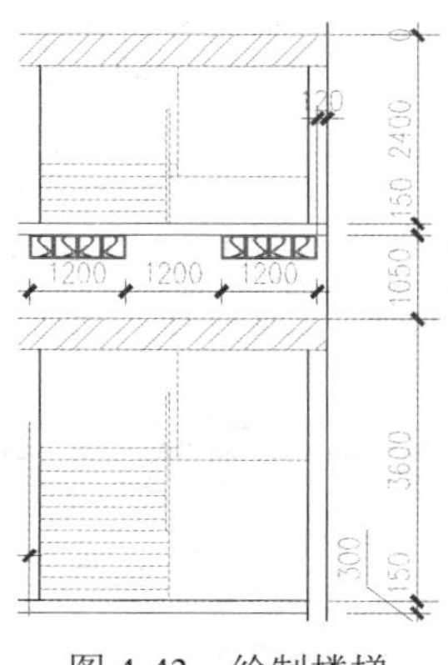


图 4-43　绘制楼梯

（2）关闭“轴线层”、尺寸标注层，图形的显示如图 4-44 所示。

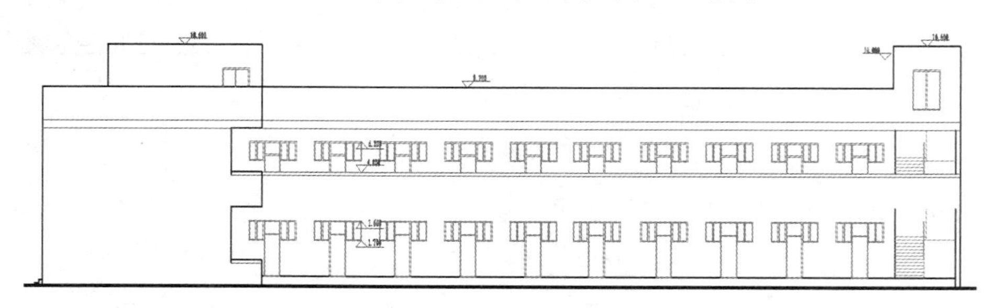

图 4-44　关闭轴线层

（3）把“剖面线”层设置为当前图层，单击“绘图”工具栏中的按钮，设置填充图案及参数，如图 4-45 所示，对立面图填充图案，填充结果如图 4-46 所示。

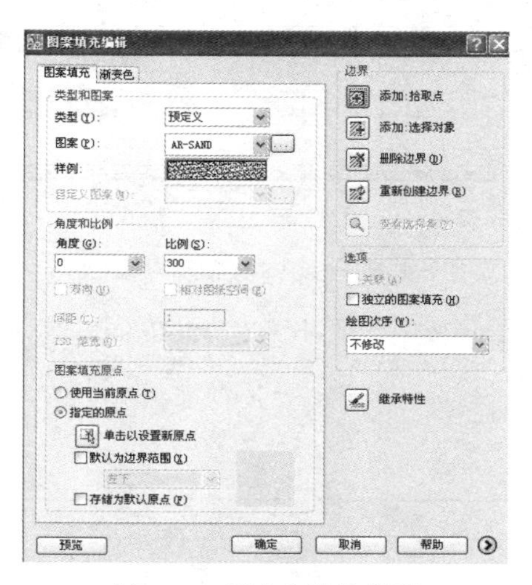


图 4-45　填充参数的设置

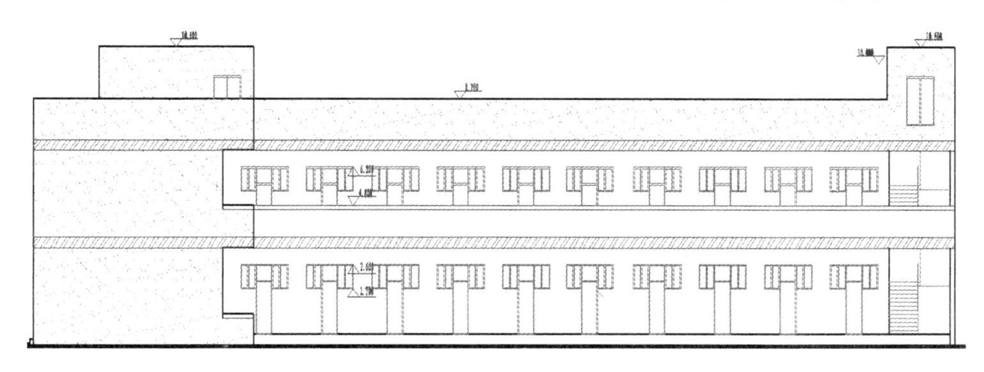

图 4-46　填充结果

## 工作任务 4.2.4　立面图的尺寸标注

绘图步骤如下：

（1）设置“尺寸层”为当前层，打开“轴线层”。

（2）执行“构造线”命令，在立面图的右侧绘制一条垂直的构造线作为标注辅助线。

（3）单击“标注”工具栏中的“线性标注”按钮，单击“标注”工具栏中的“连续标注”按钮，进行连续尺寸标注，如图 4-47 所示。

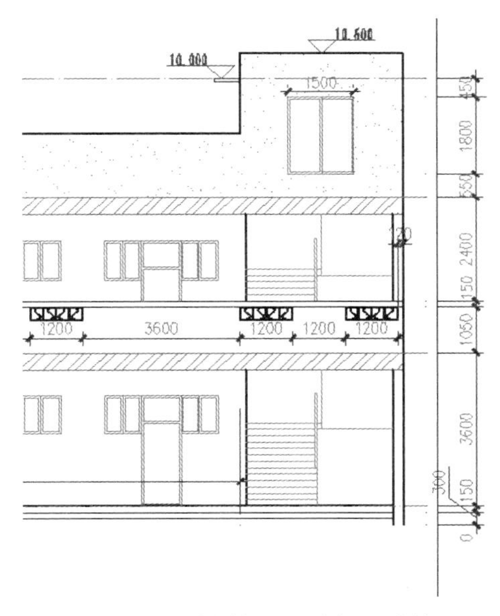


图 4-47　绘制立面右内侧尺寸线

（4）执行菜单栏中的“标注”→“快速标注”命令，在“选择要标注的几何图形”提示下，用光标依次点取图 4-47 中的水平轴线。

（5）按 Enter 键结束选择，在“指定尺寸线位置或[连续(C)/并列(S)/基线(B)/坐标(O)/半径(R)/直径(D)/基准点(P)/编辑(E)]<连续>”提示下，以辅助线左下角点作为追踪点，垂直向右引出追踪虚线。

（6）在命令行输入“700”并按 Enter 键，以确定轴线尺寸位置。

（7）按以上方法标注图中第二层尺寸，标注结果如图 4-48 所示。

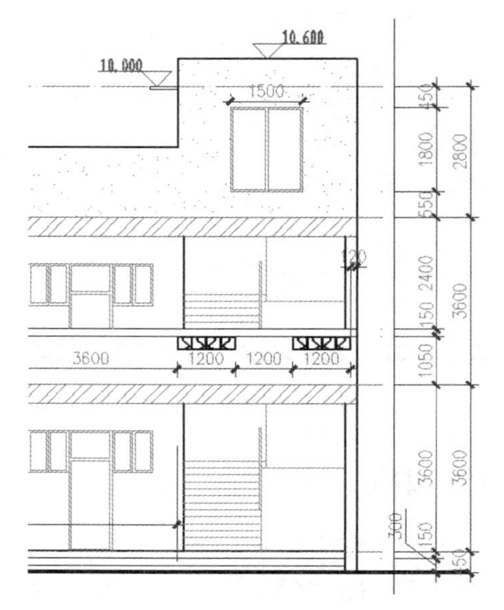


图 4-48　快速标注第二层尺寸

（8）执行菜单栏中的“标注”→“线性”命令，标注平面图总尺寸。标注结果如图 4-49 所示。

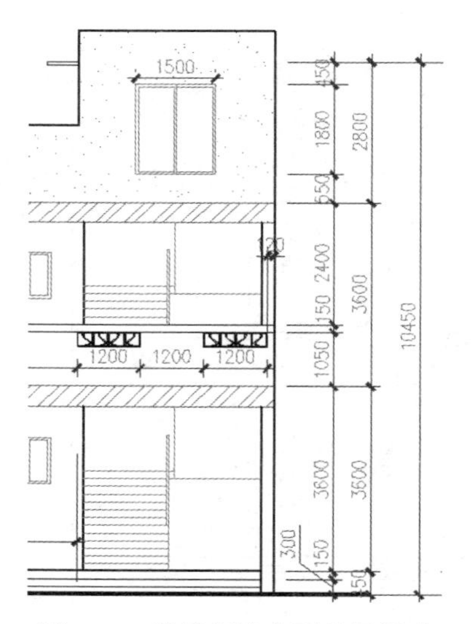


图 4-49　线性标注立面外层尺寸

（9）使用“另存为”命令，将图形另存为“尺寸标注.dwg”。

### 工作任务 4.2.5　标注立面图标高

绘图步骤如下：

（1）打开“尺寸标注.dwg”作为当前图形文件。

（2）将“其他层”设置为当前层，然后打开状态栏上的“极轴追踪”功能，并设置极轴参数，如图 4-50 所示。

（3）单击“绘图”工具栏中的“多段线”按钮，绘制出标高符号，如图 4-51 所示。

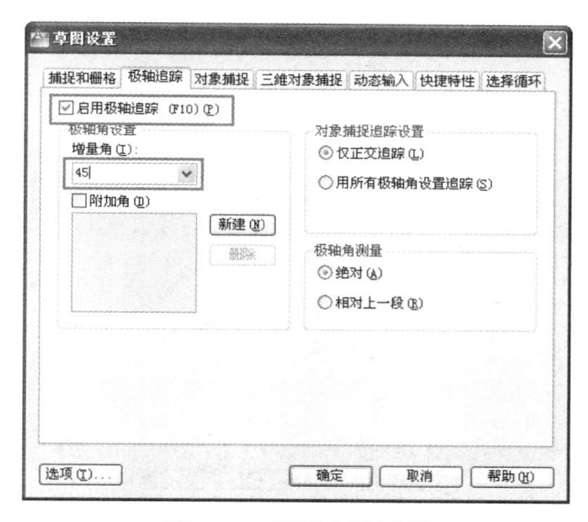


图 4-50　极轴参数设置

（4）执行菜单栏中的“绘图”→“块”→“定义属性”命令，打开“属性定义”对话框，设置参数。

（5）单击“确定”按钮，在命令行“指定起点:”提示下捕捉标高符号最右侧的端点，为标高符号定义属性，结果如图 4-52 所示。

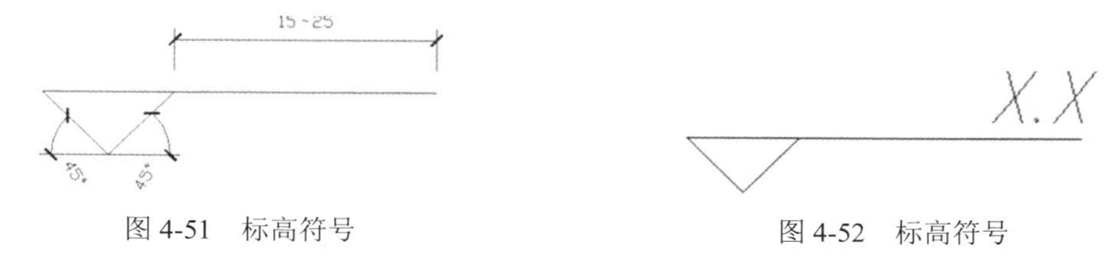


图 4-51　标高符号　　　　图 4-52　标高符号

（6）在“绘图”工具栏中单击“创建块”按钮，设置参数，选择所绘制的标高符号和所定义的属性，将其一起创建为内部块，图块的基点为标高符号最下侧的端点。

（7）打开“特性”选项板，修改延伸线超出尺寸线的长度，如图 4-53 所示。

（8）单击“标准”工具栏中的按钮，选择被延长的层高尺寸作为匹配的源对象，将其延伸线的特性复制给其他位置的层高尺寸，结果如图 4-54 所示。

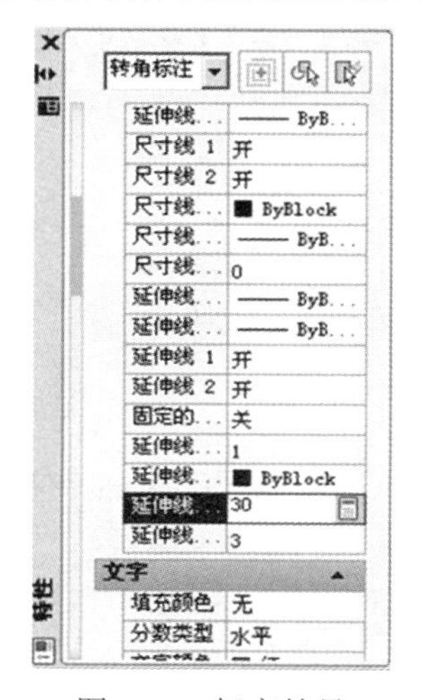


图 4-53　标高符号

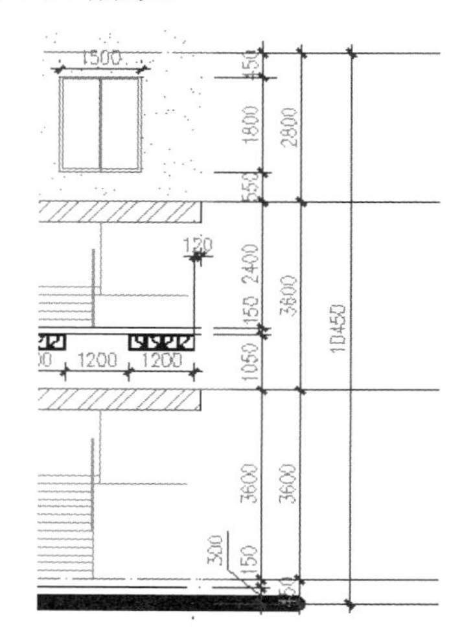


图 4-54　标高符号

（9）创建名为“标高层”的图层，将图层颜色设为浅灰色 252，并将其设置为当前层。

（10）单击“绘图”工具栏中的“插入块”按钮，激活“插入块”命令，将标高符号插入图中。

（11）单击“修改”工具栏中的“复制”按钮，选择插入的标高符号块进行多重复制，基点为插入点，目标点为各层高延伸线的端点，复制结果如图 4-55 所示。

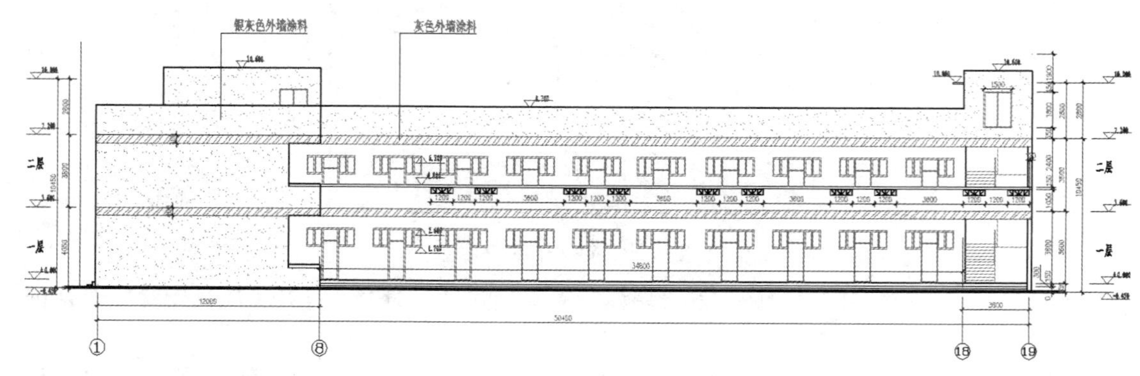


图 4-55　立面标高

（12）执行“另存为”命令，将图形另存为“立面图.dwg”。

# 工作任务 4.3　某学生宿舍楼建筑剖面图的绘制

## 一、工作任务分析

建筑剖面图是按照规定比例绘制建筑的垂直剖视图，它是假想用剖切平面在建筑平面图的横向或纵向沿房屋的主要入口、窗洞口、楼梯等需要剖切的位置将房屋垂直地剖开，移去靠近观察者视线的部分后所做的正投影图。它主要用于表达建筑物的内部构造以及各位置高度等。它表示室内布置、屋顶、地面、楼梯、楼板、门窗、墙体和基础等的位置和轮廓等，简称剖面图。

建筑剖面图主要内容有：剖切位置、剖面图线、剖切结构、未剖切到的可见结构、尺寸标注、标高、其他符号等。

建筑立面图的绘图基本步骤如下：

（1）根据剖切到的墙体结构及各构件绘制纵横向定位辅助线。

（2）绘制地坪线、剖切位置的墙体、楼板等构架轮廓线。

（3）绘制门、窗、柱、楼梯、阳台、台阶等细部构件的剖切结构。

（4）标注施工尺寸。

（5）标注剖面图符号，如轴标号、标高符号等。

建筑剖面图的绘制通过 AutoCAD 常用绘图命令、AutoCAD 常用编辑命令来完成图形。

## 二、学习目标

【能力目标】

- 能够了解剖面图绘图思路及剖面图设计理念；

- 能够了解剖面图绘图过程；
- 能够运用 AutoCAD 软件绘制楼房建筑剖面图。

【知识目标】

- 建筑剖面图的功能概述；
- 墙体的绘制、建筑细部构件的绘制、标注方法。

【素质目标】

- 培养查阅资料、独立思考的能力；
- 培养与人交流能力；
- 培养认真负责的学习态度；
- 培养遵守标准的良好习惯。

## 三、知识准备

（1）建筑剖面图的功能概述：建筑剖面图作为建筑设计、施工图纸中的重要组成部分，主要研究竖向空间的处理，涉及建筑的使用功能、技术经济条件和周围环境等问题。它主要用于表达建筑物内部垂直方向的高度、楼梯分层、垂直空间的利用以及简要的结构形式和构造方式等情况的因素。

（2）剖面图的设计内容、绘图基本步骤。

（3）AutoCAD 常用绘图命令：Layer（图层）、Attdef（属性定义）、Mline（多线）、Xline（构造线）、Arc（弧）、Pline（多段线）、Dimstyle（标注样式）、Dimlinear（线性标注）、Dimcontinue（连续标注）等。

（4）AutoCAD 常用编辑命令：Array（阵列）、Offset（偏移）、Trim（修剪）、Fillet（圆角）、Chamfer（倒角）、Rotate（旋转）、Move（移动）等。

## 四、工作过程导向

### 工作任务 4.3.1 绘制一、二层建筑剖面图

绘制建筑剖面图的关键是要有三维空间想象能力，本节通过绘制二层楼学生宿舍楼剖面图来学习建筑剖面图的绘制方法和技巧。

绘图步骤如下：

（1）以文件“环境设置.dwg”作为基础新建一空白文件。

（2）剖切符号标识在如图 4-56 所示的建筑平面图中，图中剖切符号 1-1 表示剖切位置，表示要引出图号为 1-1 的剖面图，并表示剖视方向向左。

（3）由建筑平面图旋转-90 度生成剖面图垂直轴线。

（4）绘制宽度为 120 的多段线作为地坪线，绘制结果如图 4-57 所示。

（5）由立面图决定剖面图水平轴线尺寸。

（6）绘制剖面墙、柱和剖面墙门窗线：在地坪线绘制完成后，根据已绘制完成的立面图和平面图尺寸来定位并完成剖面墙柱及剖面墙门窗线的绘制，如图 4-58 所示。

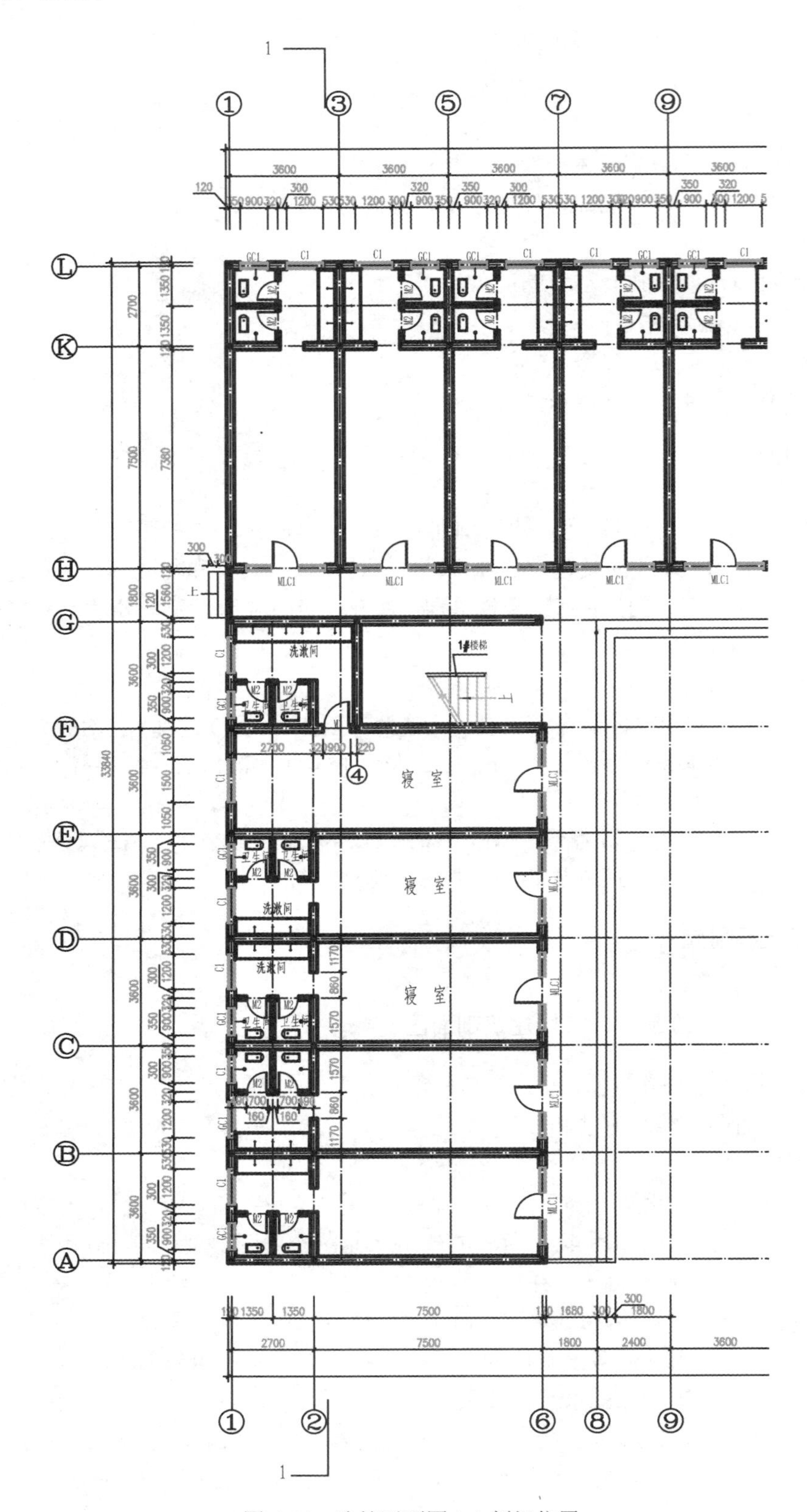

图 4-56 建筑平面图 1-1 剖切位置

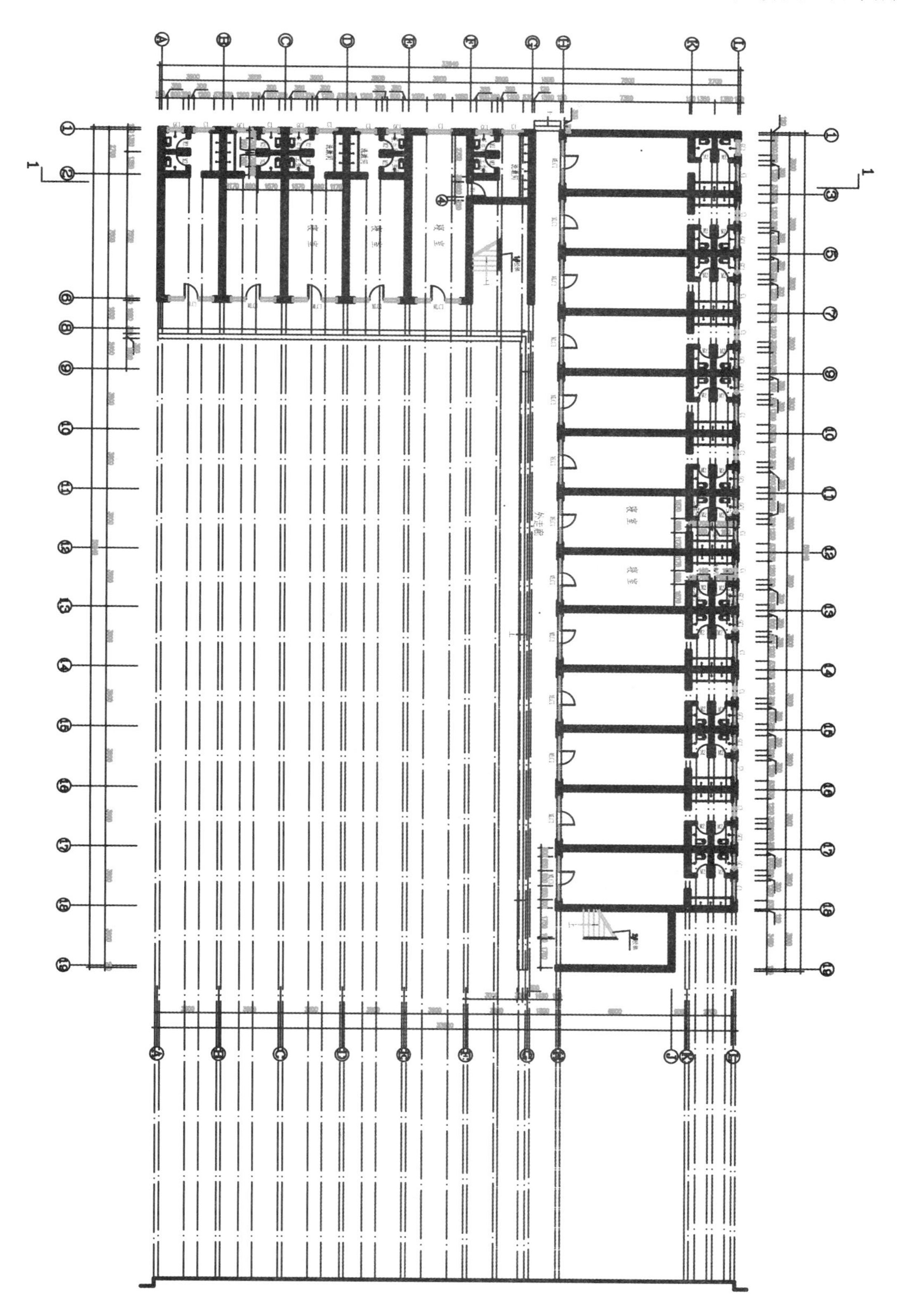

图 4-57　绘制辅助线

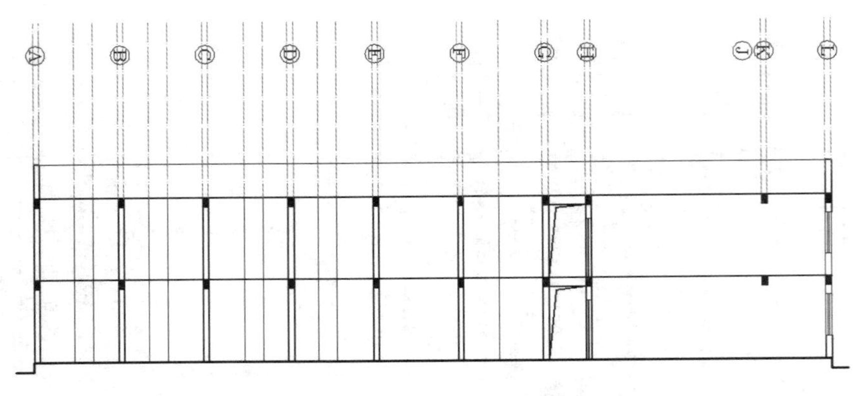

图 4-58　一、二层剖面图

### 工作任务 4.3.2　绘制一、二层建筑剖面图门窗

根据给出的门窗标高及平面图尺寸绘制剖面图门窗，绘图详细步骤略。操作结果如图 4-59 所示。

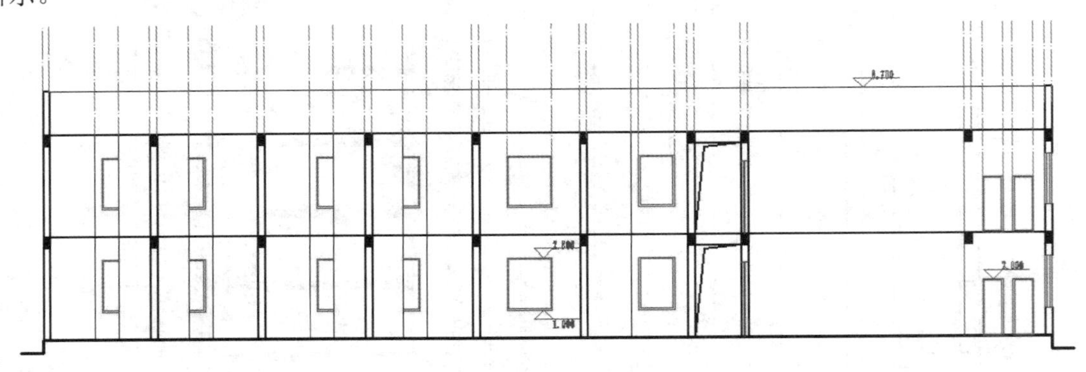

图 4-59　绘制剖面门窗

### 工作任务 4.3.3　标注剖面尺寸及标注文字说明

通过为剖面图标注内部尺寸和外部尺寸来学习剖面图尺寸的标注方法和技巧。

绘图详细步骤略。操作结果如图 4-60 所示。

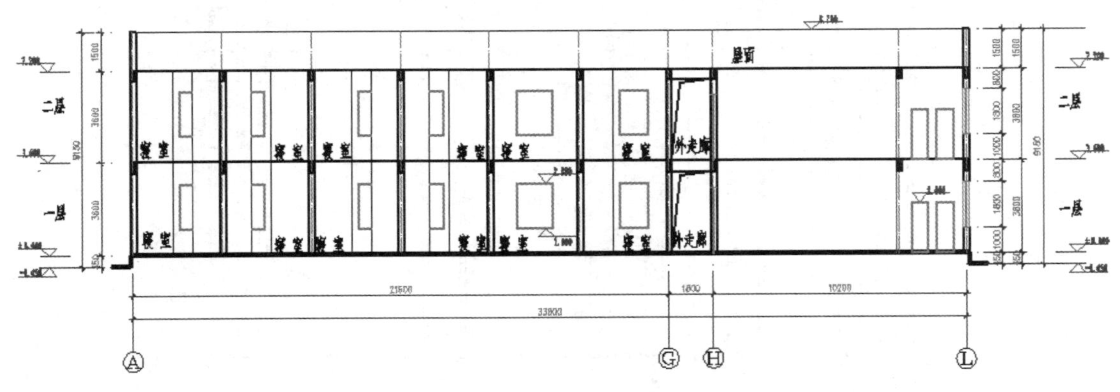


图 4-60　尺寸标注及文字说明

执行“另存为”命令，将图形另存为“剖面图.dwg”。

# 工作任务4.4　某学生宿舍楼一层照明平面图的绘制

## 一、工作任务分析

建筑电气设备系统一般可以分为供配电系统和用电系统，其中根据用电设备的不同又分为电气照明系统和动力系统。建筑电气施工图主要用来表达建筑中电气工程的构成、布置和功能，描述电气装置的工作原理，提供安装技术数据和使用维护依据。

### 1　室内电气工程的组成

室内电气工程的组成包括供电和用电工程，具体指外线工程、变配电工程、室内配线工程、电力工程、照明工程、防雷工程、发电工程和弱电工程（消防报警，广播、电话，闭路电视、互联网等）。

### 2　室内电气施工图的作用、组成和特点

（1）图纸的作用：说明电气工程的构成和功能，描述电气工程的工作原理，提供安装技术数据和使用维护的依据。

（2）图纸的组成：设计说明、电气系统图、电气平面图、设备布置图、安装接线图、电气原理图、详图等。

（3）图纸的特点：各种装置或设备中的元部件都不按比例绘制它们的外形尺寸，而是用图形符号表示，同时用文字符号、安装代号来说明电气装置图和线路的安装位置、相互关系和敷设方法。

本工作任务介绍室内照明平面图的有关内容和表达方式。

## 二、学习目标

【能力目标】

- 能够了解建筑电气工程图的设计理念及绘图思路；
- 能够正确使用电气符号和标注电气符号；
- 能够运用AutoCAD软件绘制图形。

【知识目标】

- 了解照明平面图的功能；
- 认识照明平面图的图形符号、文字符号、标注方法并掌握其使用方法。

【素质目标】

- 培养查阅资料、独立思考的能力；
- 培养团队合作精神；
- 培养与人交流能力；
- 培养认真负责的工作态度；
- 培养遵守标准的良好习惯。

## 三、知识准备

### 1　照明平面图的功能概述

照明平面图实际上是在建筑施工平面图上绘制出电气照明分布图，图上标有电源实际进

线的位置、规格、穿线管径，配电箱的位置，配电线路的走向，干、支线的编号、敷设方法，开关、插座、照明器具的种类、型号、规格、安装方式和位置等。照明平面图能清楚地表现灯具、开关、插座和线路的具体位置和安装方法。主要用来表示电源进户装置、照明配电箱、灯具、插座、开关等电气设备的数量、型号规格、安装位置、安装高度，表示照明线路的敷设位置、敷设方式、敷设路径、导线的型号规格等。

### 2 照明平面图中图形符号表示

照明平面图中的图形符号如表 4-1 至表 4-2 所示。

表 4-1 照明平面图中常用线型表

| 序号 | 符号名称 | 图形表示 | 用途说明 |
|---|---|---|---|
| 1 | 粗实线 | ———— | 基本线、可见轮廓线、可见导线、一次线路、主要线路 |
| 2 | 细实线 | ———— | 二次线路、一般线路 |
| 3 | 虚线 | - - - - - - - - | 辅助线、不可见轮廓线、不可见导线、事故照明线、屏蔽线等 |
| 4 | 单点长划线 | —·—·—·— | 控制线、分界线、功能图框线、分组围框线、控制及信号线路（电力及照明用） |
| 5 | 双点长划线 | —··—··— | 辅助图框线、36kV 以下线路、50V 及其以下电力及照明线路 |

表 4-2 室内电气照明施工图中常用的图形符号

| 序号 | 图形表示 | 符号说明 | 序号 | 图形表示 | 符号说明 |
|---|---|---|---|---|---|
| 1 | | 暗装单联单极开关 | 2 | | 嵌入式单管荧光灯 |
| 3 | | 暗装双联单极开关 | 4 | | 嵌入式双管荧光灯 |
| 5 | | 暗装三联单极开关 | 6 | | 分层式控电柜（动力配电箱） |
| 7 | | 拉线开关 | 8 | | 照明配电箱 |
| 9 | ⊗ | 吸顶灯 | 10 | | 总配电箱 |
| 11 | | 应急照明灯 | 12 | | 疏散指示应急灯 |
| 13 | E | 疏散标志应急灯 | 14 | | 疏散指示应急灯 |
| 15 | 1 或 | 单根导线 | 16 | | 暗装二、三孔插座 |
| 17 | 2 或 | 2 根导线 | 18 | Wh | 电能表 |
| 19 | 3 或 | 3 根导线 | 20 | ● | 避雷针 |
| 21 | | 5 根导线 | 22 | | 暗隐下线柱（或剪力墙） |
| 23 | n | n 根导线 | 24 | | 单联单控开关 |

### 3　照明平面图中各文字符号表示

（1）配电箱型号表示。

X——配电箱；L——动力；M——照明；D——电表；F——防护式；R——嵌入式；W——户外式；新标准动力箱用AP表示，照明箱用AL表示。

（2）开关。

开关“极”数指开关一次能同时控制的线路数，单极开关一次只能控制一条线路，双极一次能同时控制两条不同的线路。

单极开关就是一个翘板的开关，控制一个支路。比如卫生间有一盏灯，用一个开关控制，这个开关最简单的形式就是单极开关。双极开关就是两个翘板的开关，控制两个支路。比如卫生间有一盏灯，一个排气扇（同一个回路），用一个开关控制，这个开关最简单的形式就是双极开关。

单联开关就是单极开关，其实它们应该说是单极单联开关。

双联开关就是两处控制开关。如一个楼梯，可以在一层控制，也可以在屋顶控制，双联开关必须成对出现才有意义。

单极开关就是只分合一根导线的开关。比如在单相负载中，只分合“火线”。

单极、双极、三极开关也可以叫单联、双联、三联开关或者叫做一开、双开、三开开关，单联其实就是只有一个按钮的开关，双联就是2个按钮的开关，以此类推，单极开关叫单极单联开关；双极开关叫双极单联开关，单联开关叫单极单联开关，双联开关叫单极双联开关。

双控开关就是一个开关同时带常开、常闭两个触点（即为一对）。通常用两个双控开关控制一个灯或其他电器，意思就是可以有两个开关来控制灯具等电器的开关，比如，在上楼时打开开关，到楼上后关闭开关。如果是采取传统的开关的话，想要把灯关上，就要跑下楼去关，采用双控开关，就可以避免这个麻烦。

另外双控开关还用于控制应急照明回路需要强制点燃的灯具，双控开关中的两端接双电源，一端接灯具，即一个开关控制一个灯具。

## 四、工作过程导向

照明平面图的绘制步骤：先确定配电箱的位置，入户线的方向、方式，再考虑灯具的形式、布置位置，最后布置开关。

识读步骤：进户线→总配电箱→干线→分配电箱→支线→用电设备。

### 工作任务4.4.1　照明平面图绘制准备

#### 1　绘制说明

（1）该图形是在前面完成的建筑平面图的基础上绘制，所以绘制过程中所有图形尺寸的设置均按照适合建筑平面图的大小设置，供读者在绘制时参考。

（2）配电箱内带 ⁄ 的开关均为具有漏电保护功能的自动开关；除总进线外，特性参数均为30mA，≤0.1s。

（3）宿舍配电箱装高2.0m，分层式控电柜装高1.5m；灯控开关、调速开关装高1.3m；应急照明壁灯装高2.4m，疏散标志灯设于安全出口顶部；未特别说明的灯具均为吸顶安装，安装高度低于2.4m的灯具和I类灯具的外露可导电部分应作为可靠接地。

（4）分层式控电柜 1AW 至各宿舍之间的导线均为穿金属线槽（MR）沿墙、梁、板敷设。

（5）所有照明开关、插座、配电箱和插座箱均为暗装。

### 2 建立绘图所需图层

打开素材文件夹的建筑平面图，可以将不相关的图层关掉，如文字层和标注层等。根据绘图需要，建立相关图层，这里建立照明灯具、照明线路及照明暗线、说明等图层，如图 4-61 所示。

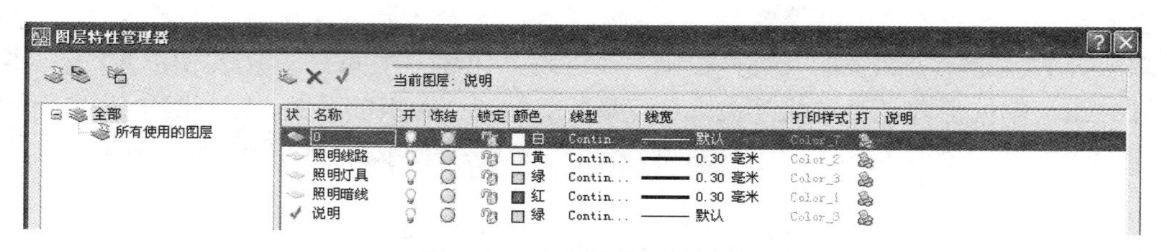


图 4-61 建立照明相关图层

## 工作任务 4.4.2 照明平面图中照明符号的绘制

将“照明灯具”层设置为当前图层，绘制照明符号。

### 1 暗装单联单极开关的绘制

【绘图工具】直线、圆环。

【辅助工具】极轴、对象捕捉等。

绘制步骤如下：

（1）选择“绘图”菜单→“圆环”命令，依照如下步骤绘制一个实心圆环。

命令: _donut //选择圆环命令

指定圆环的内径 <0.5000>: 0 //设置圆环内径为 0

指定圆环的外径 <1.0000>: 50 //设置圆环外径为 50mm

指定圆环的中心点或 <退出>: 单击屏幕空白位置确定 //选择图形中开关要放置的位置

指定圆环的中心点或 <退出>:↙ //回车确定

（2）设置极轴增量角为 45°，捕捉圆环的圆心，绘制一根长度为 600mm，角度 45°的斜线。

（3）捕捉绘制到的斜线的上方端点，绘制一根垂直于该斜线的短线，长度为 150，如图 4-62 所示。

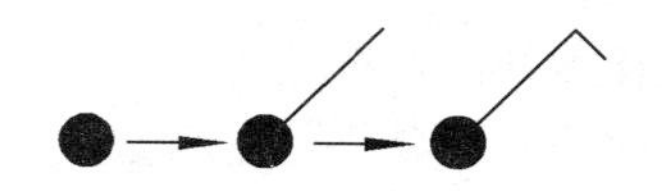

图 4-62 暗装单联单极开关的绘制

暗装双联单极开关、暗装三联单极开关的绘制方法和暗装单联单极开关一样，这里不再复述。

### 2 吸顶灯的绘制

【绘图工具】直线、圆。

【修改工具】旋转。

【辅助工具】极轴、对象捕捉等。

绘制步骤如下：

（1）绘制一个半径为 500 的圆。

（2）捕捉圆的上、下象限点，使用直线工具绘制圆的竖直直径。

（3）捕捉圆的左、右象限点，使用直线工具绘制圆的水平直径。

（4）以圆心为旋转基点，将（1）~（3）步绘制好的图形旋转 45°。

（5）吸顶灯绘制完成，如图 4-63 所示。

图 4-63　吸顶灯的绘制

## 3　应急照明灯的绘制

【绘图工具】矩形、圆环、直线。

【辅助工具】极轴、对象捕捉等。

绘制步骤如下：

（1）绘制一个边长为 500 的矩形；

命令: _rectang

指定第一个角点或 [倒角(C)/标高(E)/圆角(F)/厚度(T)/宽度(W)]:

//鼠标在屏幕中单击确定矩形第一个端点

指定另一个角点或 [面积(A)/尺寸(D)/旋转(R)]: D↙　//在命令行弹出的提示中输入字母 D，回车

指定矩形的长度 <0>: 500↙　//根据命令行提示输入矩形长度并回车

指定矩形的宽度 <10>: 500↙　//根据命令行提示输入矩形宽度并回车

指定另一个角点或 [面积(A)/尺寸(D)/旋转(R)]:　//单击屏幕确定矩形，命令结束

（2）分别捕捉矩形对角点，使用直线工具绘制矩形的两条对角线。

（3）捕捉两对角线的交点，使用圆环工具绘制一个内径为 0，外径为 90 的实心圆环。

（4）应急照明灯绘制完成，如图 4-64 所示。

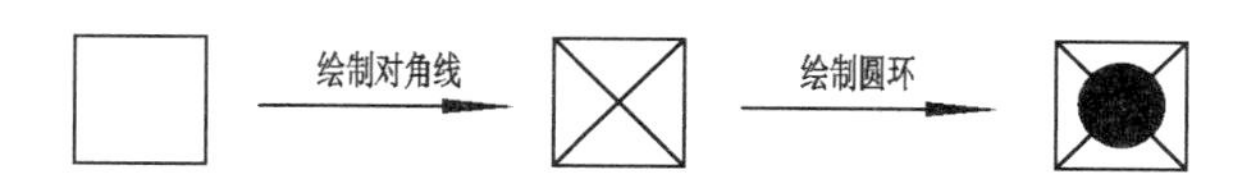


图 4-64　应急照明灯的绘制

## 4　嵌入式双管荧光灯的绘制

【绘图工具】直线。

【修改工具】镜像。

【辅助工具】极轴、对象捕捉等。

绘制步骤如下：

（1）绘制一根长度为 200mm 的水平短线。

（2）捕捉水平短线的左边合适点为起点，竖直向下绘制一根长度为 600mm 的竖直线。

（3）以水平短线中点为镜像线第一点，竖直向上或向下确定镜像线第二点，对称复制出与第（2）步中绘制的竖直线相对于水平短线对称的竖直线。

（4）以两竖直线中任意一根的中点为镜像线第一点，水平向左或向右确定镜像线第二点，对称复制出与第（1）步中绘制的水平短线相对于竖直线对称的水平短线（或者直接选择水平短线与竖直线的交点为复制基点，在极轴配合下竖直向下复制另一根水平短线）。

（5）嵌入式双管荧光灯绘制完成。如图 4-65 所示。

图 4-65　嵌入式双应光管的绘制

### 5　总配电箱的绘制

【绘图工具】矩形、直线、填充。

【辅助工具】极轴、对象捕捉等。

绘制步骤如下：

（1）绘制一个长 600，宽 300 的矩形。

（2）用直线连接矩形左上角点和右下角点，绘制一条对角线。

（3）选择填充工具中的 Solid 图案填充，如图 4-66 和图 4-67 所示。

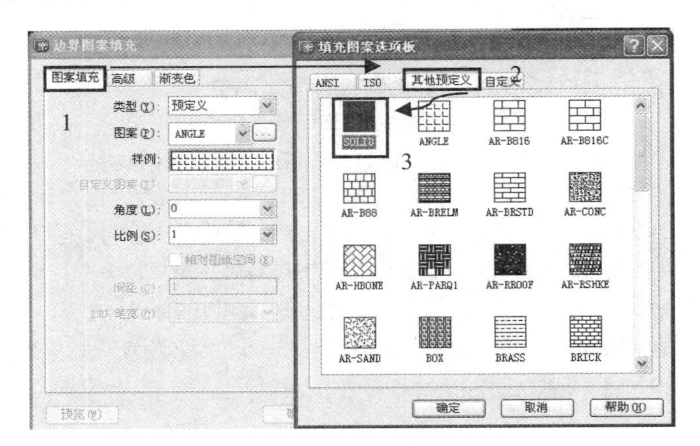


图 4-66　填充图案的选择

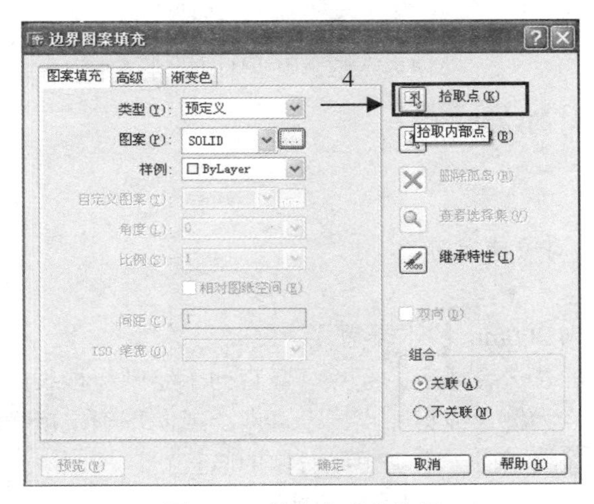


图 4-67　填充方式的选择

（4）完成图形的绘制，如图4-68所示。

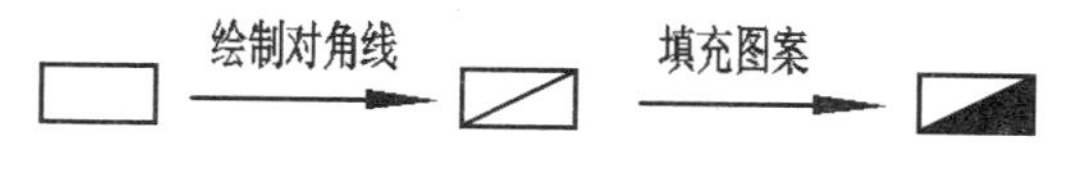


图4-68　总配电箱绘制示意图

照明配电箱和分层式控电箱的绘制过程与总配电箱类似，这里只给出绘制示意图，如图4-69和图4-70所示，不再详细叙述。

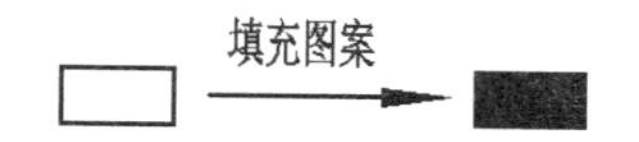


图4-69　照明配电箱绘制示意图

图4-70　分层式控电箱绘制示意图

照明平面图其他图形符号的绘制可参考图形，选择合适的尺寸绘制出来，这里不再详细介绍。

### 工作任务4.4.3　照明平面图中照明符号的放置与连接

#### 1　照明符号的放置

参考给出的“照明平面图”（图4-73），摆放好照明符号。

【修改工具】复制、移动等。

【辅助工具】极轴、对象捕捉等。

#### 2　照明线路的连接

分别将“照明线路”和“照明暗线”图层设置为当前图层，参考给出的“照明平面图”（图4-73），连接好照明线路。

### 工作任务4.4.4　照明平面图的标注

将“说明层”设置为当前图层，完成对图形的标注。

#### 1　照明符号的说明

参考给出的“照明平面图”（图4-73），对照明平面图中的符号给予文字说明。

#### 2　宿舍配电箱的原理说明

参考给出的“照明平面图”（图4-73），对照明平面图中的符号给予图文说明。

### 工作任务4.4.5　照明平面图的布局

具体步骤如下：

（1）将当前屏幕从“模型”切换到“布局1”，通过单击“视图”菜单→“视口”→“新建视口”命令，在弹出的“视口”对话框中选择新建视口，如图4-71所示。

（2）单击确定按钮后，根据命令行的提示，分别捕捉“布局1”中图框内边框的左上角点和右下角点，绘制一个视口。

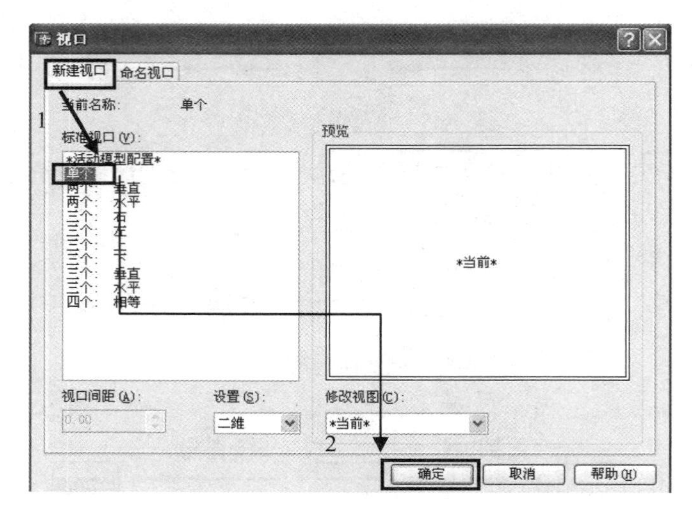


图 4-71 视口创建示意图

（3）在新建的视口（即图框的内部空白位置）双击，使视口边界线变粗，通过单击“视图”菜单→“缩放”→“全部”命令，将图形完整缩放到视口中。

（4）通过“平移”和“缩放”命令调整图形在视口中的位置，使之达到最好的放置效果。

（5）双击“布局 1”中图框外灰色区域，退出对视口中图形的缩放编辑。完成布局的设置。完整图形如图 4-72 所示。

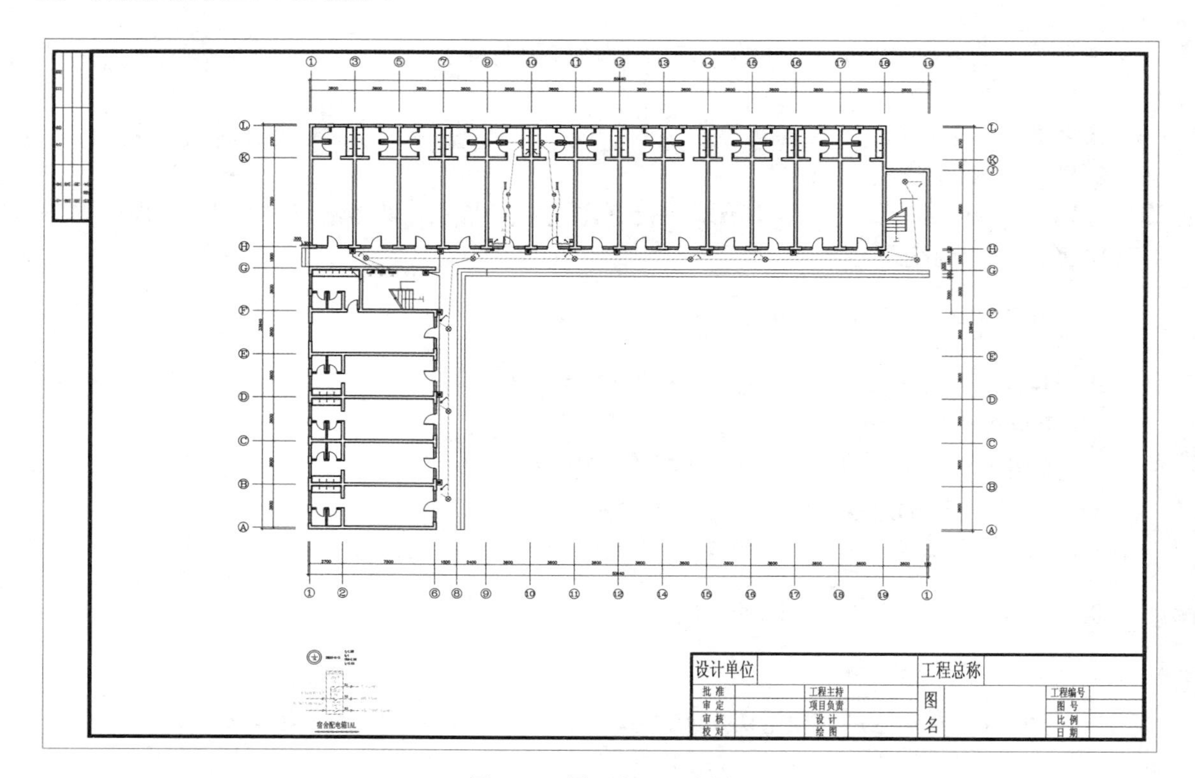


图 4-72 图形布局示意图

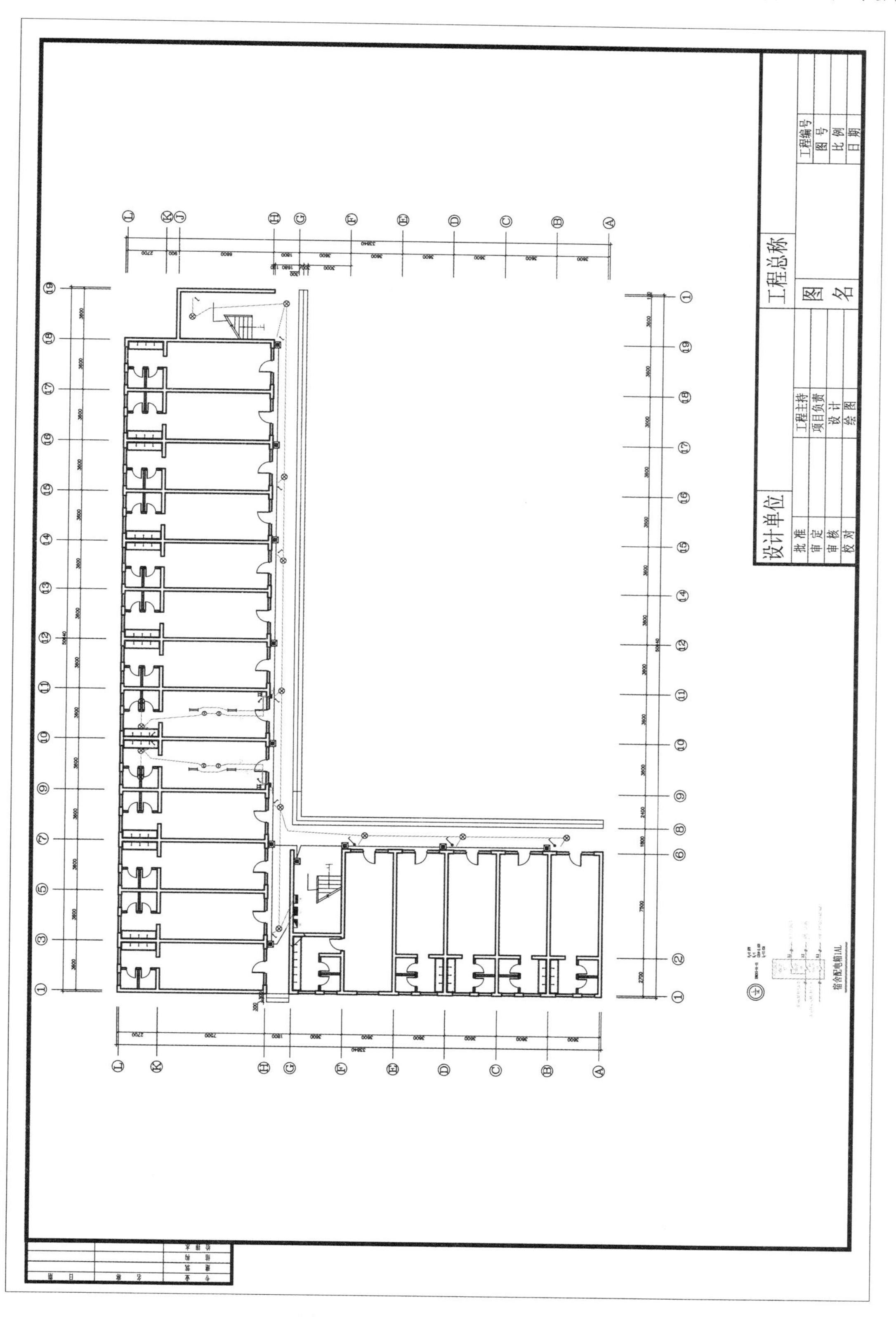


图 4-73　一层照明平面图-布局 1

# 工作任务 4.5　某学生宿舍楼配电箱接线图的绘制

## 一、工作任务分析

建筑电气系统图上标有整个建筑物内的配电系统和容量分配情况、配电装置、导线型号、截面、敷设方式及管径。这里以某学生宿舍楼配电箱接线图的绘制为例，学习电气系统图的绘制。全图基本上由图形符号、连接线及文字注释组成，不涉及绘图比例。绘制这类图的要点：一是合理绘制图形符号；二是使布局合理，图画美观。要求通过分析图形，了解图形的功能作用，并确定使用的绘制方法，完成图形的绘制。

## 二、学习目标

【能力目标】

- 能够了解电气系统图的设计理念及绘图思路；
- 能够正确使用电气符号和标注电气符号；
- 能够运用 AutoCAD 软件绘制图形。

【知识目标】

- 配电箱接线图的功能概述；
- 图形符号、文字符号、标注方法及其使用。

【素质目标】

- 培养查阅资料、独立思考的能力；
- 培养团队合作精神；
- 培养与人交流能力；
- 培养认真负责的工作态度；
- 培养遵守标准的良好习惯。

## 三、知识准备

### 1　配电箱接线图的功能概述

配电箱是所有用户用电的一个总的电路分配表。配电箱接线图是指每个箱柜中表明元器件的线与线之间怎样连接的图。配电箱工作原理是按电气接线要求将开关设备、测量仪表、保护电器和辅助设备组装在封闭或半封闭金属柜中或屏幅上，构成低压配电装置。正常运行时可借助手动或自动开关接通或分断电路。故障或不正常运行时借助保护电器切断电路或报警。借测量仪表可显示运行中的各种参数，还可对某些电气参数进行调整，对偏离正常工作状态进行提示或发出信号。常用于各发、配、变电所中。配电箱接线图要便于管理，当发生电路故障时有利于检修，方便停、送电，起到计量和判断停、送电的作用。

### 2　电气系统图中符号标注方法及其使用

表达线路敷设方式标注的文字符号如表 4-3 所示。

表达线路敷设部位标注的文字符号如表 4-4 所示。

表 4-3　常见线路敷设方式标注的文字符号表

| 序号 | 符号名称 | 表达内容 |
| --- | --- | --- |
| 1 | PR | 用轨型护套线敷设 |
| 2 | PC | 用塑制线槽敷设 |
| 3 | FEC | 用硬质塑制管敷设 |
| 4 | | 用半硬塑制管敷设 |
| 5 | | 用可挠型塑制管敷设 |
| 6 | TC | 用薄电线管敷设 |
| 7 | | 用厚电线管敷设 |
| 8 | SC | 用水煤气钢管敷设 |
| 9 | SR | 用金属线槽敷设 |
| 10 | CT | 用电缆桥架（或托盘）敷设 |
| 11 | PL | 用瓷夹敷设 |
| 12 | PCL | 用塑制夹敷设 |
| 13 | CP | 用蛇皮管敷设 |
| 14 | K | 用瓷瓶式或瓷柱式绝缘子敷设 |

表 4-4　常见线路敷设部位标注的文字符号表

| 序号 | 符号名称 | 表达内容 |
| --- | --- | --- |
| 1 | AB | 沿或跨梁（屋架）敷设 |
| 2 | BC | 暗敷设在梁内 |
| 3 | AC | 沿或跨柱敷设 |
| 4 | CLC | 暗敷设在柱内 |
| 5 | WS | 沿墙面敷设 |
| 6 | WC | 暗敷设在墙内 |
| 7 | CE | 沿天棚或顶板面敷设 |
| 8 | CC | 暗敷设在屋面或顶板内 |
| 9 | SCE | 吊顶内敷设 |
| 10 | FC | 地板或地面下敷设 |
| 11 | SC | 穿焊接钢管敷设 |
| 12 | MT | 穿电线管敷设 |
| 13 | PC | 穿硬塑料管敷设 |
| 14 | FPC | 穿阻燃半硬聚氯乙烯管敷设 |
| 15 | CT | 电缆桥架敷设 |
| 16 | MR | 金属线槽敷设 |
| 17 | M | 用钢索敷设 |
| 18 | KPC | 穿聚氯乙烯塑料波纹电线管敷设 |
| 19 | CP | 穿金属软管敷设 |
| 20 | DB | 直接埋设 |
| 21 | TC | 电缆沟敷设 |
| 22 | CE | 混凝土排管敷设 |

配电箱脱扣方式如表 4-5 所示。

表 4-5 配电箱脱扣方式的文字符号表

| 序号 | 符号名称 | 符号表示 |
|---|---|---|
| 1 | MA | 磁脱扣 |
| 2 | TM | 热磁脱扣 |
| 3 | MIC | 电子脱扣 |

配电箱分断能力的 5 个等级如表 4-6 所示。

表 4-6 配电箱分断能力等级表

| 序号 | 符号名称 | 符号表示 |
|---|---|---|
| 1 | F | 36kA |
| 2 | N | 50kA |
| 3 | H | 70kA |
| 4 | S | 100kA |
| 5 | L | 150kA |

电器柜符号表示如表 4-7 所示。

表 4-7 常见电器柜符号表示表

| 序号 | 编号 | 名称 |
|---|---|---|
| 1 | AH | 高压开关柜 |
| 2 | AM | 高压计量柜 |
| 3 | AA | 高压配电柜 |
| 4 | AJ | 高压电容柜 |
| 5 | AP | 低压电力配电箱柜 |
| 6 | AL | 低压照明配电箱柜 |
| 7 | APE | 应急电力配电箱柜 |
| 8 | ALE | 应急照明配电箱柜 |
| 9 | AF | 低压负荷开关箱柜 |
| 10 | AC 或 ACP | 低压电容补偿柜 |
| 11 | AD | 直流配电箱柜 |
| 12 | AS | 操作信号箱柜 |
| 13 | AC | 控制屏台箱柜 |
| 14 | AR | 继电保护箱柜 |
| 15 | AW | 计量箱柜 |
| 16 | AE | 励磁箱柜 |
| 17 | ARC | 低压漏电断路器箱柜 |
| 18 | AT | 双电源自动切换箱柜 |

续表

| 序号 | 编号 | 名称 |
| --- | --- | --- |
| 19 | AM | 多种电源配电箱柜 |
| 20 | AK | 刀开关箱柜 |
| 21 | AX | 电源插座箱 |
| 22 | ABC | 建筑自动化控制箱 |
| 23 | AFC | 火灾报警控制箱 |
| 24 | ABC | 设备监控器箱 |
| 25 | ADD | 住户配线箱 |
| 26 | AVP | 分配器箱 |
| 27 | AXT | 接线端子箱 |

电气设备及线路标注方法如表 4-8 所示。

表 4-8　常见电器柜符号表示表

| 序号 | 标注方式 | 说明 |
| --- | --- | --- |
| 1 | a-b(c×d)e-f | a—线路的编号<br>b—导线的型号<br>c—导线的根数<br>d—导线的截面积<br>e—敷设方式<br>f—线路敷设的部位 |
| 2 | L1（可用 A） | 交流系统电源第一相 |
| 3 | L2（可用 B） | 交流系统电源第二相 |
| 4 | L3（可用 C） | 交流系统电源第三相 |
| 5 | U | 交流系统设备端第一相 |
| 6 | V | 交流系统设备端第二相 |
| 7 | W | 交流系统设备端第三相 |
| 8 | N | 中性线 |
| 9 | PE | 保护线（保护接地） |
| 10 | PEN | 保护和中性共用线 |
| 11 | E | 接地 |
| 12 | TE | 无噪声接地 |
| 13 | MM | 机壳或机架 |
| 14 | CC | 等电位 |

常用导线类型如表 4-9 所示。

常规电缆规格型号分类如表 4-10 所示。

表 4-9 常用导线类型表

| 序号 | 名称 | 型号 |
|---|---|---|
| 1 | BX | 铜芯橡皮线 |
| 2 | BV | 铜芯塑料线 |
| 3 | BLX | 铝芯橡皮线 |
| 4 | BLV | 铝芯塑料线 |
| 5 | BBLX | 铝芯玻璃丝橡皮线 |
| 6 | BVV | 铜芯塑料护套线 |
| 7 | RVS | 铜芯塑料绞型软线 |
| 8 | BVR | 铜芯塑料平型线 |
| 9 | BLXF | 铝芯氯丁橡皮线 |
| 10 | BXF | 铜芯氯丁橡皮线 |
| 11 | LJ | 裸铝绞线 |
| 12 | TMY | 铜母线 |

表 4-10 常规电缆型号分类表

| 序号 | 名称 | 型号 | 使用范围 |
|---|---|---|---|
| 1 | VV VLV<br>VY VLY | 聚氯乙烯 绝缘聚氯乙烯<br>聚乙烯护套电力电缆 | 敷设在室内、隧道及管道中，电缆不能承受机械外力作用 |
| 2 | VV22 VLV22<br>VV23 VLV23 | 聚氯乙烯 绝缘聚氯乙烯<br>聚乙烯护套钢带铠装电力电缆 | 敷设在室内、隧道内直埋土壤，电缆能承受机械外力作用 |
| 3 | VV32 VLV32<br>VV33 VLV33<br>VV42 VLV42<br>VV43 VLV43 | 聚氯乙烯 绝缘聚氯乙烯<br>聚乙烯护套钢丝铠装电力电缆 | 敷设在高落差地区，电缆能承受机械外力作用及相当的拉力 |
| 4 | YJV YJLV<br>YJY YJLY | 交联聚乙烯 绝缘聚氯乙烯<br>聚乙烯护套电力电缆 | 敷设在室内、隧道及管道中，电缆不能承受机械外力作用 |
| 5 | YJV32 YJLV22<br>YJV23 YJLY23 | 交联聚乙烯 绝缘聚氯乙烯<br>聚乙烯护套钢带铠装电力电缆 | 敷设在高落差地区，电缆能承受机械外力作用及相当的拉力 |
| 6 | YJV32 YJLV32<br>YJV33 YJLY33<br>YJV42 YJLV42<br>YJV43 YJLY43 | 交联聚乙烯 绝缘聚氯乙烯<br>聚乙烯护套钢丝铠装电力电缆 | 敷设在室内、隧道内直埋土壤，电缆能承受机械外力作用 |
| 7 | KVV KVVR<br>KVY KVYR | 聚氯乙烯 绝缘聚氯乙烯<br>聚乙烯护套控制电缆 | 敷设在室内、电缆沟、管道内及地下 |
| 8 | KVV22 KVV23 | 聚氯乙烯 绝缘聚氯乙烯<br>聚乙烯护套钢带铠装控制电缆 | 敷设在室内、电缆沟、管道内及地下，电缆具有防干扰能力 |
| 9 | KVVP KVVP2<br>KVVRP | 聚氯乙烯 绝缘聚氯乙烯<br>聚乙烯护套铜带铜丝编制屏蔽控制电缆 | 敷设在室内、电缆沟、管道内及地下 |
| 10 | KYJV KYJVR<br>KYJY KYJYR | 交联聚乙烯 绝缘聚氯乙烯<br>聚乙烯护套控制电缆 | 敷设在室内、电缆沟、管道内及地下，电缆能承受机械外力作用 |
| 11 | KYJV22<br>KYJV23 | 交联聚乙烯 绝缘聚氯乙烯<br>聚乙烯护套钢带铠装控制电缆 | 敷设在室内、电缆沟、管道内及地下 |

续表

| 序号 | 名称 | 型号 | 使用范围 |
|---|---|---|---|
| 12 | KYJVP　KYJYP2<br>KYJYRP | 交联聚乙烯 绝缘聚氯乙烯<br>聚乙烯护套铜带铜丝编制屏蔽控制电缆 | 敷设在室内、电缆沟、管道内及地下，电缆具有防干扰能力 |
| 13 | JKV　JKLV<br>JKY　JKLY<br>JKYJ　JKLYJ | 聚氯乙烯/聚乙烯<br>交联聚乙烯绝缘架空电缆 | 用于架空电力传输等场所 |
| 14 | JKTRYJ | 软铜芯交联聚乙烯绝缘架空电缆 | 用于变压器引下线 |
| 15 | JKLYJ/Q | 交联聚乙烯绝缘轻型架空电缆 | 用于架空电力传输等场所 |
| 16 | JKLGYJ<br>JKLGYJ/Q | 铜芯铝绞线交联聚乙烯绝缘架空电缆 | 用于架空电力传输等场所，并能承受相当的拉力 |
|  | LJ　LGJ | 铝绞线及钢芯铝绞线 | 用于架空固定敷设 |
| 特种电缆 | | | |
| 1 | ZR-X | 阻燃电缆 | 敷设在对阻燃有要求的场所，GZR 电缆敷设在对阻燃要求特别高的场所 |
| 2 | GZR-X | 隔氧层阻燃电缆 | |
| 3 | WDZR-X | 低烟无卤阻燃电缆 | 敷设在对低烟无卤和阻燃有要求的场所，GWDZR 电缆敷设在要求低烟无卤阻燃性能特别高的场所 |
| 4 | GWDZR-X | 隔氧层低烟无卤阻燃电缆 | |
| 5 | NH-X | 耐火电缆 | 敷设在对耐火有要求的室内、隧道及管道中，GNH 电缆除耐火外要求高阻燃的场所 |
| 6 | GNH-X | 隔氧层耐火电缆 | |
| 7 | WDNH-X | 低烟无卤耐火电缆 | 敷设在有低烟无卤耐火要求的室内、隧道及管道中，GWDNH 电缆除低烟无卤耐火要求外，对阻燃性能有更高要求的场所 |
| 8 | GWDNH-X | 隔氧层低烟无卤耐火电缆 | |
| 9 | FS-X | 防水电缆 | 敷设在地下水位常年较高，对防水有较高要求的地区 |
| 10 | H-X | 耐寒电缆 | 敷设在环境温度常年较低，对抗低温有较高要求的地区 |
| 11 | FYS-X | 环保型防白蚁、防鼠电缆 | 用于白蚁和鼠害严重地区以及有阻燃要求地区的电力电缆、控制电缆 |

## 四、工作过程导向

### 工作任务 4.5.1　配电箱接线图说明

（1）本工程的应急照明灯、疏散指示标志灯等消防用电为二级负荷；其余均为三级负荷。

（2）应急照明灯和疏散指示标志灯为自带蓄电池灯具（连续供电时间≥30min），专用回路树干式供电，按防火区设置应急照明专用配电箱。

（3）电力电缆从室外分别引入照明配电柜 AWG，电源的引接点由建设单位与有关主管部门确定，埋地电缆的做法符合《低压配电设计规范》GB50054－95 有关章节要求。

（4）采用 380V/220V 电压等级供电，带点导体系统的型式为三相四线制，配电系统接地型式为 TN-C-S；从进线总配电箱之后的中性线 N 与保护地线 PE 严格分开；三相供电回路均采用三相五芯电缆或电线穿管。

（5）除标明外，所有导线均为铜芯塑料线 BV-0.45/0.75KV 穿含氧指数≥27%的阻燃管沿墙、梁或板内暗敷；示意图如图 4-74 所示。常用导线与护管的关系可参《建筑电气常用数据》04DX101-1/P.69～72 配置。

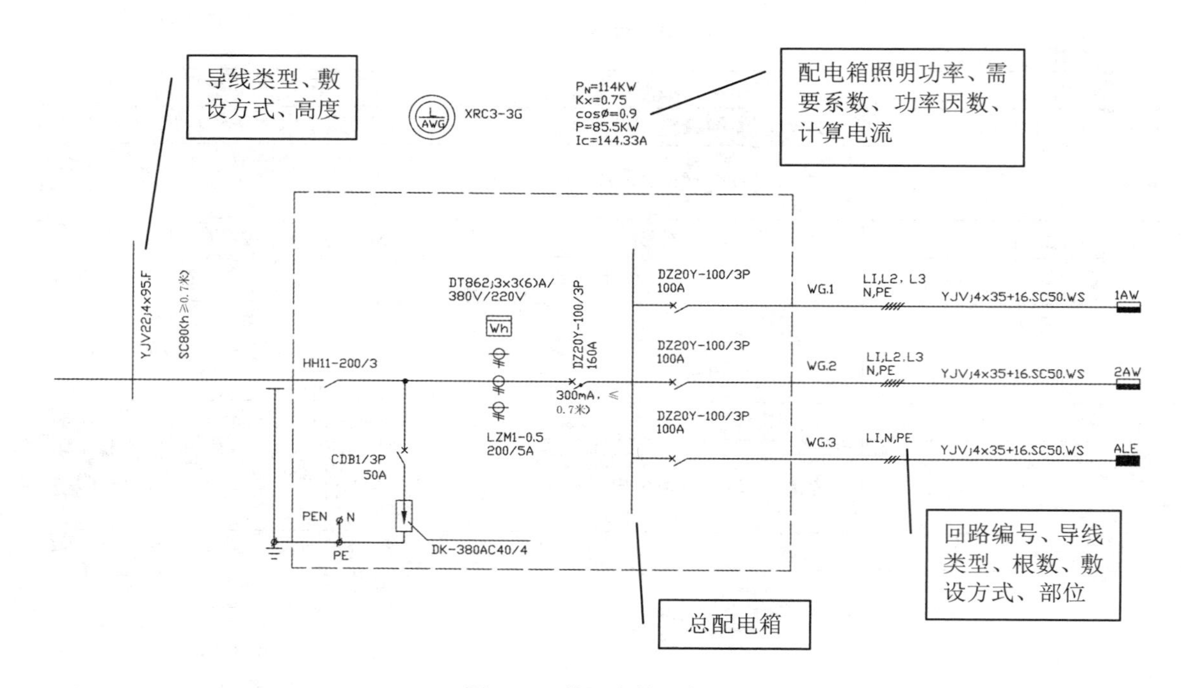


图 4-74　总配电箱示意图

（6）本工程采用分层式控电柜集中供电智能管理系统。系统主要功能包括：预购电量、无费断电；收费记录、票据打印；分时段控制电路通断；分路负载功率限制；分路剩余电量与用电量查询等。系统所有器件、设备均由承包商成套供货、安装、调试。

### 工作任务 4.5.2　配电箱接线图的绘制

本图形不涉及对图层的设置，对图形比例和尺寸不做要求，合理绘制图形符号，布局合理，图画美观即可。由于前面章节都介绍过相关电气符号的绘制方法，这里不再介绍，直接给出图形供读者识读、抄画。

#### 1　绘图基本步骤

（1）绘制图形符号。配电箱接线图由分层式控电柜、应急照明配电箱和总配电箱三部分及图框组成，图形符号使用重复率高，可以采用复制或图块的形式快速连接图形。

（2）连接图形符号。

（3）标注图形符号。

（4）布局。

#### 2　完整图形示意图

完整图形示意图如图 4-75 所示。

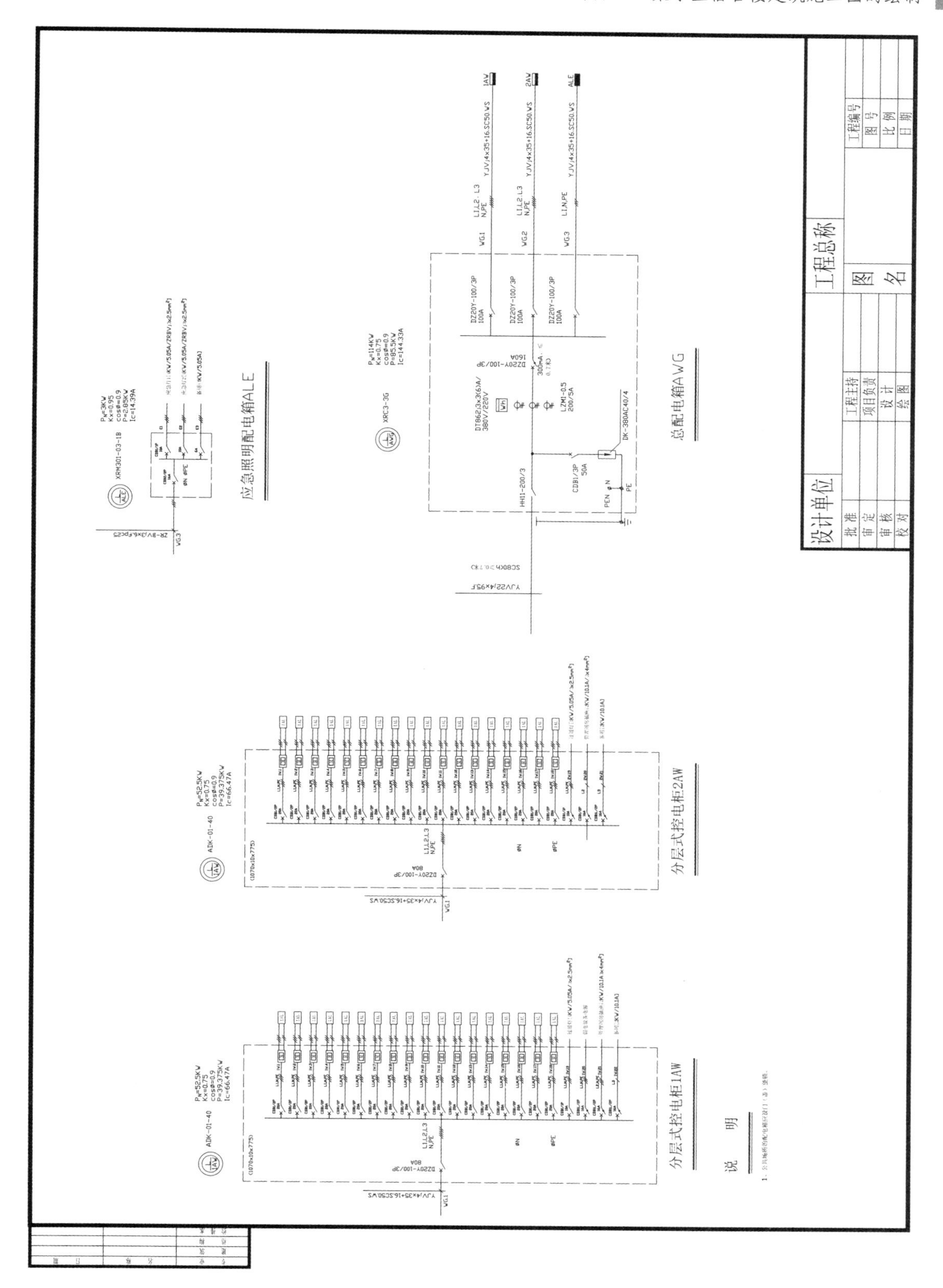


图 4-75　配电箱接线图-布局 1

# 工作任务 4.6　某学生宿舍楼屋面防雷平面图的绘制

## 一、工作任务分析

建筑防雷工程是建筑电气工程的重要组成部分。防雷平面图是指导具体防雷接地施工的图纸。通过阅读，可以了解工程的防雷接地装置所采用的设备和材料的型号、规格、安装敷设方法、各装置之间的联接方式等情况，从而对该建筑物的防雷接地系统有一个全面的了解和掌握。识读和绘制防雷平面图，应结合相关的数据手册、工艺标准以及施工规范，要求通过分析图形，了解图形的功能作用，并确定使用的绘制方法，完成图形的绘制。

## 二、学习目标

【能力目标】

- 能够了解防雷平面图的设计理念及绘图思路；
- 能够正确使用电气符号和标注电气符号；
- 能够运用 AutoCAD 软件绘制图形。

【知识目标】

- 防雷平面图的功能概述；
- 图形符号、文字符号、标注方法及其使用。

【素质目标】

- 培养查阅资料、独立思考的能力；
- 培养团队合作精神；
- 培养与人交流能力；
- 培养认真负责的工作态度；
- 培养遵守标准的良好习惯。

## 三、知识准备

### 1　防雷平面图的功能概述

（1）防雷接地的作用。防雷接地是为了泄掉雷电电流，而对建筑物、电气设备和设施采取的保护措施。对建筑物、电气设备和设施的安全使用是十分必要的。建筑物的防雷接地系列，一般分为避雷针和避雷线两种方式。电力系统的接地一般与防雷接地系统分别进行安装和使用，以免造成雷电对电气设备的损害。

（2）防雷平面图的作用。防雷平面图是指导具体防雷接地施工的图纸。通过阅读，可以了解工程的防雷接地装置所采用设备和材料的型号、规格、安装敷设方法、各装置之间的联接方式等情况，从而对该建筑物的防雷接地系统有一个全面的了解和掌握。

### 2　防雷基础知识

（1）民用建筑物的防雷等级。

① 一类防雷建筑物。

- 具有特别重要用途的建筑物；
- 国家级文物保护的建筑物及构筑物；

- 超高层建筑物，如 40 层及以上的住宅建筑、高度超过 100m 的其他建筑。

② 二类防雷建筑物。

- 重要的或人员密集的大型建筑；
- 省级文物保护的建筑物及构筑物；
- 19 层及以上的住宅建筑和高度超过 50m 的其他建筑；
- 省级及以上的大型计算中心和装有重要电子设备的建筑物。

③三类防雷建筑物

- 10 至 18 层的普通住宅；
- 高度不超过 50m 的教学楼、普通旅馆、办公楼、图书馆等建筑。

（2）建筑物防雷的主要措施

①装设独立避雷针，通过引下线接地。

②装设避雷网、避雷带，通过引下线接地。

③利用建筑物的结构组成避雷网及引下线。

④利用电缆进线以防雷电波的侵入。

（3）防雷装置的组成。

一般由接闪器、引下线、接地体三部分组成。

①接闪器：避雷针、避雷网、避雷带及场压环。

②引下线：引下线及保护管、断接卡、接线板、支架。

③接地体：接地母线、接地支线、接地极、接地板。

（4）建筑物屋面防雷平面图的审核标准。

①避雷带、避雷网格的设置，所用材料、敷设方式等。

②避雷网格的尺寸。

③避雷短针的安置位置。

④突出天面金属物体的接地情况。

⑤安全距离。

### 3　屋面防雷平面图中图形符号表示（见表 4-11）

表 4-11　屋面防雷平面图符号表

| 序号 | 符号名称 | 图形表示 |
|---|---|---|
| 1 | 避雷带 | LP |
| 2 | 支持卡 | |
| 3 | 暗引下线柱（或剪力墙） | |
| 4 | 网格带 | — — — — — |

## 四、工作过程导向

### 工作任务 4.6.1　屋面防雷平面图绘制说明

#### 1　绘制说明

（1）该图形是在前面完成的建筑平面图的基础上绘制的，所以绘制过程中所有图形尺寸的设置均按照适合建筑平面图的大小设置，供读者在绘制参考。

（2）本工程属于三类防雷建筑物。

（3）在屋面采用ϕ10 热镀锌圆钢作避雷带，利用建筑物构造柱内两根ϕ16 以上主筋通长焊接作暗引下线，引下线的上、下分别与避雷带和接地总网焊接。

### 2 绘制步骤

（1）打开建筑平面图。

（2）建立图层。

（3）绘制图形符号。

（4）放置图形符号。

（5）绘制避雷带和网格带。

（6）标注文字。

（7）布局。

## 工作任务 4.6.2 屋面防雷平面图图层设置

打开素材文件夹的建筑平面图，可以将不相关的图层关掉。根据绘图需要，建立相关图层，这里建立避雷带、网格带、暗引下线柱层，如图 4-76 所示。

| 名称 | 开 | 在所有视口冻结 | 锁定 | 颜色 | 线型 | 线宽 | 打印样式 |
|---|---|---|---|---|---|---|---|
| 0 | | | | 白色 | Continuous | 默认 | Color_7 |
| 暗引下线柱 | | | | 绿色 | Continuous | 默认 | Color_3 |
| 避雷带 | | | | 青色 | Continuous | 0.30 毫米 | Color_4 |
| 网格带 | | | | 红色 | Continuous | 0.30 毫米 | Color_1 |

图 4-76 建立防雷相关图层

## 工作任务 4.6.3 屋面防雷平面图图形符号的绘制

所有图形符号的绘制可通过新建避雷符号图层完成。这里为了方便，所有符号的绘制都选择在暗引下线层完成。

### 1 标高符号的绘制

【绘图工具】直线。

【修改工具】镜像。

【辅助工具】极轴、对象捕捉等。

绘制步骤如下：

（1）将极轴增量角设置为 45°，从上往下绘制一条合适长度的斜线直线（约为 750mm）。

（2）以该斜线的下方端点为镜像线第一点，竖直向上拉一条竖直线，确定镜像线的第二点，对称复制出该斜线的对称图形。

（3）捕捉步骤（1）中斜线的上方端点，水平绘制一根长度约为 3000 的水平线；

（4）完成标高符号的绘制。绘制过程如图 4-77 至图 4-81 所示。

### 2 暗引下线注的绘制

【绘图工具】多段线、圆环。

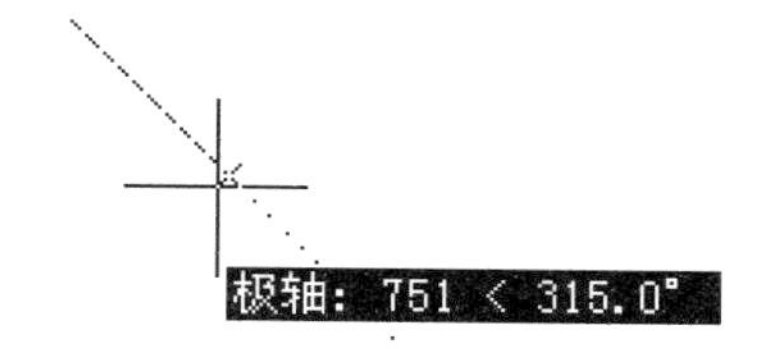


图 4-77　沿 45°增量角的倍数角绘制长度 750mm 的斜线

图 4-78　绘制第一根斜线的效果

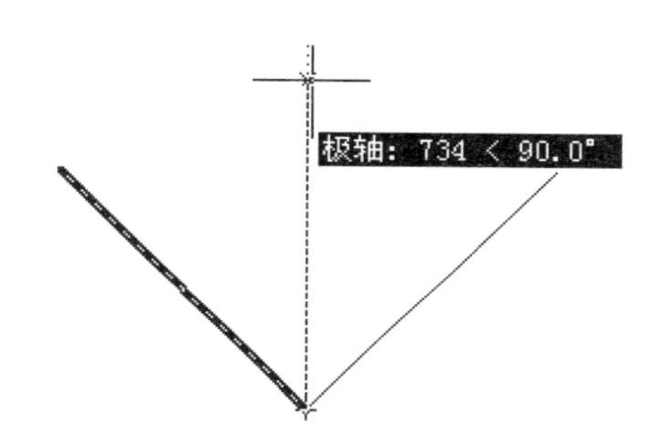


图 4-79　用镜像命令对称复制出第二条斜线

图 4-80　绘制第二条斜线的效果

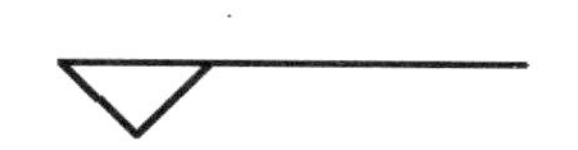

图 4-81　绘制好水平线的效果

【辅助工具】极轴、对象捕捉等。

绘制步骤如下：

（1）设置极轴增量角为 45°。

（2）选择多段线工具，在屏幕空白处单击以确定图形起点。

（3）鼠标在起点位置沿着增量角极轴提示线绘制一根长度约为 1000mm 的斜线。

（4）在命令行输入 w 并回车，输入起点宽度 200，端点宽度为 0，沿斜线方向绘制出长度为 500mm 的箭头。结束多段线的绘制。

（5）选择“图形”菜单→“圆环”命令，设置圆环内径为 0，外径为 200，捕捉箭头尾部直线的端点，绘制一个实心圆环。

（6）完成图形的绘制，如图 4-82 所示。

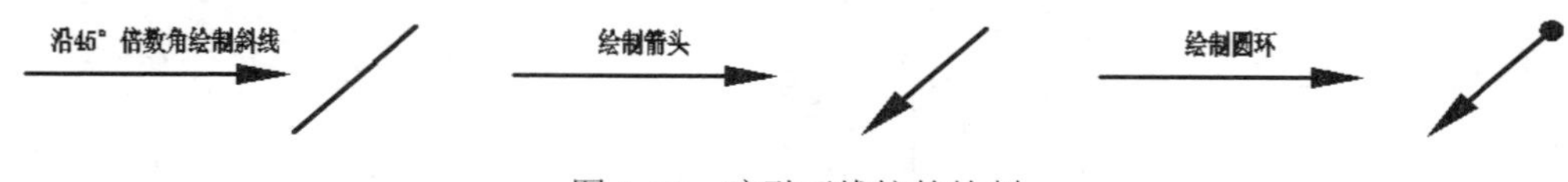


图 4-82　暗引下线柱的绘制

### 工作任务 4.6.4　屋面防雷平面图线路的连接

#### 1　避雷带的绘制与连接

将当前图层切换到避雷带层，依照图 4-83，用直线绘制好避雷带。

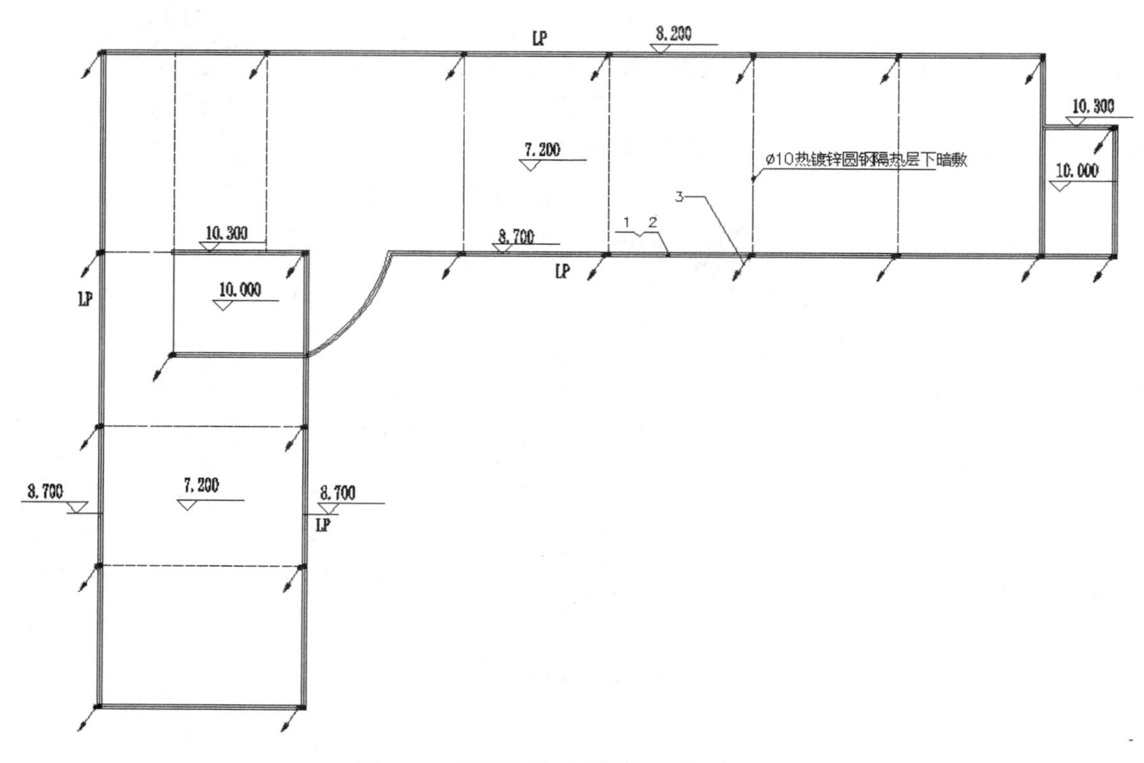


图 4-83　屋面防雷平面图符号放置与连线

#### 2　网格带的绘制与连接

将当前图层切换到网格带层，依照图 4-83，用直线绘制好网格带。

### 工作任务 4.6.5　屋面防雷平面图图形符号的连接与标注

将工作任务 4.6.2 中绘制好的图形符号依照图 4-84 放置好，标注文字信息。

### 工作任务 4.6.6　屋面防雷平面图图形符号布局

在“布局”空间中对图形进行布局。具体步骤前面章节已经介绍过，这里不再详细叙述。完整的屋面防雷平面图如图 4-84 所示。

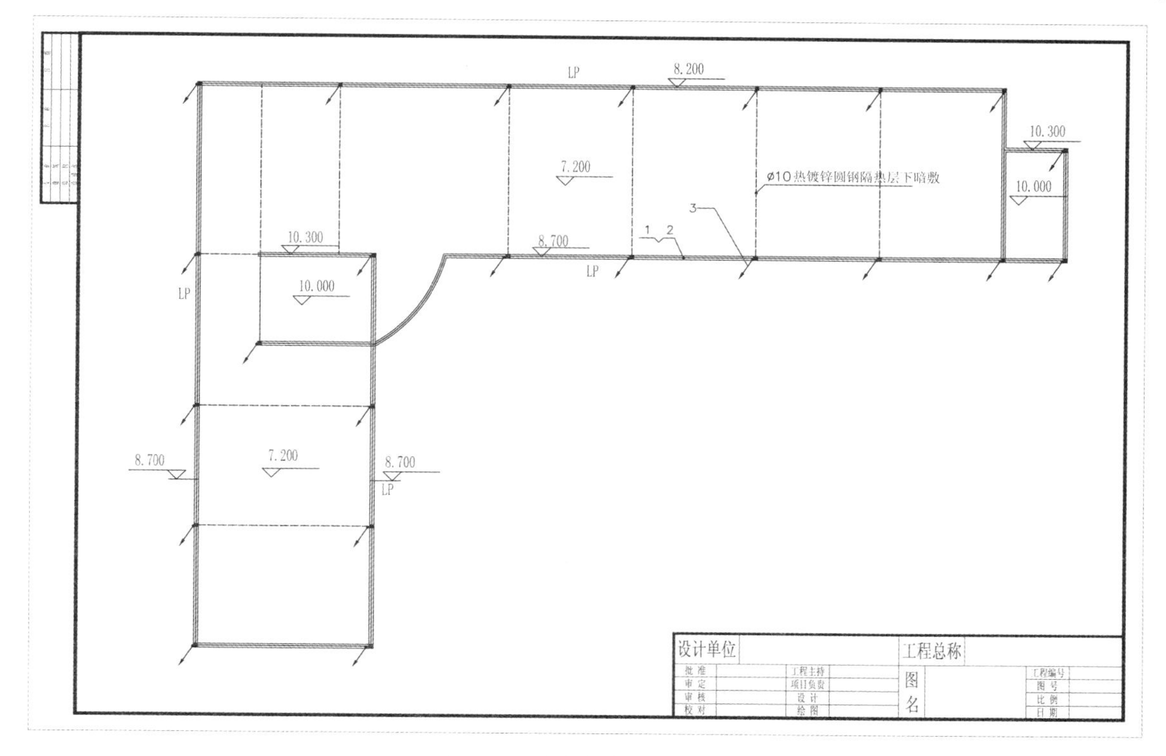


图 4-84 屋面防雷平面图布局

## 工作任务 4.7 某学生宿舍楼一层电话、电视平面图的绘制

### 一、工作任务分析

弱电施工图是电气工程图的重要组成部分。电话通信工程图是弱电施工图中不可或缺的图纸之一。这里以某学生宿舍楼一层电话、电视平面图为例，学习弱电施工图的绘制。全图基本上由图形符号、连接线及文字注释组成，不涉及绘图比例。绘制这类图的要点：一是合理绘制图形符号；二是要使布局合理，图画美观。要求通过分析图形，了解图形的功能作用，并确定使用的绘制方法，完成图形的绘制。

### 二、学习目标

【能力目标】

- 能够了解图形的设计理念及绘图思路；
- 能够正确使用符号和标注符号；
- 能够运用 AutoCAD 软件绘制图形。

【知识目标】

- 电话、电视平面图的功能概述；
- 图形符号、文字符号、标注方法及其使用。

【素质目标】

- 培养查阅资料、独立思考的能力；
- 培养团队合作的精神；
- 培养与人交流能力；
- 培养认真负责的工作态度；
- 培养遵守标准的良好习惯。

## 三、知识准备

### 1 电话、电视平面图的功能概述

电话、电视平面图能清楚地表示电话、电视的具体位置和安装方法。主要用来表示电话、电视的数量、型号规格、安装位置、安装高度，线路的敷设位置、敷设方式、敷设路径、导线的型号规格等。

### 2 电视、电话平面图中图形符号表示（见表 4-12）

表 4-12 电话、电视平面图中图形符号表

| 序号 | 符号名称 | 图形表示 |
| --- | --- | --- |
| 1 | TP | 电话插座 |
| 2 | TV | 电视信号插座 |
| 3 | | 二分配器 |
| 4 | | 三分配器 |
| 5 | | 二分支器 |
| 6 | | 三分支器 |
| 7 | | 四分支器 |

## 四、工作过程导向

### 工作任务 4.7.1 电话、电视平面图符号的绘制

打开素材文件夹的建筑平面图，可以将不相关的图层关掉。这里为了方便，建立一个电视电话电缆层，如图 4-85 所示，将图形绘制在此图层并连线。读者可根据实际绘图需要，建立相关图层。

| 状 | 名称 | 开 | 冻结 | 锁定 | 颜色 | 线型 | 线宽 | 打印样式 | 打 | 说明 |
| --- | --- | --- | --- | --- | --- | --- | --- | --- | --- | --- |
| | 0 | | | | 白 | Contin... | —— 默认 | Color_7 | | |
| ✓ | 电话电视电缆层 | | | | 洋红 | Contin... | —— 0.30 ... | Color_6 | | |

图 4-85 建立图层

### 1 二分配器符号的绘制

【绘图工具】圆、直线。

【修改工具】环形阵列。

【辅助工具】极轴、对象捕捉等。

绘制步骤如下：

（1）绘制一个半径为 100mm 的圆。

（2）选择直线命令，捕捉圆的左右象限点，绘制圆的水平半径。

（3）选择直线命令，捕捉圆心，穿过圆的下方象限点移动鼠标竖直向下，绘制一条长度为 150mm 的直线，如图 4-86 所示。

（4）选择阵列命令→环形阵列，选择步骤（1）中绘制圆的圆心为阵列中心点，阵列数目为 3，选取步骤（3）中绘制的直线为阵列对象，环形阵列该直线，如图 4-87 所示。

（5）修剪图形，完成绘制。

绘制过程如图 4-86 所示。

图 4-86 二分配器符号的绘制

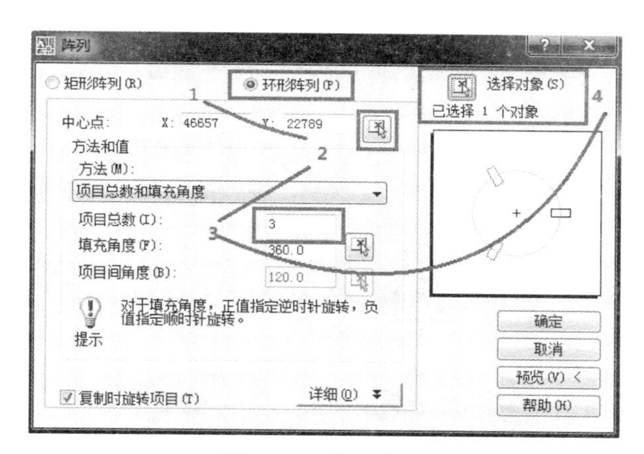


图 4-87 阵列直线

三分配器、二分支器、三分支器、四分支器的绘制过程与二分配器的绘制过程差不多，采用的工具都一样，这里不再做详细介绍，读者自行参考二分配器符号的绘制过程将其绘制出来。

### 2 电话插座符号的绘制

【绘图工具】直线、单行文字。

【修改工具】移动。

【辅助工具】极轴、对象捕捉等。

绘制步骤如下：

（1）选择直线工具，在屏幕空白处单击确定直线起点，竖直向下导向绘制长度 300mm 的直线；再水平向右导向绘制长度为 500mm 的直线；最后竖直向上导向绘制长度为 300mm 的直线。

（2）捕捉步骤（1）中绘制好的水平线（长度为 500mm 的直线）的中点为起点，竖直向下绘制一条长度为 300mm 的直线，完成电话插座底座的绘制，如图 4-88 所示。

（3）选择单行文字工具，插入点为步骤（1）中绘制的底座的凹槽中心，字号大小为 70，输入文字 TP。

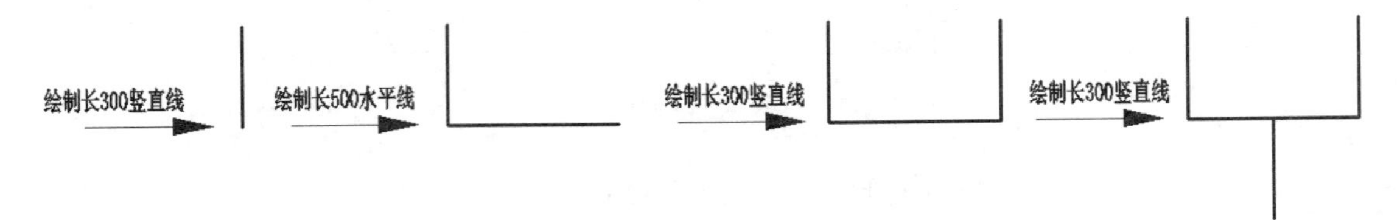


图 4-88　电话插座符号底座绘制

（4）完成图形的绘制，如图 4-89 所示。

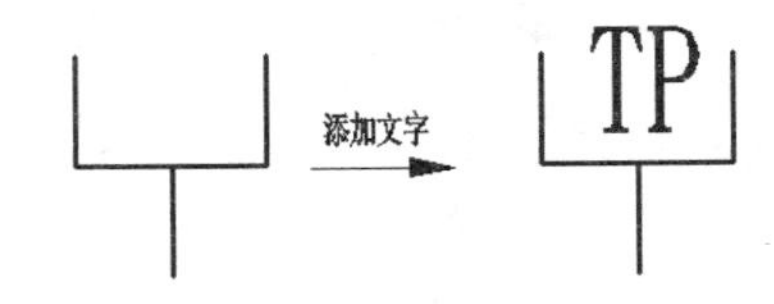


图 4-89　电话插座符号文字的添加

电视信号插座符号的绘制过程与电话插座符号的绘制一致，只是表示文字不同，这里不再介绍。读者自行参考电话插座符号的绘制过程将其绘制出来。

### 工作任务 4.7.2　有线电视系统图的符号放置与连接

有线电视系统如图 4-90 所示。

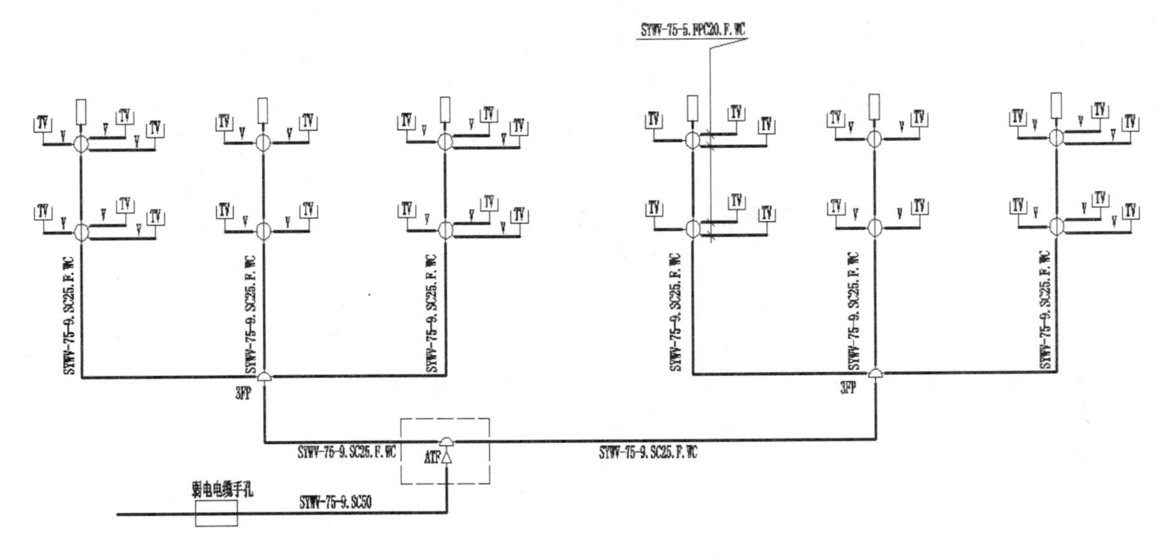


图 4-90　有线电视系统图

### 工作任务 4.7.3　电话、电视平面图符号的放置与连接

电话、电视平面图符号的放置与连接如图 4-91 所示。

### 工作任务 4.7.4　电话、电视平面图的布局

电话、电视平面图的布局如图 4-91 所示。

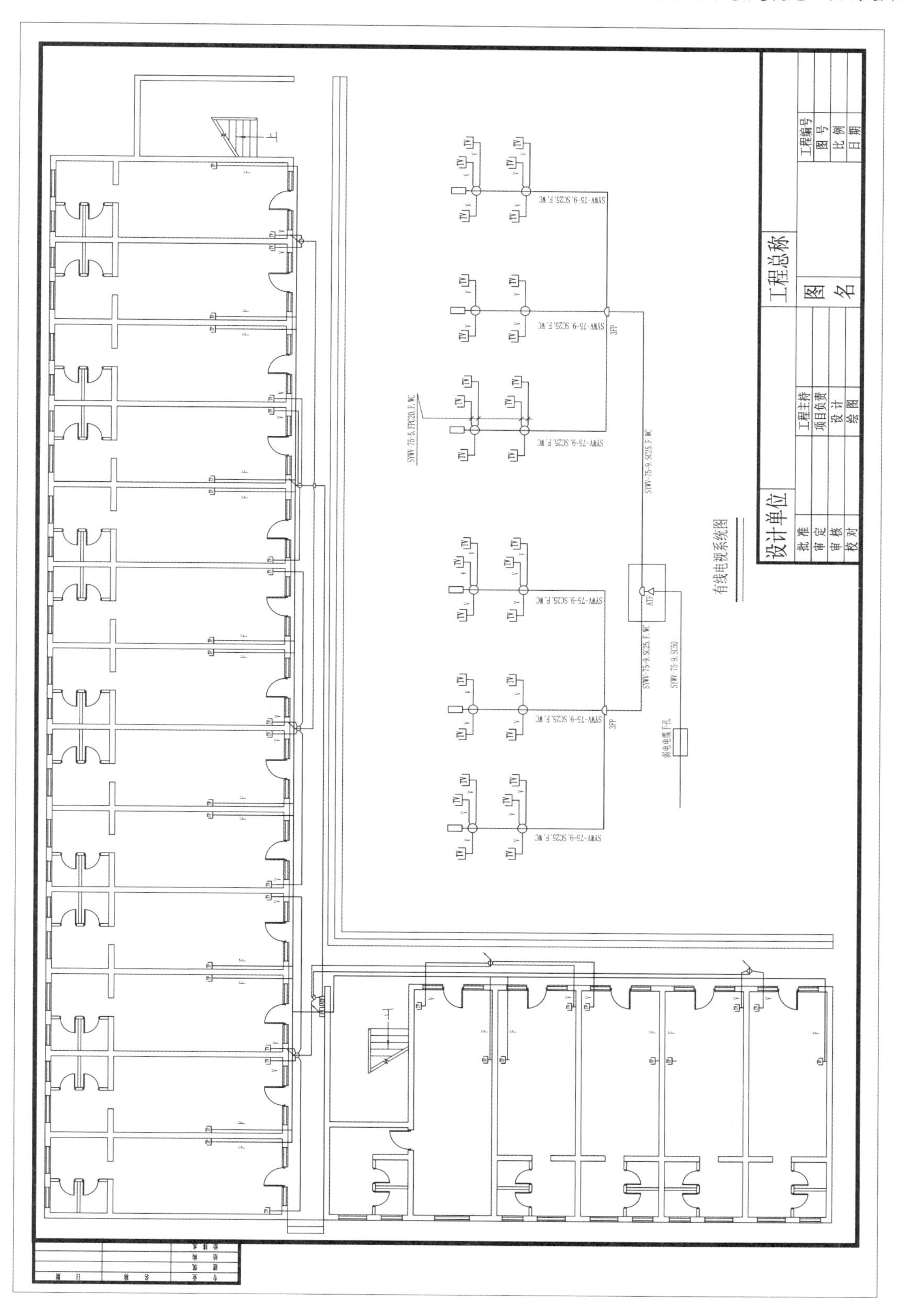

图 4-91　有线电视系统图布局

## 【拓展项目】

抄画如下图形。

1．绘制完成如图 4-92 所示的平面图。

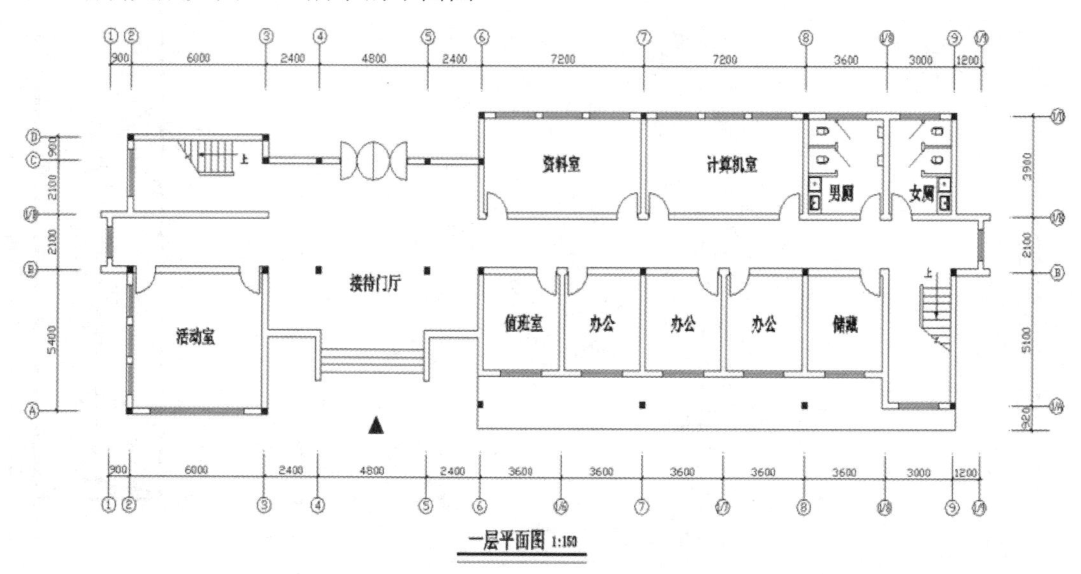


图 4-92　某公司一层平面图

2．绘制完成如图 4-93 所示的欧式独立别墅立面图。

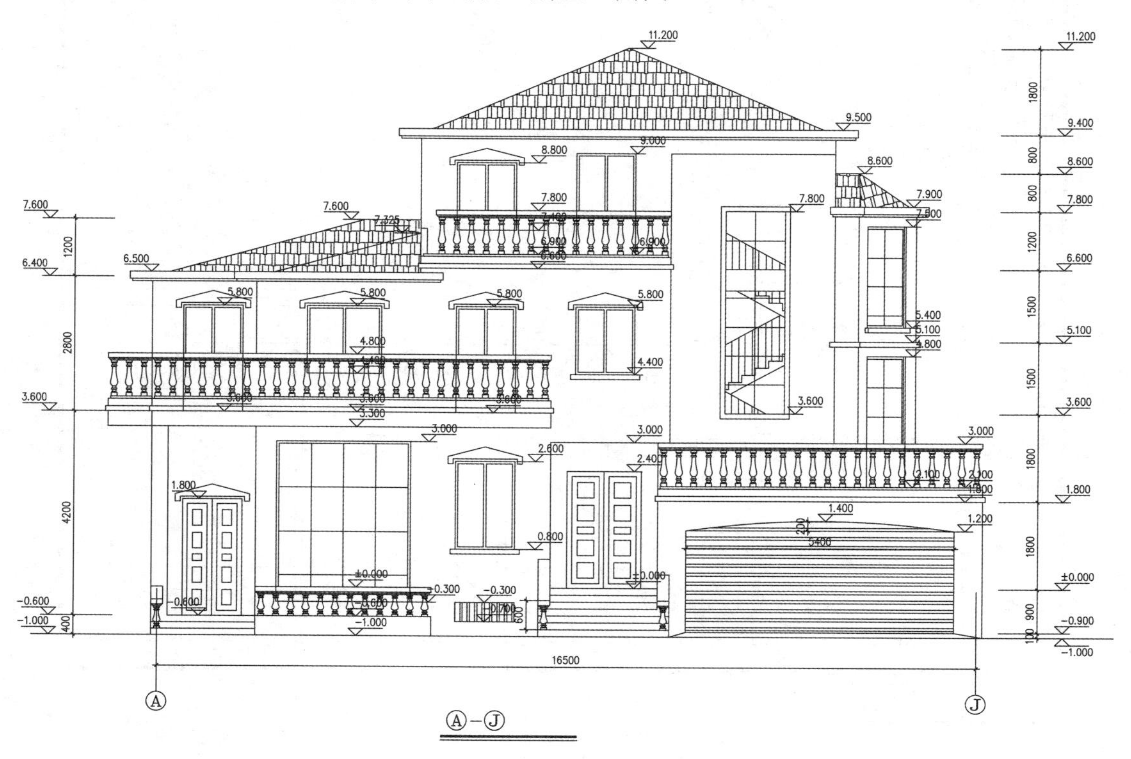


图 4-93　填充结果

3．根据本项目所学的知识，绘制完成如图 4-94 所示的欧式独立别墅剖面图。

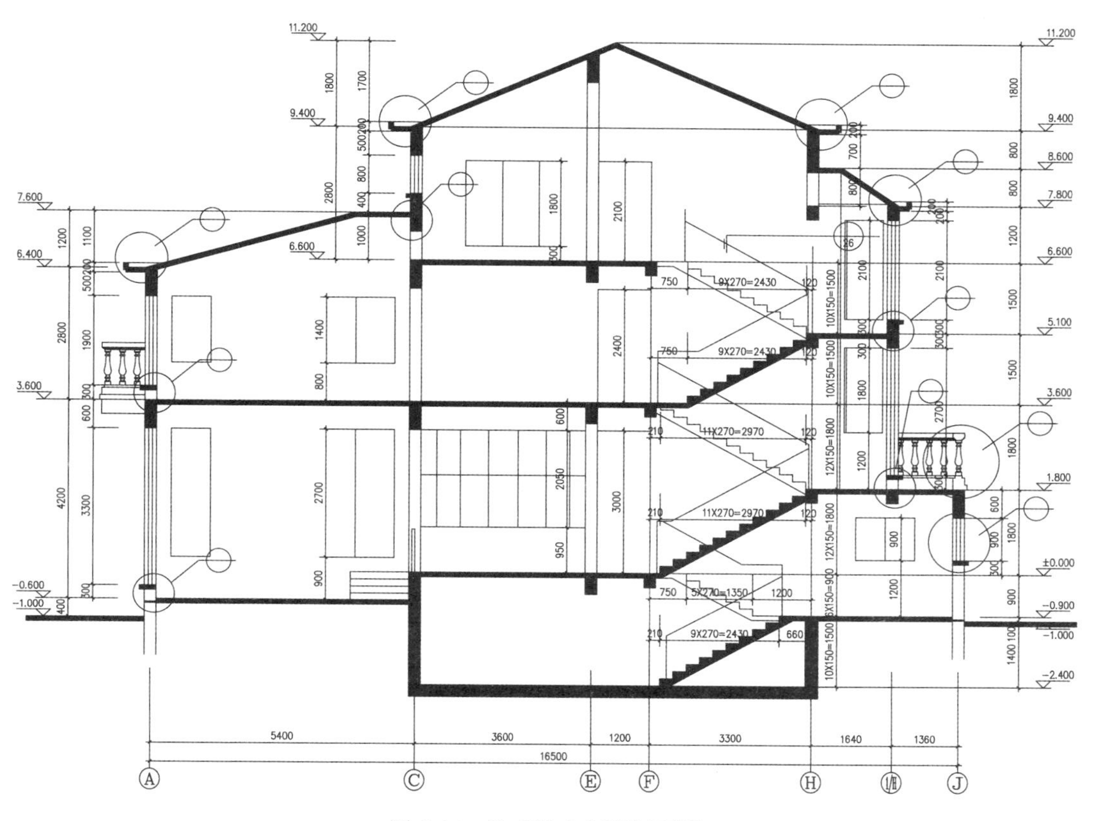

图 4-94　欧式独立别墅剖面图

4．根据本项目所学的知识，绘制完成如图 4-95 所示的电气照明平面图。

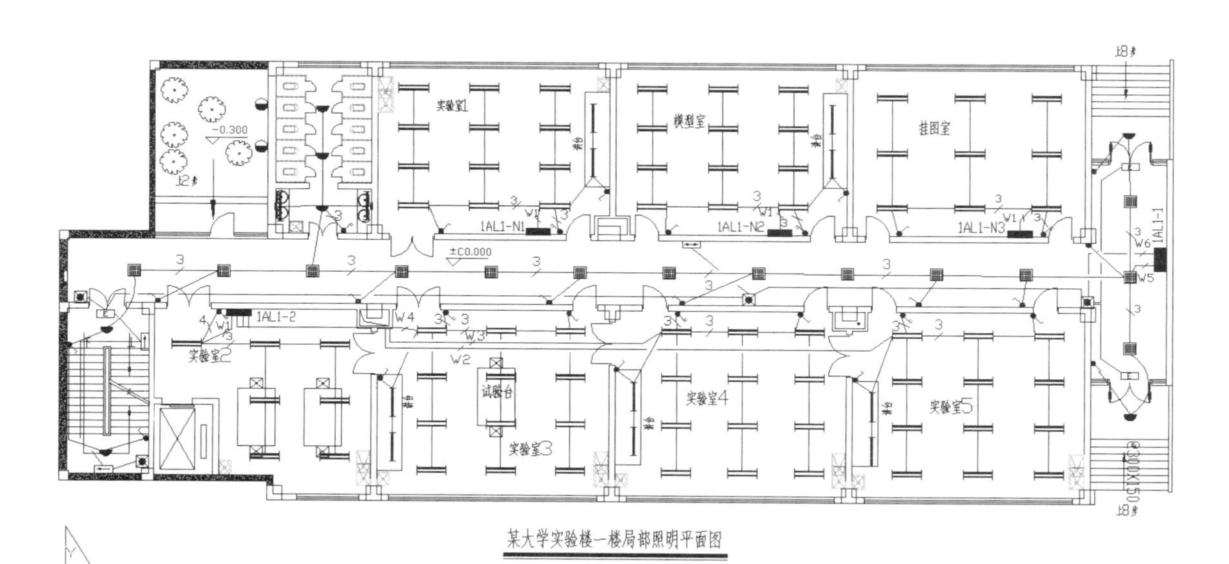


图 4-95　某大学实验楼一楼局部照明平面图

5．根据本项目所学的知识，绘制完成如图 4-96 所示的标准层弱电平面图和图 4-97 所示的屋顶防雷平面图。

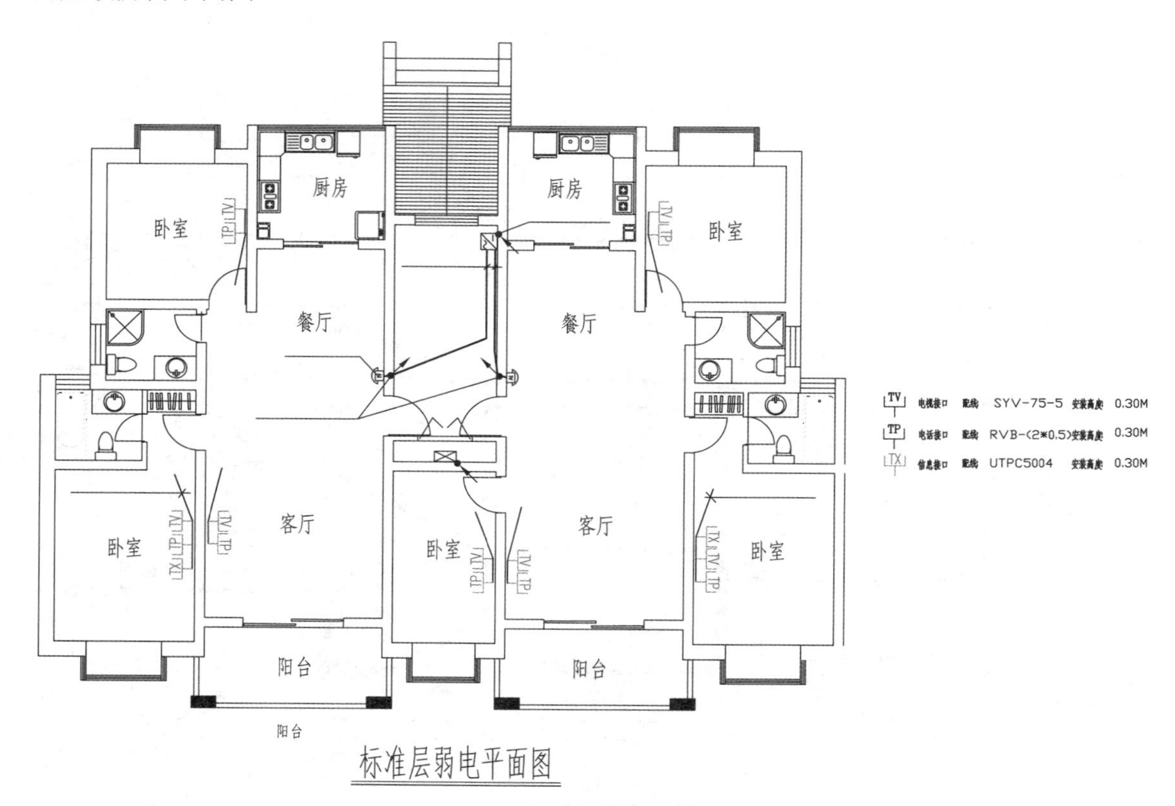


图 4-96　某住宅楼标准层弱电平面图

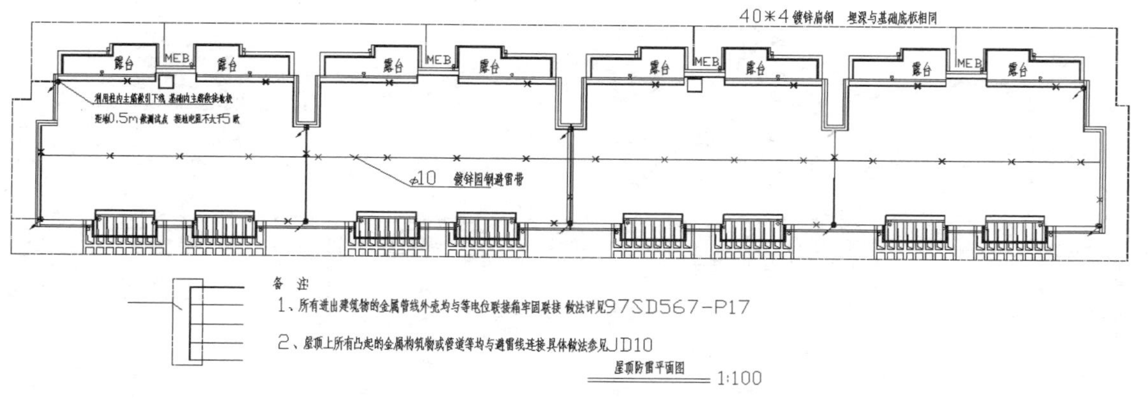


图 4-97　某住宅楼屋顶防雷平面图

# 附录A 项目考评表

**项目教学平时考核表（学生自评）**

<table>
<tr><td rowspan="10">学生学习情况自评</td><td>学生姓名</td><td></td><td>班级</td><td></td><td>课程名称</td><td></td></tr>
<tr><td>项目名称</td><td colspan="5"></td></tr>
<tr><td>序号</td><td colspan="2">内容</td><td colspan="2">标准</td><td>评分<br>（选择A、B、C）</td></tr>
<tr><td>1</td><td colspan="2">你对本项目的学习兴趣和投入程度</td><td colspan="2">A. 很高 B. 一般 C. 不高</td><td></td></tr>
<tr><td>2</td><td colspan="2">你在本项目的学习过程中课堂纪律情况</td><td colspan="2">A. 很好 B. 一般 C. 差</td><td></td></tr>
<tr><td>3</td><td colspan="2">根据现有的基础你能很好完成本项目的学习吗？</td><td colspan="2">A. 能 B. 经过努力能 C. 不能</td><td></td></tr>
<tr><td>4</td><td colspan="2">你在本项目的学习过程中的努力情况</td><td colspan="2">A. 很努力 B. 一般 C. 不努力</td><td></td></tr>
<tr><td>5</td><td colspan="2">你对本项目的教学内容的掌握程度</td><td colspan="2">A. 熟练掌握 B. 基本掌握 C. 没有掌握</td><td></td></tr>
<tr><td>6</td><td colspan="2">通过学习你能完成教师布置的课后作业吗？</td><td colspan="2">A. 完成并全部正确 B. 基本完成 C. 没有完成</td><td></td></tr>
<tr><td>自评成绩</td><td colspan="2"></td><td colspan="2">折合成绩（占15%）</td><td></td></tr>
</table>

**项目教学平时考核表（学生互评）**

<table>
<tr><td rowspan="7">学生学习情况互评</td><td>序号</td><td>内容</td><td>标准</td><td>评分<br>（选择A、B、C）</td></tr>
<tr><td>1</td><td>该同学在本项目学习时课堂纪律情况</td><td>A. 很好 B. 一般 C. 差</td><td></td></tr>
<tr><td>2</td><td>该同学在本项目学习时作业完成情况</td><td>A. 独立完成 B. 在同学帮助下完成 C. 没有完成</td><td></td></tr>
<tr><td>3</td><td>该同学与同学之间合作态度、与人友好和诚实守信方面的表现</td><td>A. 很好 B. 一般 C. 差</td><td></td></tr>
<tr><td>4</td><td>该同学对本项目学习情况打成绩</td><td>A. 优秀 B. 及格 C. 不及格</td><td></td></tr>
<tr><td>5</td><td>“5S”情况：整理、整顿、清扫、清洁、习惯（纪律）</td><td>A. 很好 B. 一般 C. 差</td><td></td></tr>
<tr><td>互评成绩</td><td></td><td>折合成绩（占15%）</td><td></td></tr>
</table>

**项目教学平时考核表（教师评价）**

| | 序号 | 内容 | 标准 | 评分（选择 A、B、C） |
|---|---|---|---|---|
| 教师评价 | 1 | 学习态度：遵守课堂纪律，认真思考，勇于提出问题 | A．很好 B．一般 C．差 | |
| | 2 | 项目完成情况：按时、独立完成项目作任务 | A．很好 B．一般 C．差 | |
| | 3 | 能力水平提高：能较好掌握所学知识、技能；运用本课程知识提出、分析、解决问题的能力得到加强 | A．很好 B．一般 C．差 | |
| | 4 | 独立学习能力及团队协作意识：独立学习能力较强；团队协作意识强，能积极参与，分工合作 | A．很好 B．一般 C．差 | |
| | 5 | 对本项目的质量考核情况 | A．优秀 B．及格 C．不及格 | |
| | 教师评价成绩 | | 折合成绩（占 40%） | |
| 教师签名 | | | 总分 | |

# 附录 B　学生用简易 A3 样板的制作

## 1　图框的绘制

（1）通过 AutoCAD 的默认样板 acadiso.dwt 新建一个图形文件。

（2）将文件保存为“学号.dwt”样板文件。

（3）在样板文件中绘制一个 A3（420*297）图框，边线要求如图 1 所示。

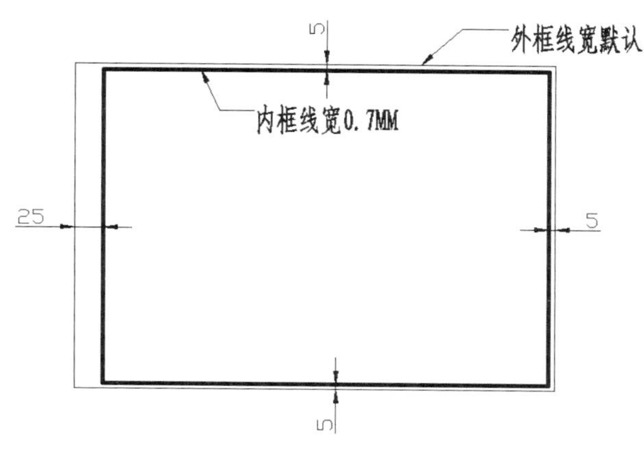


图 1　绘制图框

图框绘制步骤提示：

①绘制 420*297 矩形。

②设置矩形线宽为 0.25mm。

③将矩形向内偏移 5 个单位。

④将偏移出来的内部矩形的线宽设置为 0.7mm。

⑤将内部矩形分解炸开。

⑥将内部矩形的左侧竖直边向内偏移 20 个单位。

⑦删除内部矩形的多余线条。

⑧完成。

（4）绘制一个外框线宽 0.7mm，内框线宽默认（0.25mm）的矩形（大小 120*40）作为标题栏。字体：仿宋，图名字号 7，小字字号 5。文字样式设置如图 2 至图 4 所示。标题栏字体效果如图 5 所示。

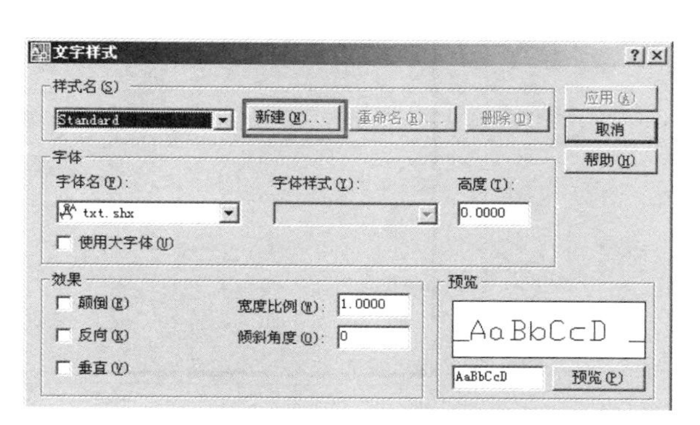


图 2　新建文字样式

（5）绘制一个外框线宽 0.7mm，内框线宽默认（0.25mm）的矩形（大小 20*100），字体为仿宋 7 号字，作为会签栏，如图 6 所示。

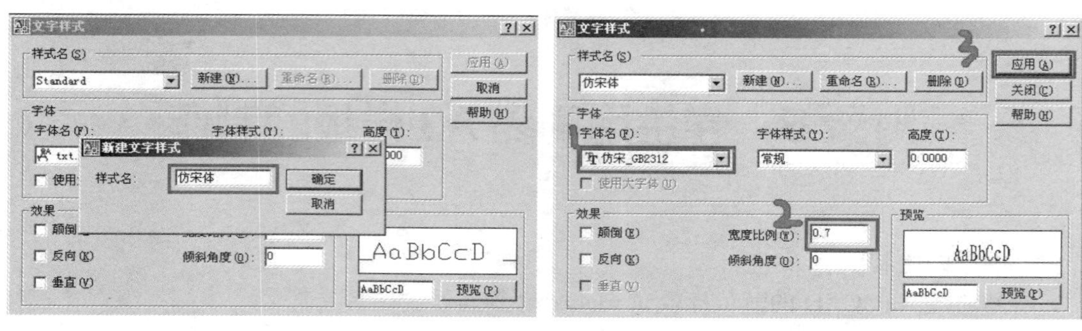


图 3 新建文字样式——输入样式名　　图 4 设置仿宋字体

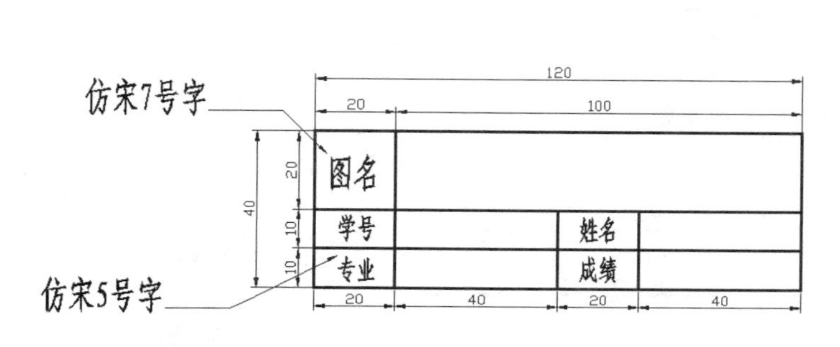


图 5 标题栏的绘制

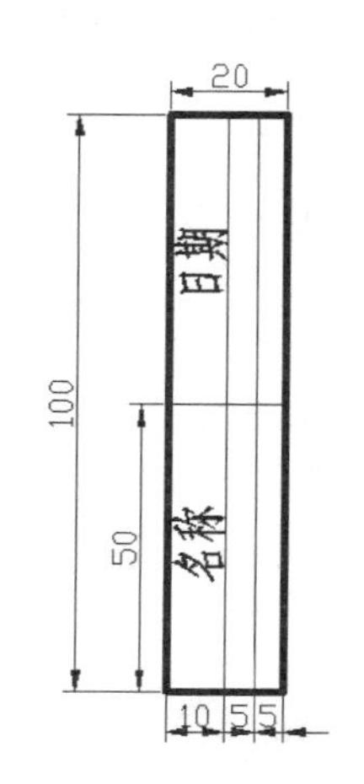


图 6 会签栏的绘制

图框整体组合效果如图 7 所示。

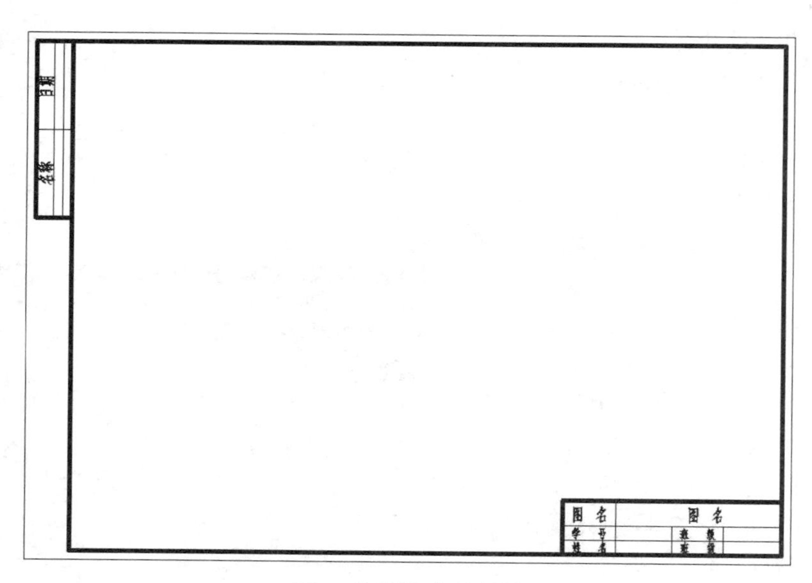

图 7 图框组合效果图

## 2 图框图块的创建与保存

将图框创建成内部图块：名称为 A3-H，插入基点为左下角点，保存方式为删除。

## 3　布局的设置

（1）将图形空间由“模型”切换到“布局 1”。

（2）选择“文件”菜单→“页面设置管理器”命令，在打开的“页面设置管理器”对话框中单击“新建”按钮。

（3）在弹出的“新建页面设置”对话框中选择“布局 1”，单击“确定”按钮。

（4）在弹出的“新建布局－布局 1”对话框中进行如图 8 所示的设置。

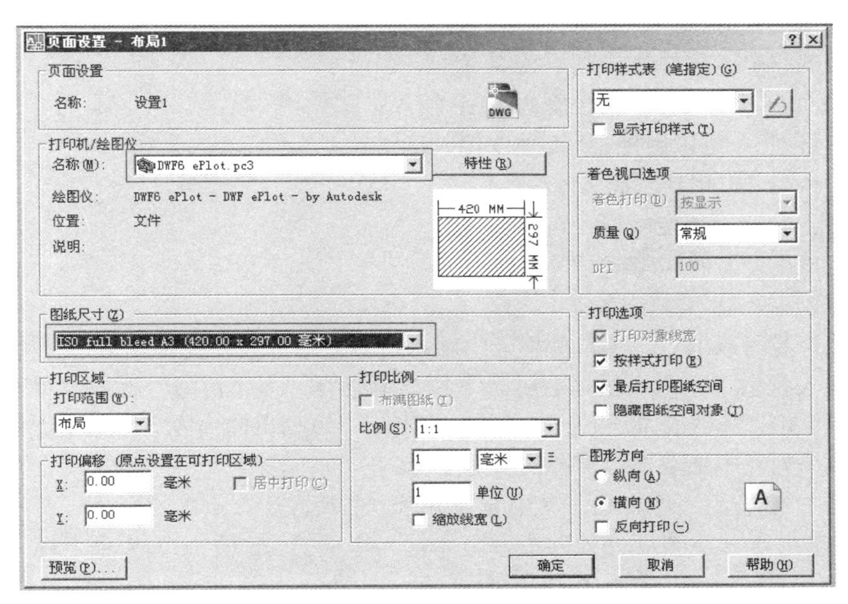


图 5　布局设置

（5）在返回的“页面设置管理器”对话框中选择新创建好的模式，重新命名。然后选中单击“置为当前”。

（6）单击“关闭”按钮返回布局空间，将空间中的实线框删除。

（7）在“绘图”工具栏中选择“插入块”工具，将图框图块插入到布局空间中。

（8）选择“视图”→“视口”→“新建视口”命令，根据命令行的提示，将图框的内边框左上角端点作为视口第一角点，将图框的内边框右下角端点作为视口第二角点，创建新的视口。

（9）选择“视图”→“缩放”→“全部”命令，刷新视图。

（10）保存图形，格式为.dwt。

# 附录 C　AutoCAD 中特殊符号的输入

AutoCAD 中特殊符号的输入，有很多简便的方法，可以使画图速度加快。输入文字过程中可以有一些常用代码来实现常用符号的输入。

表示直径的“ϕ”，可以用控制码%%C 输入；

表示地平面的“±”，可以用控制码%%P 输入；

标注度符号“°”可以用控制码%%D 输入；

百分号“%”可以用控制码%%%输入；

正负号“±”可以用控制符%%p 输入；

下划线可以用控制符%%u 输入；

上划线可以用控制符%%o 输入。

输入其他符号可以通过“字符映射表”输入特殊字符，具体步骤如下：

在文本输入状态下，点击鼠标右键，下拉菜单中有一个“符号”标签；单击该标签，在下一级菜单中单击“其他”，即进入“字符映射列表”。该列表的内容多数取决于所选字体的种类。可以直接在列表中选取自己需要的特殊字符。

上下标的书写方法：比如 Ra，其中 a 为下标。书写方法：单击图标 A（多行文字输入），输如 R^a；再选中“^a”，然后单击堆叠（文本输入框上的 a/b 项）。如果是上标，则将^a 改为 a^，其他步骤相同。

# 参考文献


[1] 中华人民共和国建设部．房屋建筑制图标准（GB/T50001－2001）[S]．北京：中国计划出版社，2001.

[2] 白公等编著．怎样阅读电气工程图．北京：机械工业出版社，2009.

[3] 尧有平主编．电力系统工程 CAD 设计与实训．北京：北京理工大学出版社，2008.

[4] 刘增良，刘国亭编著．电气工程 CAD．中国水利水电出版社，2005.

[5] 刘国亭编著．电力工程 CAD．北京：中国水利水电出版社，2006.

[6] 王佳主编．建筑电气 CAD．北京：中国电力出版社，2008.

[7] 胡仁喜编著．AutoCAD 2007 中文版实例解析教程．北京：机械工业出版社，2007.

[8] 李显民编著．电气制图与识图．北京：中国电力出版社，2007.

[9] 杨中瑞，叶德云编著．电气工程 CAD．中国水利水电出版社，2004.

[10] 邢邦胜主编．机械制图与计算机绘图．北京：化学工业出版社，2009.

[11] 郝学奎主编．建筑工程 CAD．北京：中国水利水电出版社，2011.